中国科学院
网络安全和信息化发展报告
2017

中国科学院办公厅　编著

電子工業出版社
Publishing House of Electronics Industry
北京 · BEIJING

内容简介

自2007年起，中国科学院连续组织编纂并发布了《中国科学院信息化发展报告》，至今已经是第六次发布，该报告能够对推进全院网信建设发挥良好的指导作用。为更好地反映中国科学院网信协调发展的新形势，在以往工作基础上，编写形成了《中国科学院网络安全和信息化发展报告2017》。报告回顾了近年来中国科学院网信事业的发展情况，从科研信息化、科学大数据、管理信息化、教育信息化、网络安全及特色应用等方面，全面阐述和总结了2015—2017年中国科学院网络安全和信息化工作的进展及成效。

图书在版编目（CIP）数据

中国科学院网络安全和信息化发展报告. 2017/中国科学院办公厅编著. —北京：电子工业出版社，2019.2

ISBN 978-7-121-35347-5

Ⅰ.①中… Ⅱ.①中… Ⅲ.①中国科学院—网络安全—研究报告—2017②中国科学院—信息化—研究报告—2017 Ⅳ.①G322.21

中国版本图书馆CIP数据核字（2018）第245089号

策划编辑：徐蕾薇
责任编辑：徐蕾薇
印　　刷：中国电影出版社印刷厂
装　　订：中国电影出版社印刷厂
出版发行：电子工业出版社
　　　　　北京市海淀区万寿路173信箱　邮编：100036
开　　本：787×1 092　1/16　印张：14.75　字数：300千字
版　　次：2019年2月第1版
印　　次：2019年2月第1次印刷
定　　价：168.00元

凡所购买电子工业出版社图书有缺损问题，请向购买书店调换。若书店售缺，请与本社发行部联系，联系及邮购电话：（010）88254888，88258888。

质量投诉请发邮件至 zlts@phei.com.cn，盗版侵权举报请发邮件至 dbqq@phei.com.cn。

本书咨询联系方式：xuqw@phei.com.cn。

《中国科学院网络安全和信息化发展报告 2017》编委会

《中国科学院网络安全和信息化发展报告 2017》编写组

组　　长：陈明奇

副 组 长：郑晓欢

统　　稿：刘晓东　洪学海

成　　员：（以姓氏汉语拼音为序）

陈江宁　陈　娟　陈　炜　丛培民

杜义华　范海巍　房俊民　胡良霖

黎　文　李　宏　梁玉娟　刘俊明

刘晓东　马彤宇　潘亚男　齐法制

孙健英　汪　洋　魏金侠　徐　兵

杨　萍　张红松　张　静　赵　静

赵以霞　郑晨曦　朱艳华

序　言

在今年 4 月召开的全国网络安全和信息化工作会议上，习近平总书记发表了重要讲话，科学分析了信息化变革趋势和肩负的历史使命，系统阐述了网络强国战略思想，深刻回答了网络安全和信息化事业发展的一系列重大理论和实践问题，为把握信息革命历史机遇，加快推进网络强国建设指明了前进方向和根本遵循，是建设网络强国、数字中国、智慧社会的行动指南。

中国科学院作为国家战略科技力量，始终认真贯彻落实党中央关于网络安全和信息化工作的决策部署，紧密围绕建设网络强国战略目标，不断加强网络安全和信息化工作组织领导。2016年12月，成立了中国科学院网信领导小组，全面指导和推进《中国科学院“十三五”信息化发展规划》实施，取得了一系列阶段性成果：科研活动信息化支撑能力不断增强，我国首个面向科技创新的云服务“中国科技云”上线，标志着中国科学院科研信息化基础设施及服务能力的全面提升；科研管理信息化工作持续改进，ARP系统已经成为中国科学院科研创新生态环境的重要平台；教育信息化工作进展明显，中国科学院“教育云”为培养高素质科技创新人才提供了全方位支撑；网络化科学传播能力不断提升，引领了我国网络科普新格局的形成；网络安全保障能力明显增强。网络安全和信息化工作的发展为中国科学院推进“率先行动”计划深入实施和“三重大”成果产出，提供了有力支撑和保障。

面向 2020，中国科学院将牢记使命，进一步发挥国家战略科技力量的作用，聚焦网络空间安全和信息领域的关键核心技术，集中力量，持之以恒，开展技术攻关及咨询研究。面向国家战略需求，探索科学数据开放共享机制，大力推进科学数据中心的建设，深化科研信息化的应用，引领国家科研信息化发展。

自 2007 年起，中国科学院已连续五次内部发布《中国科学院信息化发展报告》，对推进中国科学院网络安全和信息化（简称网信）建设发挥了良好指导作用。《中国科学院网络安全和信息化发展报告 2017》首次面向社会公开出版发行，旨在系统阐述近年来中国科学院在网络安全和信息化事业中的发展态势，从科研信息化、科学大数据、管理信息化、教育信息化、网络安全及特色应用等方面总结中国科学院网络安全和信息化工作取得的进展及成效，为我国网络安全和信息化事业的发展提供参考。

该报告内容丰富，有比较广泛的代表性，可供网络安全和信息化领域、科研领域的广大参与者和爱好者参考。

《中国科学院网络安全和信息化发展报告 2017》编委会

2018 年 8 月

目 录

第 1 章

网络安全和信息化发展态势

在以习近平同志为核心的党中央领导下，党和政府一直以来对网络安全和信息化工作十分重视，作出了一系列的重大战略部署。

2015 年，在第二届世界互联网大会上，国家主席习近平强调互联网是人类的共同家园，各国应该共同构建网络空间命运共同体，推动网络空间互联互通、共享共治，为开创人类发展更加美好的未来助力。2016 年，在网络安全和信息化工作座谈会上习近平总书记强调，网络安全和信息化事业要发展，必须贯彻以人民为中心的发展思想。要适应人民的期待和需求，加快信息化服务普及，降低应用成本，为老百姓提供用得上、用得起、用得好的信息服务，让亿万人民在共享互联网发展成果上有更多的获得感。

2016年12月发布的《“十三五”国家信息化规划》指出，“十三五”时期是全面建成小康社会的决胜阶段，是信息通信技术变革实现新突破的发轫阶段，是数字红利充分释放的扩展阶段。信息化代表新的生产力和新的发展方向，已经成为引领创新和驱动转型的先导力量。围绕贯彻落实“五位一体”总体布局和“四个全面”战略布局，加快信息化发展，直面“后金融危机”时代全球产业链重组，深度参与全球经济治理体系变革；加快信息化发展，适应把握引领经济发展新常态，着力深化供给侧结构性改革，重塑持续转型升级的产业生态；加快信息化发展，构建统一开放的数字市场体系，满足人民生活的新需求；加快信息化发展，增强国家文化软实力和国际竞争力，推动社会和谐稳定与文明进步；加快信息化发展，统筹网上网下两个空间，拓展国家治理新领域，让互联网更好地造福国家和人民，已经成为我国“十三五”时期践行新发展理念、破解发展难题、增强发展动力、厚植发展优势的战略举措和必然选择。

2016 年 12 月，国家互联网信息办公室发布《国家网络空间安全战略》，指出伴随信息革命的飞速发展，互联网、通信网、计算机系统、自动化控制系统、数字设备及其承载的应用、服务和数据等组成的网络空间，正在全面改变人们的生产生活方式，深刻地影响人类社会历史发展进程。在网络信息社会，我国面临诸多发展机遇的同时，也面临网络安全形势日益严峻，国家政治、经济、文化、社会、国防安全及公民在网络空间的合法权益面临严峻风险与挑战等问题。《国家网络空间安全战略》提出了推进网络空间和平、安全、开放、合作、有序，维护国家主权、安全、发展利益，实现建设网络强国的战略目标，部署了发展网络安全和信息化事业的战略任务。

2018 年 3 月，中央网络安全和信息化领导小组改革为中国共产党中央网络安全和信息化委员会。2018 年 4 月，在全国网络安全和信息化工作会议上，习近平总书记进一步强调，我们必须敏锐地抓住信息化发展的历史机遇，加强网上正面宣传，维护网络安全，推动信息领域核心技术突破，发挥信息化对经济社会发展的引领作用，加强网络安全和信息化领域的军民融合，主动参与网络空间国际治理进程，自主创新推进网络强国建设。在这次会议上，习近平总书记用“五个明确”高度概括了网络强国战略思想：明确网络安全和信息化工作在党和国家事业全局中的重要地位，明确网络强国建设的战略目标，明确网络强国建设的原则要求，明确互联网发展治理的国际主张，明确做好网络安全和信息化工作的基本方法。习近平总书记指出，核心技术是国之重器。要下定决心、保持恒心、找准重心，加速推动信息领域的核心技术突破。网络安全和信息化事业代表着新的生产力和新的发展方向，应该在践行新发展理念上先行一步，围绕建设现代化经济体系，实现高质量发展，加快信息化发展，整体带动和提升新型工业化、城镇化、农业现代化发展。要发展数字经济，加快推动数字产业化，依靠信息技术创新驱动，不断地催生新产业、新业态、新模式，用新动能推动新发展。要推动产业数字化，利用互联网新技术和新应用对传统产业进行全方位、全角度、全链条的改造，提高全要素生产率，释放数字对经济发展的放大、叠加、倍增作用。要推动互联网、大数据、人工智能和实体经济深度融合，加快制造业、农业、服务业数字化、网络化、智能化。习近平总书记强调，推进全球互联网治理体系变革是大势所趋、人心所向。国际网络空间治理应该坚持多边参与、多方参与，发挥政府、国际组织、互联网企业、技术社群、民间机构、公民个人等各种主体作用。既要推动联合国框架内的网络治理，也要更好地发挥各类非国家行为体的积极作用。要以“一带一路”建设等为契机，加强与沿线国家特别是发展中国家在网络基础设施建设、数字经济、

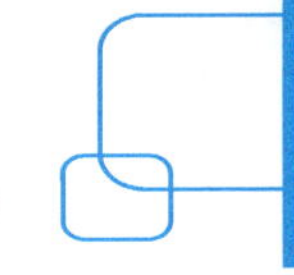

网络安全等方面的合作，建设 21 世纪的数字丝绸之路。

1.1　国内外网络安全和信息化发展态势

进入 21 世纪，新一代信息技术的创新异常活跃，技术融合不断地加快，催生出一系列新业态、新应用和新模式，新一轮信息化浪潮已然涌现，成为国家经济和社会发展的原动力之一，但同时网络安全形势日益严峻。

1.1.1　信息化作为社会经济发展新动力的能量不断释放

随着新一轮信息化向深度发展，信息技术日益与经济社会各方面发展深度融合，一个显著的特征是全球数据流量正在快速增长。互联网（社会交往、搜索、电子商务等）、移动 App（微博、微信等）、物联网、安全监控、金融（银行、股市、保险）都在疯狂地产生着数据。据国际数据公司（IDC）统计，目前全球数据总量每年都以倍增的速度增长，预计到 2020 年全球数据总量将达到 40ZB。数据量的快速增长已经远远超越单个计算机的存储和处理能力，数据中心处理能力变得日益重要，同时也驱动着数据中心网络不断地向大带宽、低时延方向演进。大数据的发展正在使其成为代表整个信息化领域活跃的影响因子，并且由于其蕴含巨大的价值，所以正在成为全球经济、技术、产业发展的活力因素。

随着大数据、云计算、物联网、人工智能、新型通信等新技术的不断发展并与经济社会发展各领域密切融合，数字经济在信息化浪潮的驱动下呈现出蓬勃发展的态势。2017 年，第四届世界互联网大会首次推出了《世界互联网大会蓝皮书》，认为数字经济是新时代全球产业竞争的制高点，积极布局发展数字经济已经成为主要国家的共同选择，全球数字经济正在以超出预测的速度呈指数比例地扩张。主要国家依靠数字经济抢占全球竞争制高点的态势更加明显。2017 年《世界互联网大会蓝皮书》和《全球数字经济竞争力（2017）》给出的数字如下。

第一，数字经济规模不断地扩大。2016 年，美国的数字经济总量达到 11 万亿美元，中国的数字经济规模为 3.8 万亿美元，日本的数字经济总量为 2.3 万亿美元，英国的数字经济规模为 1.43 万亿美元。

第二，数字经济比重不断地提升。2016 年，美国的数字经济占 GDP 的比重为 59.2%，英国的数字经济占 GDP 的比重为 54.5%，日本的数字经济占 GDP 的比重为 45.9%，中国的数字经济占 GDP 的比重为 30.1%。

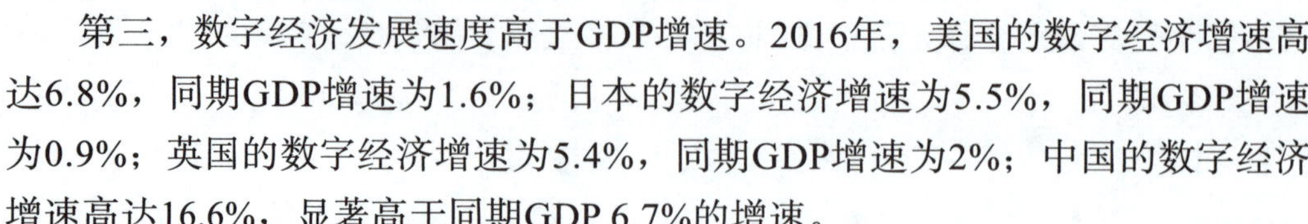

第三，数字经济发展速度高于GDP增速。2016年，美国的数字经济增速高达6.8%，同期GDP增速为1.6%；日本的数字经济增速为5.5%，同期GDP增速为0.9%；英国的数字经济增速为5.4%，同期GDP增速为2%；中国的数字经济增速高达16.6%，显著高于同期GDP 6.7%的增速。

有预测认为，到2020年，大数据将带动全球GDP增长超过2%。一方面，大数据作为新兴产业，数据采集、数据分析、数据服务已经成为信息产业中最有活力、发展迅速、潜力巨大的细分市场，相关的硬件制造和软件开发也吸引了更多的资金与研发投入。另一方面，大数据与现有的产业已经实现深度融合，广泛应用于几乎每个产业领域，大幅提升了生产、管理和决策的科学性及精确性，大幅降低了各环节的成本，加快推动了相关产业的转型升级，生产更加绿色智能，生活更加便捷高效。在制造业领域，运用大数据技术可以高效、精准地提供更多个性化服务。在人工智能与先进制造、自动驾驶、金融与商业服务、医疗与健康管理、天气预测、科学研究等领域都有着广泛的应用前景。在社会保障、突发事件监测预警、信用评估、城市管理等方面，也将发挥越来越重要的作用。

围绕大数据应用，形成了新的、多样化的创新生态链，重塑了传统产业的发展结构和形态，推动了共享经济的蓬勃兴起和发展，催生了众多的新产业、新业态、新模式，也给我们的衣食住行带来了深刻改变。从中国的发展来看，在“互联网+”、大数据和人工智能等数字经济战略的政策引导下，信息化将深入各行各业，并不断地被挖掘、拓展、重塑，由此也带动了全社会掀起新的创新创业热潮。对很多中国人来说，一部智能手机在手，通过支付宝、微信等平台，就能解决生活中绝大部分个性化的需求。例如，滴滴打车、共享自行车已经成为很多人出行的主要选择，精准医疗、个性化定制也逐步走进我们的日常生活。

1.1.2 网络空间治理能力的现代化水平不断提升

自我国于1994年全功能接入国际互联网之后，网民数量迅猛增长，到2006年年底即跃升到全球第一位，成为名副其实的网络大国。党的十八大以来，全国上下深入学习贯彻落实习近平总书记的网络强国战略思想，开拓创新、砥砺奋进，信息化驱动引领经济社会发展作用凸显，网络安全屏障不断地巩固和加强，网络空间治理能力明显提升，网络安全和信息化事业取得历史性变革与成就。

从“网络大国”到“网络强国”，我国互联网进入全新发展时期。2012年12月，党的十八大刚刚闭幕，习近平总书记就在深圳考察时作出这样的论断：现在人类已经进入互联网时代这样一个历史阶段，这是一个世界潮流，而且这个互联网时代对人类的生活、生产、生产力的发展都具有很大的进步推动作用。2014 年 2 月，中央网络安全和信息化领导小组成立，习近平总书记担任组长。在中央网络安全和信息化领导小组第一次会议上，习近平总书记明确指出，网络安全和信息化是事关国家安全与国家发展、事关广大人民群众工作生活的重大战略问题，要从国际国内大势出发，总体布局，统筹各方，创新发展，努力把我国建设成为网络强国。

从出席世界互联网大会，为世界互联网治理贡献中国方案、中国智慧，到主持召开网络安全和信息化工作座谈会，强调让互联网更好地造福国家和人民，再到主持中共中央政治局第三十六次集体学习，强调以六个“加快”建设网络强国。习近平总书记一系列深刻精辟的论断，一整套着眼长远的布局，为网络安全和信息化事业发展提供了根本遵循，为网络强国建设指明了前进的方向。

唯创新者进，唯创新者强，唯创新者胜。近年来，我国着眼抢占信息技术发展制高点，推进人工智能、云计算、大数据等前沿技术研究，加大了对集成电路、基础软件、工业控制软件等领域的投资，高性能计算、量子通信、5G 等取得重大突破，特别是中国“芯”超级计算机首获世界冠军，世界首颗量子科学实验卫星腾空而起。网络安全和信息化事业在经济社会发展过程中发挥着越来越重要的作用，信息技术也正从“跟跑并跑”向“并跑领跑”转变。为了加快推进电子政务，鼓励各级政府部门打破信息壁垒，提升服务效率，让老百姓少跑腿、信息多跑路，解决办事难、办事慢、办事繁等问题。近年来，各地着力打破数据孤岛，加强信息共享，变“群众来回跑”为“部门协同办”，与民生相关的各个领域都在触“网”中。

与此同时，我国始终以和平发展、合作共赢为主张，以构建网络空间命运共同体为目标，就破解全球网络治理难题贡献中国方案。自 2014 年以来，由我国倡导的世界互联网大会已经连续举办三届，旨在搭建中国与世界互联互通的国际平台和国际互联网共享共治的中国平台。习近平总书记指出，“互联网发展是无国界、无边界的，利用好、发展好、治理好互联网必须深化网络空间国际合作，携手构建网络空间命运共同体。”2016 年 9 月，二十国集团杭州峰会制定了《二十国集团数字经济发展与合作倡议》，“数字经济”成为盛会热词。“一带一路”建设信息化发展进一步推进，统筹规划海底光缆和跨境陆地光缆建设，提高国际互联互通水平，打造网上丝绸之路。2017 年 1 月，中央网络安全和信息化办公室、国家标准化管理委员会牵头建立了国家信息化领域标准化工作统筹推进机制，加快推动中国信息化标准走出去。在云计算、大数据、物联网、

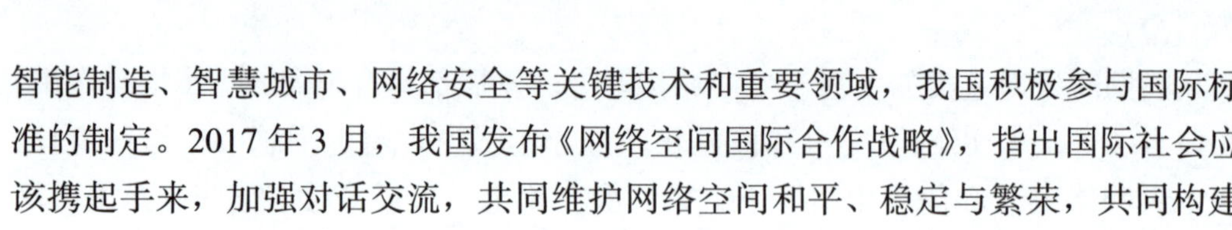

智能制造、智慧城市、网络安全等关键技术和重要领域，我国积极参与国际标准的制定。2017 年 3 月，我国发布《网络空间国际合作战略》，指出国际社会应该携起手来，加强对话交流，共同维护网络空间和平、稳定与繁荣，共同构建网络空间命运共同体。

1.1.3 网络安全风险防控的能力不断增强

随着互联网技术的不断普及，网络空间安全逐渐成为全世界关注的重点。大数据孕育着很多机遇，大家在享受大数据带来的进步和便利的同时，个人的偏好、健康和财务状况等涉及隐私的数据也被收集、分析。有研究指出，近 50% 的数据都面临隐私泄露的问题。大数据安全问题成为人们关注的焦点，如何防止这些数据被过度或非法利用，给政府治理、市场监管、社会管理带来了新的课题。解决好大数据安全问题，从制度层面来说，要通过立法确保大数据资源和技术得到合理应用。从技术角度来说，需要不断地提高信息安全技术能力以便保障数据安全。

如今，网络空间已经成为各国竞相争逐的焦点。21 世纪的国家安全已经超越了传统安全范畴，成为了一个涵盖国防安全、金融安全、信息安全、环境安全、公共安全、能源安全等领域的全方位、多层次的国家安全体系。而众多安全领域，无不涉及网络安全的范畴。2013 年 6 月，美国“棱镜门”事件的爆发更给全球带来了巨大的震动。而此后爆发的全球网络空间军备竞赛更是如火如荼，各国先后成立国家级的网络安全部门。以美国为例，2016 年 2 月，时任美国总统奥巴马推出《网络安全国家行动计划》（*Cybersecurity National Action Plan*，CNAP），这是继《网络安全法案 2015》通过后的重要举措，是美国政府历时 7 年来治理网络空间的政策颠峰。这个计划将指导联邦政府采取新的行动并促进包括联邦政府、私营部门、个人在内的整个美国在网络安全方面的长期性的改善。

移动互联网、大数据、云计算等各种新应用、新场景不断地萌生，人们的工作和生活环境正在经历翻天覆地的变化，在更加便利的同时，安全形势也日益严峻。网络安全事件多发升级，无论是政府、企业还是个人都无法置身事外。世界各国掀起了网络安全热潮，网络安全产业发展势头较好，新技术和新产品创新活跃。

人工智能的创新应用成为网络安全技术发展的一大亮点，基于生物特征的身份认证技术发展迅速，网络安全与 IT 技术的深度融合不断地催生产品更新换代。目前，人工智能技术还属于前沿科技，相关的产品也处在尝试性应用阶段，对其安全问题的研究也处于初期阶段。但人工智能的安全风险已经引起相关的国家、国际组织、科技巨头、学术界等多方面的关注和重视。美国政府在 2016 年发布的《国家人工智能研究与发展策略规划》和《为人工智能的未来做好准备》两份报告中，都将“确保人工智能系统的安全可靠”“安全和控制”“人工智能和网络安全”作为美国人工智能战略中的重点方向。谷歌、OpenAI、加利福尼亚州立大学伯克利分校、斯坦福大学的科学家联合发表了《人工智能安全性的具体问题》一文，以切实可行的方法，设计安全可靠的人工智能系统。

区块链技术凭借可共享、可编程、安全可信等特点，对金融交易及其他社会服务产生巨大影响，已经得到各国政府、产业界和科研机构的高度关注。2015 年，世界经济论坛发布的《深度转变——技术引爆点与社会影响》指出，在 2025 年前后，全球 GDP 总量的 10% 将利用区块链技术存储。2016 年，Gartner 公司公布了年度新兴技术成熟度曲线，区块链技术与 4D 打印等其他 15 项新兴技术首次进入曲线，并预测将在 5 ～ 10 年内逐渐成熟。OECD 在 2016 年年底发布的《科技创新展望 2016》将区块链技术列为十大未来技术发展趋势之一。美国、英国、日本等发达国家对区块链技术持开放态度，例如，美国证券交易所已经批准公司可以基于区块链技术进行股票交易，并且一些国家已经对区块链技术进行立法。2016 年年初，英国政府发布《分布式账本技术：超越区块链》研究报告，从国家层面对区块链技术的未来发展及应用进行分析并给出建议。日本经济产业省于 2015 年召开金融会议，设置专题研究区块链技术的未来发展与影响。

可以预见，未来创新将依然是产业发展的主旋律，网络安全产业也将随之进入高速增长期。RSA 亚太及日本大会反映出，美国网络安全产业竞争力依然保持最强，亚太地区无疑是网络安全产业最吸引人的区域，然而，国内网络安全企业国际化发展准备仍然不足。对此，加快完善网络安全企业国际化支撑服务体系，同时，鼓励和推动网络安全产业链整合与合作，实现优势互补，提升国际竞争力。

安全是发展的前提，发展是安全的保障。习近平总书记明确指出，“没有网络安全就没有国家安全。”党的十八大以来，我国始终坚持依法治理、依规治理、依标治理，多措并举，多管齐下，多方参与，互联网治理模式和治理能力的现代化水平不断地提升，网络生态进一步好转，网络空间清朗起来。网络立法进程加快。制定出台《中华人民共和国网络安全法》这部网络安全和信

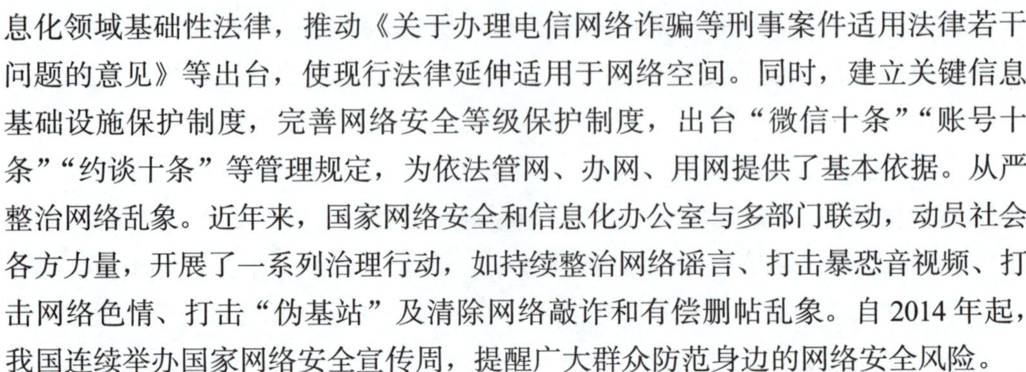

息化领域基础性法律，推动《关于办理电信网络诈骗等刑事案件适用法律若干问题的意见》等出台，使现行法律延伸适用于网络空间。同时，建立关键信息基础设施保护制度，完善网络安全等级保护制度，出台“微信十条”“账号十条”“约谈十条”等管理规定，为依法管网、办网、用网提供了基本依据。从严整治网络乱象。近年来，国家网络安全和信息化办公室与多部门联动，动员社会各方力量，开展了一系列治理行动，如持续整治网络谣言、打击暴恐音视频、打击网络色情、打击“伪基站”及清除网络敲诈和有偿删帖乱象。自 2014 年起，我国连续举办国家网络安全宣传周，提醒广大群众防范身边的网络安全风险。

当今世界，信息技术革命日新月异。当代中国，网络安全和信息化事业发展大潮涌起。在习近平新时代中国特色社会主义思想的指引下，中国必将以更自信、更有力、更坚定的步伐，不断地开创网络安全和信息化事业发展新局面。

1.1.4　科研信息化上升为国家发展战略

科研信息化在新一代信息技术驱动下，备受世界各国重视，逐渐成为国家发展战略。主要发达国家和地区均启动和部署了国家层面的、旨在推进和实施科研信息化的宏大计划和发展战略，积极向大数据科研演进。美国为了保持全球科技及经济领先地位，在数据与计算领域先后提出并实施了一系列战略计划，加强平台建设和研发应用，例如，2012 年制定的《大数据研发计划》(*Big Data Research and Development Initiative*)，2014 年发布的《大数据白皮书》(*Big Data*：*Seizing Opportunities*，*Preserving Values*)，2016 年启动实施的《联邦大数据研发战略计划》(The *Federal Big Data Research and Development Strategic Plan*)。2015 年 7 月，美国总统奥巴马签发行政命令，正式启动美国《国家战略性计算计划》(*National Strategic Computing Initiative*，NSCI)，旨在更加巩固美国在高性能计算研发与应用方面的领先地位。该计划提出要加快可以实际使用的百亿亿次（E 级，EFlops）计算系统的交付，加强建模和仿真技术与数据分析计算技术的融合。日本文部科学省从 2014 年春季开始，着手研发“E 级超级计算机”，它的计算性能将是日本目前最快的超级计算机“京”性能的 100 倍，力争在 2020 年前后完成研发任务并投入使用，日本政府拟为此项目投入总额 1 000 亿日元的研发经费。2016 年 7 月，中共中央办公厅、国务院办公厅联合发布了《国家信息化发展战略纲要》，提出要加快科研信息化，建设覆盖全国、资源共享的科研信息化基础设施，提升科研信息服务水平。加快科研手段数字化进程，构建网络协同的科研模式，推动科研资源共享与跨地区合作，促进科技创新方式的转变。2016 年 12 月，国务院发布了《"十三五"国家信息化规划》，提出建设基于云计算的国家科研信息化基础设施，打造"中国科技云"。2017 年 1 月，中国科学院发布了《中国科学院"十三五"信息化发展规划》，明确提出面向我国科技创新，建设国家科研信息化基础设施，以深度整合中国科学院优势信息化资源为抓手，形成全国乃至全球信息化资源及科技资源汇聚能力，打造"中国科技云"，面向全国科研工作者提供资源统一调度和用户自助服务，共享各类创新资源。

大数据驱动科研模式变革成为新亮点。科学研究进入"大数据"时代已经成为共识，其呈现出数据密集和数据驱动的特点，正在极大地改变人类生活及人们认识世界的方式，将带来科研方法论的创新，成为科学发现的新引擎。2015 年 8 月，我国正式发布的《促进大数据发展行动纲要》要求，"积极推动由国家公共财政支持的公益性科研活动获取和产生的科学数据逐步开放共享，构建科学大数据国家重大基础设施，实现对国家重要科技数据的权威汇集、长期保存、集成管理和全面共享。"面向经济社会发展需求，发展科学大数据应用服务中心，支持解决经济社会发展和国家安全重大问题。

开放科学借力科研信息化成为新趋势。科研信息化成为开放科学必不可少的支撑条件。为了推广科学知识，共享科技数据和设施，欧盟于 2015 年 1 月通过了"开放科学共享战略"，并在 2016 年优先支持。改善科研基础设施可以提高科学家的工作效率与质量。为了实现这个目标，欧盟将为科学家创建可以公开获取的平台、工具与服务。欧盟提出开放科学共享空间（Open Science Commons）方案，促进科学资源共享管理，帮助制定共享政策，最大限度地实现科研成果的转化。

科研移动应用成为科研创新的新动力。无线宽带、新型可携带设备和创新网络服务的发展带动了移动计算的快速发展，也掀起了科研移动应用的浪潮。例如，2014 年美国国立卫生研究院投建"移动传感器数据到知识"（MD2K）国家卓越中心，将开发创新型工具，更轻松地采集、分析和解释移动与可穿戴传感器产生的医疗数据。用于科研数据处理的移动应用 App（如 ChemDoodle、iProtein、DataAnalysis）等发展迅速。科研移动应用势必成为科研信息化的又一个重要的发展趋势。

科研信息化基础设施的性能和规模加速发展与升级成为新常态。全球科研活动和装置所采用的信息化硬件设施，其性能正全面升级。得益于精密芯片制造和无线传感技术的发展，科研信息采集装置全面具备了无线传输能力，欧

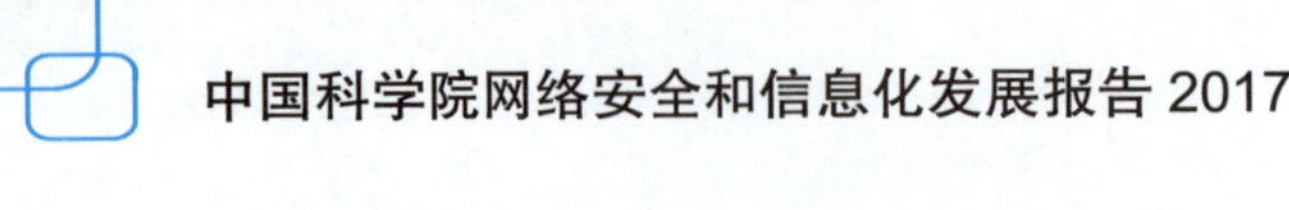

美发达国家已经将无线传感器网络部署到城市、农田及各类生态等科研区域中，全面搜集物理世界的各种特征信息。高速传输网络的通用带宽已经达到100Gbps，骨干传输速度向1Tbps发展，发达国家的高速科研专用网络传输能力和传输速度不断地大幅提升。在海量数据存储方面，美国、日本、欧盟数据存储I/O吞吐速度已经达到100GB/s级。在高性能计算方面，美国、欧盟和日本均已经启动了面向Exascale超级计算机的研究计划。据估计，E级超级计算机极有可能在2020年研制成功。

科研信息化推动企业创新和产学研协同创新成为新模式。信息化和工业化的融合成为工业化发展的新特点，多主体、跨空间、泛资源协作模式成为企业创新的重要形态。在面向国家产业升级、调整和企业创新主体的应用需求方面，科研信息化能够依托重大科技基础设施、重大科研装备等的协作，优化生产资料的配置和生产过程的协同，迅速形成市场化的研发制造的创新竞争力，推动新型生产组织不断地孕育、演进和扩散，成为与经济社会发展深度融合、科研院所研发活动紧密链接的网络，是产学研协同创新的纽带、区域创新平台（体系）的有机组成。同时，面向大众创业和万众创新的应用需求，科研信息化能够借助网络技术与创新组织模式，通过设施共享、成果转化、知识传播等形式，充分释放全社会积累的科技资源，降低公众对各类科技资源的使用门槛，应用于以“创客”为代表的全社会创新活动，实现创新资源聚集、激发创新活力。

1.2 中国科学院网络安全和信息化发展态势

进入21世纪，中国科学院信息化工作围绕建设“信息化中科院”和“智慧中科院”的总目标，系统性地推进科研活动信息化和科研管理信息化，大力促进信息技术在科研活动中的应用，不断地优化和完善科研管理和教育信息化环境，助力科研创新。经过连续三个五年规划的不间断投入，中国科学院已经形成了覆盖科研活动、科研管理、科教融合的信息化体系，在全国科技界具备了先导性实践经验和全面性综合优势。

1.2.1 科研信息化支撑能力全面提升

中国科技网（China Science and Technology Network，CSTNET）全面提速，服务能力不断地加强。自1994年科技网开通以来，科技网为全院广大科研及管理工作者提供了优质的网络服务。2010年，中国科技网已经有6条骨干信道扩容至2.5Gbps信道，与国内外互联网高速互联，国内总带宽达到8Gbps，国际商业互联网出口带宽达到 1 522Mbps，覆盖全国近 30 个省（直辖市、自治区），连接了中国科学院 139 家单位、一大批科学装置和野外台站，以及 100 多家院外单位。参与建设的国际科研网络 GLORIAD 的后续项目 GLORIAD-Taj，把印度、新加坡、越南和埃及等国家的科研网络连接到 GLORIAD 中，大幅提升了美国与中国及北欧地区的网络带宽。在中国香港建立了开放交换节点（HKOEP），使中国香港成为亚太地区互联网的汇聚中心和国际互联网在亚太地区的交换中心。参加了中国一代互联网（China Next Generation Internet，CNGI）示范工程项目，建设 7 个 CNGI 核心网节点和 103 个 CNGI 科研机构驻地网，开展示范应用。开发了完善的网络管理系统，包括运行维护管理、流量管理、带宽管理及全网监测分析系统等。中国科技网经过 CNGI 核心网、驻地网工程建设，全面支持 IPv4 和 IPv6 双栈接入，并与中国教育网 IPv6 高速互联。

2016 年通过验收的“基于下一代互联网的科研信息基础设施建设和应用示范工程”，进一步支持 IPv6 向科研机构进行桌面级延伸，联合院内外 100 余家科研机构，以及海量数据中心、高性能计算中心、野外台站、大科学装置等单位，历时 4 年，在高速科研数据网络建设方面，建成了连接北京总中心和全国 12 个地区分中心的、带宽为 2.5Gbps/10Gbps 的环状骨干网络，建成了北京总中心和全国 12 个地区分中心的城域网，总中心与国际、国内科研网络以 10Gbps 带宽高速互联，高速连接 10 个高性能计算中心、14 个海量数据资源中心、40 个大科学装置和野外台站等科研基础设施与资源，建成了覆盖 107 家研究机构的 IPv6 网络。

在工程实施过程中，IPv6技术的研发与应用取得了一批具有创新性的科研技术成果，例如，在全国性网络上实现了端到端IPv6/IPv4双栈部署；实现了支持IPv6的云网管、云安全、数据云和科研协同云等服务；针对科研应用需求研发了基于IPv6的网络技术和应用优化技术；结合学科领域的特色需求，研发了基于IPv6的应用系统及相关技术。

随着国家《推进互联网协议第六版（IPv6）规模部署行动计划》的推进和商业运营商 IPv6 资源的逐渐成熟，中国科技网加强了与主流运营商的 IPv6 资源互通工作。

中国科技网还在多个重大社会事件中提供了网络支持和保障，包括在 2008 年汶川地震后，为中国科学院抗震救灾工作提供全面的网络保障及技术支持，紧急搭建了唐家山堰塞湖数据专网，为国家领导人进行实时监控和部署救灾工作提供了技术保障等。到 2017 年，网络覆盖全国 30 余个省（直辖市、自治

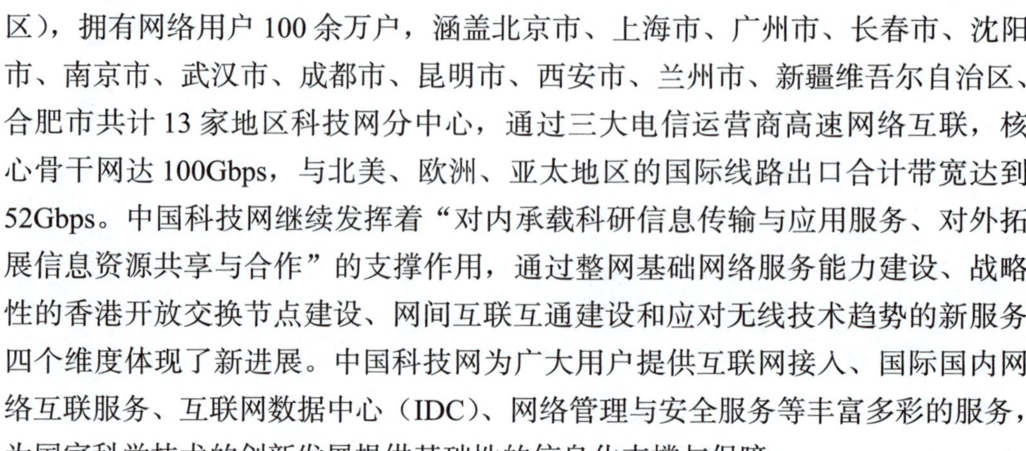

区），拥有网络用户 100 余万户，涵盖北京市、上海市、广州市、长春市、沈阳市、南京市、武汉市、成都市、昆明市、西安市、兰州市、新疆维吾尔自治区、合肥市共计 13 家地区科技网分中心，通过三大电信运营商高速网络互联，核心骨干网达 100Gbps，与北美、欧洲、亚太地区的国际线路出口合计带宽达到 52Gbps。中国科技网继续发挥着“对内承载科研信息传输与应用服务、对外拓展信息资源共享与合作”的支撑作用，通过整网基础网络服务能力建设、战略性的香港开放交换节点建设、网间互联互通建设和应对无线技术趋势的新服务四个维度体现了新进展。中国科技网为广大用户提供互联网接入、国际国内网络互联服务、互联网数据中心（IDC）、网络管理与安全服务等丰富多彩的服务，为国家科学技术的创新发展提供基础性的信息化支撑与保障。

集中建立超级计算环境，大幅度提升高性能科学计算能力。2003 年，在中国科学院率先装备了峰值为每秒 5.3 万亿次的超级计算机及其配套的存储设备和可视化环境，研制开发了一系列基础并行计算软件包，形成了支撑中国科学院高性能科学计算的平台，面向全院提供超级计算服务。自该系统正式运行以来，重点支持了中国科学院的知识创新试点工程、国家 973 计划、国家 863 计划和国家自然科学基金等应用项目，取得了一批重要成果，推动了中国科学院的科学计算应用发展。2010 年，超级计算环境在全院初步形成了总中心、地区分中心和所级中心三层架构，提供的通用（CPU）加专用（GPU）聚合计算能力已经达到 6 200 万亿次以上。其中，顶层的总中心 CPU 聚合计算能力达到 140 万亿次，分中心和所级中心 CPU 聚合计算能力达到 60 万亿次。专用 GPU 计算能力已经达到 6 000 万亿次，其双精度计算能力达到 1 000 万亿次。较系统地提供了高性能计算、并行计算软件、科学计算可视化、网格计算、培训五大类服务。计算化学、计算材料学等领域一批网格应用投入使用并稳定运行，并产生了在星系演化串行模型基础上研发的大规模并行程序 P_widgeon、中国气象局沙尘暴数值预报模式 CUACE-Dust 的并行和优化、自主地球模式研制和 IPCC 气候评估等 8 个千核以上的应用。特别是自主地球模式研制和 IPCC 气候评估的计算结果直接应用于《政府间气候变化委员会第四次评估报告》，为我国政府、科技界参与国际气候变化外交、科技谈判和双边 / 多边会晤提供了谈判依据，同时也为国家制定应对未来气候变化的战略和处理气候变化带来的国家安全问题提供了决策依据。到 2015 年年末，中国科学院在“三层架构”超级计算环境基础上实现了超级计算能力及应用效果的稳步提高，计算能力从百万亿次提高到千万亿次。总中心的主超级计算机已经升级为第六代“元”超级计算系统，计算峰值为 2.36 千万亿次。分中心增加到 9 家，应用学科覆盖更加完整，应用广度和深度均进一步提高。到 2016 年年底，新一代超级计算机系统“元”已经在 30 余个节点完成网格软件的部署，实现了整个超级计算环境的统一运行管理。技术支持和服务水平较“十一五”期间更加完善。经过体系化、制度化的建设，院超级计算环境向可持续发展方向发展。到 2017 年年底，新一代超级计算机系统“元”全面投入使用。2016 年，中国科学院基于“神威•太湖之光”系统的两项全机应用首次入围美国计算机学会设立的戈登贝尔奖，中国团队入围数量占全部的一半。中国科学院软件研究所和清华大学等单位的团队研发的“千万核可扩展全球大气动力学全隐式模拟”最终获奖，实现零的突破。该应用实现了高效和千万核可扩展的全隐式求解，未来有望应用于全球范围高分辨率气候模拟和高精细数值天气预报。中国科学院计算机网络信息中心研发、入围的“钛合金微结构演化相场模拟”则实现了金属微观结构的相场模拟，可以在三维体系中全面并且精确地揭示微观组织演化的过程、支持演化机理的研究，突破了大规模钛合金微观组织模拟难点。2017 年，清华大学的团队再次获得该奖项。

科学数据库建设取得重大进展。1982 年，中国科学院开始筹建科学数据库，该项目于 1986 年正式列入了国家重点工程。此后，中国科学院一直把科学数据库作为信息化建设重点项目给予长期、持续的支持。互联网应用之后，科学数据库得到了快速发展，建库领域不断地扩展，几乎涵盖了所有的学科门类，数据资源由 GB 级快速增近到了 TB 级。到 20 世纪末，中国科学院科学数据库已经成为国内信息量最大、学科专业最广、服务层次最高、综合性最强的科技信息服务系统，建库单位 21 个，专业数据库 180 个，总数据量达到 725GB。2005 年，由中国科学院的 45 个研究所共同完成了 503 个专业数据库的建设，总数据量达到 16.6TB，初步形成中国科学院科学数据资源体系。成功研制了 20 多个科学数据库建设与共享服务的标准规范，其中，1 项国家标准在数据标准规范建设方面取得重要进展。建立了科学数据库管理与服务系统平台，初步建成科学数据网格，向社会提供便捷的科学数据服务，服务正常率达到 97.78%，访问人数累计达到 250 万人次，在科研与应用中发挥了重要的作用。2010 年，以海量数据存储与处理服务为核心的数据资源中心构建的存储环境裸容量达到 6PB，通过互联网提供海量数据存储服务、海量数据分析与处理服务、面向特定研究方向的数据应用平台服务等。2017 年，院内外研究团体（项目组）或机构（研究所）用户数达到 70 余个，存储或备份的数据量达到 2PB，用户满意度达到 90%。基本建成了可公开共享的 37 个研究型专业数据库，形成了人地系统、微

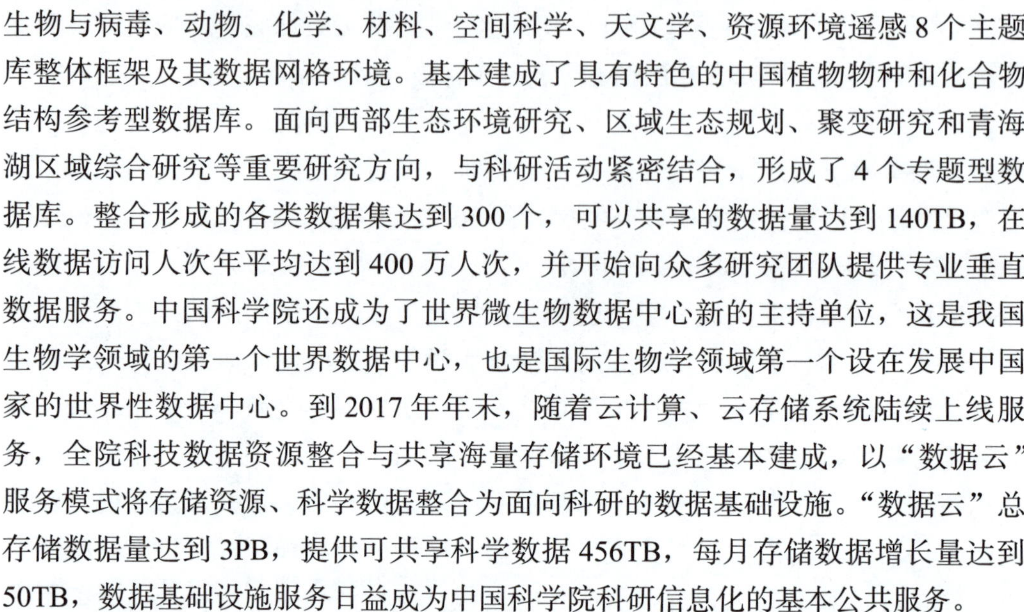

生物与病毒、动物、化学、材料、空间科学、天文学、资源环境遥感 8 个主题库整体框架及其数据网格环境。基本建成了具有特色的中国植物物种和化合物结构参考型数据库。面向西部生态环境研究、区域生态规划、聚变研究和青海湖区域综合研究等重要研究方向，与科研活动紧密结合，形成了 4 个专题型数据库。整合形成的各类数据集达到 300 个，可以共享的数据量达到 140TB，在线数据访问人次年平均达到 400 万人次，并开始向众多研究团队提供专业垂直数据服务。中国科学院还成为了世界微生物数据中心新的主持单位，这是我国生物学领域的第一个世界数据中心，也是国际生物学领域第一个设在发展中国家的世界性数据中心。到 2017 年年末，随着云计算、云存储系统陆续上线服务，全院科技数据资源整合与共享海量存储环境已经基本建成，以“数据云”服务模式将存储资源、科学数据整合为面向科研的数据基础设施。“数据云”总存储数据量达到 3PB，提供可共享科学数据 456TB，每月存储数据增长量达到 50TB，数据基础设施服务日益成为中国科学院科研信息化的基本公共服务。

科技云在助力科技创新方面成效斐然。中国科学院以中国科技网网络环境为基础构建了“科技云”环境，以促进科学研究与科研信息化深度融合为目标，“科技云”探索了边建设、边应用、边发展的模式，不断地促进科研活动与信息化的深度融合，持续推动信息化科研模式变革。“十二五”期间，“科技云”为国际热核聚变实验堆计划、院战略先导专项、大亚湾、中微子实验、中国生物多样性红色名录等重大科研活动或重大科技任务提供强有力的服务支撑。同时，面向空间科学、天文、高能物理、微生物等 8 个学科领域建设了 8 个科技领域云，成为本学科领域内综合性科研信息化基础设施，有力支撑各个领域的学科发展和重大任务的实施。例如，微生物科技领域云构建了世界微生物数据中心的数据信息处理存储、挖掘平台，支撑了全球 43 个国家 110 个保藏中心的微生物资源信息整合，服务于全球科研与应用，并支持了 H7N9 禽流感宿主溯源及传播防范控制的研究工作。天文科技领域云通过构建的虚拟天文台，面向全球发布了世界上最大的天体光谱库，即郭守敬望远镜巡天光谱数据，光谱总量达到 768 万条，并提供国内外 40 多个数据源的数据融合服务。高能物理科技领域云将大亚湾本地与北京地区的超级计算资源通过高速网络进行连接，计算能力超过 1 万 CPU 核，处理拍字节（PB）级科学数据，首次发现了一种新的中微子振荡模式，并基于此获得了 2016 年基础物理学突破奖。数据与计算的环境在大亚湾中微子实验中起到了至关重要的作用，加速了重大科学的发现。科研信息化为国际热核聚变实验堆计划、院战略先导专项、大亚湾、中微子实验、中国生物多样性红色名录等重大科研活动或重大科技任务提供强有力的服务支撑，有力地促进了中国科学院重大成果的产生。

在《中国科学院“十三五”信息化发展规划》中，中国科学院提出了建立“中国科技云”的构想，即在为中国科学院服务的“科技云”基础上，牵引我国科技资源整合，打造以科技工作者为中心，以资源统一调度和用户自助服务为鲜明特色的信息化资源管理与服务云平台，构建“中国科技云”。在 2017 年度的世界互联网大会上，“中国科技云”工程正式启动。

1.2.2　管理信息化营造科研创新生态环境

2002 年，按照《中国科学院“十五”信息化发展规划》，院党组批准启动中科院 ARP 工程，把管理信息系统建设提升到了实施全面资源规划的高度。该工程突破了管理信息系统建设的传统模式、创新性地运用企业资源规划（ERP）理念建设一体化的新型管理信息化生态环境。2006 年，中科院 ARP1.0 建成并在全院上线，使中国科学院科研管理信息化环境实现了从各自为政到整体运营的跨越式进步。2009 年，经过对业务架构和应用架构的持续优化完善，中科院 ARP2.0 推出，初步完成了组织管理体系、标准规范体系、安全保障体系和运行维护支持体系的建设工作，完成了院所两级系统运行支撑平台建设，建成了包含科研项目、综合财务、人力资源、科研条件、国际合作、院地合作、知识产权、评估评价、基本建设、教育管理应用在内的 10 个应用系统及公共事务处理和信息资源管理与服务两个平台。2010 年，中科院 ARP 已经面向院属各事业单位，为院所领导、管理人员、科研人员提供科研管理核心业务支持，核心用户达到 2 000 余人。其中，员工自助、网上报销、日常事务等系统涉及全体员工，服务总人数达到 5.5 万人。中科院 ARP 系统数据从最初的 1 800 万条增长到了 1.8 亿条，中科院 ARP 业务表单 101 个，涉及业务数据项 2 213 项，为院所提供各类统计分析报表 540 张。中科院 ARP 系统在提高管理工作效率、促进管理方式变革等方面发挥着重要作用，实现了从有到好的渐进式发展。

到 2016 年，中科院 ARP 建设已经持续三个五年计划，正式上线应用已经经历了整整 10 个年头，基本形成了若干可配置、应用方便、随需访问的云服务环境，构建了面向辅助决策的全流程数据处理平台。以战略性先导专项（A 类）全过程管理为突破，搭建了重大科研项目管理平台，实现与重大科研项目的集成及示范。通过中科院 ARP 的建设和持续推进，中国科学院已经积累大量的科研管理数据、业务流程与规则、基础资料和应用的经验，对推动中国科学院科

研管理规范化起到不可替代的作用。同时，管理信息化环境的不断完善，也对助力科研创新发挥了至关重要的作用。

在科研管理领域适应新一代新信息技术发展趋势的应用方面，中国科学院积极应对云计算、大数据、物联网、移动应用等新理论、新技术、新模式、新业态带来的变化和挑战，涌现了一批高水平信息化应用。例如，中国科学院的“仪器设备共享管理系统（简称共享网）”，实现了全院范围跨所、跨区域的仪器设备用户预约使用、共享管理和数据统计。中国科学院上海药物研究所的 PMS 试剂耗材采购系统，实现了从材料采购流程控制到搭建网购平台的信息化，规范了全所采购管理水平，有效地提升了廉洁从业和风险防范控制水平。大连化学物理研究所、紫金山天文台、昆明植物研究所、武汉植物园等单位全面推进各项信息化建设，有力地支撑了研究所的各项工作，取得了显著的综合效益。

进入“十三五”以来，在《中国科学院“十三五”信息化发展规划》指导下，中科院 ARP 系统开启了更新换代的进程。新一代中科院 ARP 将全面运用云计算、大数据、移动应用、人工智能等新兴信息技术，为科研管理的智慧化营造全新的应用环境。2017 年，新一代中科院 ARP 建设工程已经全面启动。

1.2.3 教育信息化实现五个转变

依托中国科学院大学、中国科学技术大学等单位建设形成的“教育云”，采用云计算技术实现了科教基础设施虚拟化，形成管理和学习数据资源池，完成底层数据整合共享，为全院学生、教师、科研人员、管理人员及其他职工提供一站式学习和教育管理服务。通过中国科学院“教育云”服务平台，学生能够发掘丰富的学习资源，提高学习成效；教师实现与学生随时随地的交流互动，提升教学质量；职工充分获得知识技能的更新补充和能力的拓展提升，实现终身学习；管理者能够及时了解各类教育数据，辅助科学决策。院属各单位在教育信息化应用方面的发展稳中有升，教师管理系统、学生管理系统、招生系统、培养系统、学位系统、继续教育系统等教育信息化平台的应用情况均有不同程度的提高。

教育信息化的深入应用，提升了中国科学院的科教资源整合共享能力、自主学习服务支撑能力、学历教育和继续教育决策支持能力共 3 种能力，实现从“内部开发到开放集成、从资源短期建设到持续积累、从业务过程电子化到机制创新和服务优化、从单纯的信息管理到全面支持自主学习、从发现需求到增值服务”5 个转变，为中国科学院教育的跨越式发展和高素质创新创业人才培养提供全方位的信息化支撑。

为适应中国科学院实施“率先行动”计划和建设人才高地的新形势，解决职工的“工学矛盾”，中国科学院继续教育网自 2016 年 4 月全面上线运行。该继续教育网集“管理—学习—交互”三位一体，服务继续教育与培训管理、职工学习，支持资源共享，积累学习大数据。平台实现了“培训需求—培训计划—培训实施—培训资源—培训评估—培训统计”的业务全流程管理，支持“院—分院—研究所”的纵向数据管理。全院各单位自主共享培训项目、课件资源和教师资源，共同打造品牌资源。用户可以应用移动终端随时、随地进行线学习，维护学习数据，提高学习效率，提升学习效果。直播功能扩展了培训现场，为远程用户提供讲师授课资源和交互学习环境，实现资源共享。该继续教育网在运行的基础上，逐步积累学习大数据，结合用户类别，对数据进行分析，将有力支持科研人员个性化学习，支持中国科学院继续教育与培训工作决策。

1.2.4　融媒体成为科普传播的新方式

构建网络化科学传播平台，是中国科学院履行科普义务的信息化手段。到 2010 年年末，基本建成了服务于全院网络化科学传播工作的共建共享平台，形成了以中国科普博览为门户、化石网等 10 多个专业科普网站为代表、全院 100 多个科普栏目为补充的院所三级服务体系，内容涵盖中国科学院主要学科布局和重点研究领域。特别是针对重大科技事件提供科学解读，2009 年日全食直播全球有高达 2 亿用户观看。截至 2017 年年末，网络化科学传播平台上线服务资源量超过 100GB，日均访问量达到 15 万人次，中国科普博览在谷歌、百度、必应 3 个搜索引擎中均排列前两位，化石网还在 2009 年荣获联合国“世界信息峰会”全球大奖。

网络化信息发布平台已经初具规模。在 2009 年建设的中国科学院网站群基础上，通过运用云计算及移动应用技术，建成了汇聚全院公共信息资源的资源导航门户，并实现与网络化科学传播平台、科学家社区交流平台的融合，形成“宣传科技成就、传播创新文化、弘扬科学精神、促进人才交流和科技成果转移转化”的信息获取与分享综合服务环境，满足中国科学院创新改革和发展需求。中国科学院网站群平台上运行的站点已经由上线之初的 300 余个增长到了 800 余个，使中国科学院整体形象在互联网上集中呈现，显著提升了对外宣传的影响力。此外，由科学时报社主持建设的“科学网”打造了一系列针对性更强、独具特色的专业化社交渠道与信息服务，使“科学网”服务平台整体功能更加全面、更加专业，将“为科教界专业人士服务”这个目标深入落实，为我国科教界乃至全球华人科学家提供了更加高效、便捷的网络化沟通渠道和信息服务。

进入新时期以来，中国科学院网络化科学传播平台进一步拓展和完善，融媒体成为科普传播的新方式。形成“广泛、融合、开放、互动”的网络化科学传播新媒体服务架构，充分利用云服务理念和技术，集成科学院特色、高端科普资源，提供科普创作与传播云服务，支撑科研团队创新应用、科普编创、知识分享和文化交流，并打造了一批有影响力的网络科普精品示范应用。平台架起了科研团队与社会公众便捷交流互动的渠道，提升了公众科普体验深度和满意度，引领了我国网络科普的新格局。

1.2.5 网络安全和信息化管理体系基本形成

面对跨世纪世界科技的迅猛发展和知识经济时代的巨大挑战，党中央、国务院高度重视国民经济信息化建设工作，于 1996 年成立了国务院信息化工作领导小组，统筹协调国家信息化建设的大政方针。此后不久，中国科学院的信息化工作管理体系也初步形成，成立了由院主要领导挂帅的信息化工作领导小组，负责全院信息化工作的指导和协调。

在支撑体系建设方面，中国科学院在已经建立的信息化工作领导小组、信息办公室等组织机构的基础上，成立了各类专家、咨询和用户委员会，建立了检查、监理和评估制度，加强了对全院各研究机构、院机关各部门信息化工作的指导、管理和服务。全院绝大部分研究所成立了由所领导牵头的信息化工作小组，有 56 家研究所设置了独立的信息化工作实体管理部门。形成了由院信息化工作领导小组统一领导，信息办公室和机关各部门协调，计算机网络信息中心提供支撑服务，各分院、各研究所共同参与的中国科学院信息化工作体制和格局，为全院信息化工作的顺利开展及基础设施的运行维护提供了有力的组织保障。

在安全保障体系建设方面，中国科学院建立了院所两级工作小组，制定了一系列网络安全规章制度，编制了信息化安全保障建设方案，设置了网络安全保障和运行中心，初步形成了对全网的安全监管，全院信息化网络安全保障水平得到新的提升。

在制度规范体系建设方面，中国科学院相继发布了一系列的信息化政策和制度，全面指导和推进信息化工作，多数研究所也制定了本所的信息化工作制度。结合信息化专项项目的实施，发布了项目管理、信息化基础设施、数据管理、应用平台和运行维护服务等近百个标准规范及制度。自 2008 年起，组织实施院属单位信息化年度评估，对促进院属单位提升信息化水平起到了积极作用。

努力营造信息化氛围，加大国内外信息化合作与交流。创办了《信息化发展报告》《信息化工作动态》《信息化研究与应用快报》《科研信息化技术与应用》等刊物，设立了院信息化工作网站，增强了信息化理念，宣传了信息化成效。深入开展国内外合作交流，与微软、IBM、联想等一批 IT 知名公司建立了战略合作关系，与北京市建立了信息化应用合作关系，持续开展两岸三院信息技术交流合作、中美科技数据共享与应用交流合作、中美网络科技交流合作等。加大了对领导干部、管理人员和技术、运行维护和应用人才的培训。自 2009 年起，牵头主办了两年一度的全国“科研信息化论坛”，为推动我国科研信息化深入开展发挥积极作用。

党的十八大之后，以习近平同志为核心的党中央高度重视网络安全和信息化工作，于 2014 年成立了中央网络安全和信息化领导小组，统筹协调涉及国家网络安全和信息化发展的重大问题。为了推动中国科学院网络和信息化统筹发展，2016 年 12 月 19 日，中国科学院发文成立了中国科学院网络安全和信息化领导小组，由白春礼担任组长统筹协调与研究制定院网络安全和信息化工作的战略、发展规划及重大政策，进一步推进中国科学院网络安全和信息化建设。该机构的成立，将指引中国科学院“十三五”乃至更长时间的网络安全和信息化事业发展。今天，以“中国科技云”和“智慧中科院”为代表的中科院“十三五”信息化发展蓝图已经绘就，建设任务正在全面展开。期待中国科学院的信息化生态环境在党的十九大制定的“网络强国”路线指引下日臻完善，中国科学院的网络安全和信息化事业取得更加突出的成绩。

第 2 章

科研信息化基础设施支撑科技创新

科研信息化基础设施是推动我国迈向科技强国的重要引擎和承载平台。随着改革开放事业的发展，我国科研信息化基础设施走过了从无到有、从学习引进到体系化建设、从能力建设到应用与服务创新的发展路程。

中国科学院从战略高度重视并持续投入科研信息化建设，形成了以科学计算、互联网络和科学数据资源为主的科研信息化基础设施体系。随着信息化技术的飞速发展，尤其是大数据、云计算、软件定义等先进技术的推动，科研信息化基础设施的建设和支撑服务模式也随之展现出新的建设模式、运行管理模式、服务组织模式，催生出新的科研模式和领域应用。

2.1 科研信息化基础设施发展历程

2.1.1 网络设施的发展

如图 2-1 所示为中国科技网发展历程。

1989 年 8 月，中国科学院承担了国家计划委员会立项的“中关村教育与科研示范网络”（NCFC）——中国科技网（CSTNET）前身的建设。

1994 年 4 月 20 日，中国科学院院网通过 64kbps 国际卫星专线，率先与美国 NSFNET 互联成功，实现了中国与互联网全功能网络连接，标志着我国最早的国际互联网络诞生。

1995 年 3 月，中国科学院院网完成上海、合肥、武汉、南京 4 个分院的远程连接，开始了将互联网向全国扩展的第一步。

1995 年 12 月，中国科学院在上海、合肥、武汉、南京 4 个分院的远程连接的基础上完成把网络扩展到全国 24 个城市，实现国内各学术机构的计算机互联，并与互联网相连的中国科学院院网百所联网工程（简称“百所联网”工程），极大地提升了科研单位之间的互联互通，为协同科研项目、不同学科科研课题及国际合作交流科研任务提供了可靠的网络信息平台——全国性网络中国科学院院网（CASNET）。

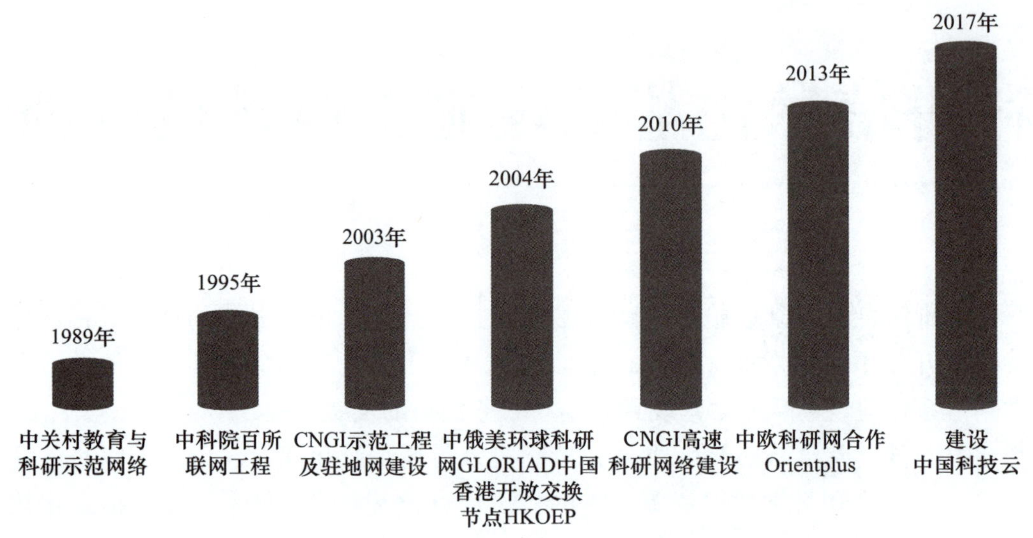

图 2-1 中国科技网发展历程

1996 年 2 月，中国科学院决定正式将以 NCFC 为基础发展起来的、连接了中国科学院以外的科研院所和科技单位，面向科技用户、科技管理部门及与科技有关的政府部门服务的全国性网络中国科学院院网（CASNET）命名为中国科技网（CSTNET）。

1997 年，中国科技网开通了与中国公用计算机互联网（CHINANET）网络互联互通的 64kbps 的 DDN 信道，开通了与法国国家科学和教育网互通的 64kbps 国际信道，把与美国国际卫星的 64kbps 信道升级至 2Mbps，实现了我国科研院所通过高速卫星联网。

2000 年，中国科技网与中国公用计算机互联网（CHINANET）的互联互通信道升级至 155Mbps，并完成与国内各互联网运营商的互联互通，与美国国际卫星的信道也升级至 55Mbps。

2002 年，中国科技网开始针对 12 个中国科学院分院骨干网信道的全面升级，其中上海至北京骨干网信道率先升级至 2.5Gbps 高速互联，与中国网通信道升级至 1Gbps。

2004 年 1 月，由中国科学院、美国国家基金会、俄罗斯部委与科学团体联盟共同出资建设，中国科学院计算机网络信息中心、美国伊利诺伊大学国家超级计算中心、俄罗斯库尔恰托夫研究院负责建设和运营管理中美俄环球科教网络（GLORIAD）正式开通。以 GLORIAD 项目为契机，中国科技网（CSTNET）在中国香港建立了开放交换节点，中国科技网（CSTNET）开通的线路包括中国香港至日本千兆线路、中国台湾千兆线路、芝加哥 STM-1/OC3 线路、中国香港中文大学校园网络千兆线路。

2008 年 3 月，中国科技网（CSTNET）完成院网结构调整优化，为 112 家院属科研单位分配了 20Mbps 基础带宽，实现院内信息开放交换。中国科技网与中国电信开通了两条 2.5Gbps 信道。中国科技网与中国网通信道升级至 2.5Gbps。

2014 年 8 月 20 日，CSTNET 完成美国西雅图和芝加哥两个开放交换节点建设，实现 CSTNET 在北美地区与欧美国家级科研教育网络的 eBGP 对等互联。中国科技网基于 CSTNET 在西雅图和芝加哥建设的北美地区两个高速网络交换节点，开通了与美国 Internet2 的双节点万兆直连通道，与美国能源科学网（ESNET）的万兆直连通道。

2015 年，中国科技网完成了 12 个分院汇聚设备的全面升级。完成了 9 个分中心骨干线路环网建设，实现了自动环网保护，实现了科技网核心和骨干的升级改造，为用户提供 IPv6/IPv4 双栈接入的网络环境。开通了与教育网（CRNET）的 10Gbps 的 IPv6 信道，与中国电信的信道升级为两条 10Gbps 链路，双线路合计带宽 5.6Gbps，开通了与上海、广州互联网交换中心的 10Gbps 信道，并实现了与中国电信、中国联通骨干网在南方地区的流量疏通。

2016 年 8 月，中国科技网在西雅图和芝加哥两个国际节点间骨干网升级至万兆。

中国科技网经过 20 多年的不断发展，网络覆盖全国 30 余个省（直辖市、自治区），拥有网络用户 100 余万户，涵盖北京市、上海市、广州市、长春市、沈阳市、南京市、武汉市、成都市、昆明市、西安市、兰州市、新疆维吾尔自治区、合肥市共计 13 家地区科技网分中心，核心骨干网 100Gbps，与中国电信、中国联通、中国移动三大国内互联网运营商都建立了高速互联互通，与教育网通过 72Gbps 信道，与北京国家互联网交换中心、上海国家互联网交换中心、广州国家互联网交换中心分别通过 10Gbps 链路实现高速互联，拥有多条国际线路，通往北美、欧洲、亚太地区的国际线路出口合计带宽 52Gbps，成为中国十大互联网运营商之一。

中国科技网是中国互联网行业快速发展的一支重要力量，在科技界拥有许多典型的用户，除中国科学院研究所以外，还包括国家统计局计算中心、国家

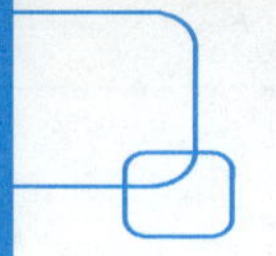

气象信息中心等多家国家级行政和事业单位。为广大用户提供互联网接入、国际国内网络互联服务、科研数据中心、网络管理与安全服务等丰富多彩的服务，为国家科学技术的创新发展提供基础性的信息化支撑与保障。

2.1.2　科学数据存储设施的发展

中国科学院立足数据驱动科技创新和科研信息化快速发展的前瞻布局，开展科学数据基础设施建设，至 2017 年，科学数据存储基础设施总容量达到 52PB，形成了布局 12 个节点单位、统一管理、统一服务的海量数据存储与容灾备份的云服务环境，为科研活动提供以海量存储设施为基础的云存储、云归档、虚拟机和数据云等服务。面向科研应用系统大规模自助部署和自助服务的发展，通过虚拟机服务，形成按需部署、自助管理和弹性扩展的云服务环境。

海量数据存储与容灾备份云服务环境依托中国科技网，形成一个覆盖全国的海量数据云存储网络，保障了科技领域科研和重大工程应用的数据存储服务。面向区域的数据存储服务，对区域内科研院所的存储需求提供安全高效的存储服务，同时各分中心协同形成一个云存储网络，提供全局的、统一的海量科研数据云存储服务，支持科研数据存储、备份及长期保存。到 2015 年年末，存储总容量达到 18.272PB，数据归档环境容量达到 32.4PB，支持国标 5 级的高等级容灾能力的分中心提供了 1.735PB 灾备存储空间，高等级容灾网络保障了应用的连续稳定运行。到 2017 年年末，在线存储容量达到 22.116PB，归档容量没有变，容灾容量增加了 2.055PB。

云计算服务环境随着面向科研应用系统大规模自助部署和自助服务的发展，已经建成可以共享服务的虚拟化资源池环境。依托自主研发的云计算系统建立了云计算服务公共平台，为科研院所和企事业单位的数据库、业务系统等应用提供了按需申请使用的服务器资源，依靠弹性、按需、自助的云计算虚拟机环境，已经提供了 500 个以上的虚拟机，为中国科学院内外单位提供了稳定、高效的服务平台。

2.1.3　科学计算设施的发展

1996 年，中国科学院在计算机网络信息中心引进了第一台双精度浮点计算能力为 64 亿次/秒的超级计算机系统 SGI Power Challenge XL，开始提供超级计算机时服务。

1998 年，中国科学院在计算机网络信息中心引进了 SR2201 并行计算机，浮点计算能力为 96 亿次/秒。SR2201 采用了基于 RISC 指令集的日立 H 中科院 ARP-1E 处理器，通过三维高速交叉开关网络互联，支持基于硬件的缓存一致性和 RDMA 协议，Linpack 效率可以达到 72%。

2000 年，国产曙光 2000-Ⅱ超级计算机落户中国科学院计算机网络信息中心，为中国科学院的用户提供每秒 1 117 亿次的科学计算服务能力。国产曙光 2000-Ⅱ采用了集群体系结构，系统内部通过高速、低延迟的 Myrinet 网络连接了 82 台双路节点计算机，全系统采用 PowerPC 处理器，外置存储 223GB。

2001 年，中国科学院成立超级计算中心，面向全院提供超级计算机时服务、技术支持服务，以及为各学科领域的科研项目、建设工程提供大规模复杂技术和商业应用的解决方案。

2003 年，由联想公司研制的、国内首台计算能力超过 5 万亿次 /秒的超级计算机系统深腾 6800 超级计算机在中国科学院超级计算中心投入运行，深腾 6800 超级计算机采用了 64 位的 Intel Itanium2 处理器，由 265 台深腾 410 服务器构成。计算节点之间通过全交换胖树拓扑结构的 QsNet 网络互联，点对点通信带宽大于每秒 300MB，延迟时间小于 7 微秒。系统内存总量为 2.6TB，磁盘总量达 81.8TB。在同年的全球超级计算机 TOP500 排名中，深腾 6800 以 4.17TFlops 的 Linpack 实测成绩排名第 14 位，其 78.5% 的整机效率位列高端通用计算机第一名。根据 TPCC 网站公布的排名，深腾 6800 的组合数据查询能力 TPC-H 值列全球第四位，创 Linux 平台的世界纪录。

2004 年，中国科学院超级计算中心的深腾 6800 超级计算机在世界气象研究组织 UCAR 网站公布的气象预报业务模式 MM5 测试结果中列第一位。深腾 6800 超级计算机正式对外服务，平均使用率高达 87%，共为中国科学院内近 300 名用户提供了 3000 余万 CPU 小时的计算服务。

2005 年，中国科学院超级计算中心的深腾 6800 超级计算机荣获国家科学技术进步二等奖。国家地震局科技人员利用深腾 6800 成功地预测了 2005 年 10 月 8 日的巴基斯坦大地震和广东省阳江市、江西省九江市等一批国内地震，预测准确率接近 90%。中国科学院大气物理研究所 LASG 国家重点实验室运用自主开发的新型气候模式在深腾 6800 上率先完成《政府间气候变化委员会第四次评估报告》，为世界气候研究做出了重要贡献。中国科学院空间科学与应用研究中心在深腾 6800 上开展的灾害性空间天气数值预报模式的开发与应用研究工作，为首个由中国提出的空间探测国际合作计划“双星计划”和进一步研究行星际扰动如何影响地球空间打下了良好的基础。

2008 年 11 月，中国科学院超级计算中心安装部署了国内首台计算能力超百万亿次的深腾 7000 超级计算机系统，在全球超级计算机 TOP500 排名中，深腾 7000 排名第 19 位。在同年的中国高性能计算机性能 TOP100 排行榜中，深腾 7000 排名第 2 位。

2009 年 4 月，深腾 7000 正式使用，支持了一大批国家 863 计划、国家 973 计划、国家自然科学基金、中国科学院知识创新重大项目和省部级等重大项目与计划。中国科学院超级计算中心研究人员协助科学家在各应用领域做出了众多出色的成果。

2010 年，中国科学院又成功研制了基于 GPU 的双精度峰值超过千万亿次、单精度峰值超过 3 000 万亿次的高效能超级计算系统，并在院内 10 家研究所推广了 10 套百万亿次系统，从而构建了聚合计算能力达 5 000 万亿次的分布式 GPU 超级计算系统。

2014 年，引入了新一代超级计算机系统“元”。这是中国科学院超级计算中心建设的第六代超级计算机系统，也是中国科学院首台单机性能超过千万亿次的超级计算机系统。“元”寓意从百万亿次到千万亿次的跨越，是一个新的起点，是开启超级计算的新纪元。

2016 年年底，新一代超级计算机系统“元”已经在 30 余个节点完成网格软件的部署，实现了整个超级计算环境的统一运行管理。技术支持和服务水平较“十一五”期间更加完善。经过体系化、制度化的建设，中国科学院超级计算环境向可持续发展方向发展。

2017 年年底，新一代超级计算机系统“元”全面投入使用。

截至 2017 年年末，中国科学院超级计算环境连接了 1 个总中心、9 个分中心、18 个所级中心及院内多家单位的 GPU 计算资源，汇聚通用计算能力近 1 300 万亿次，GPU 计算能力近 3 000 万亿次。在此基础之上，还提供了计算物理、计算化学、材料科学、生命科学、流体力学、工程计算等多个领域的 80 多个应用。

进入“十三五”，在云计算技术、大数据处理技术、人工智能技术浪潮的推动下，中国科学院超级计算环境的建设将与时俱进，以不同学科领域的应用为核心，研究和优化应用服务的关键技术，建设国家级高性能计算基础服务环境。聚合国家超级计算中心和地方超级计算中心的优质计算资源，扩展多学科领域计算应用的可用计算资源。将以服务用户为目标，积极研究和推进多种形式的高性能计算应用服务。拓展开发接口的功能并优化性能，在更多的学科领域支持应用社区的建设和发展。提升技术支持和培训的能力与手段，促进高性能计

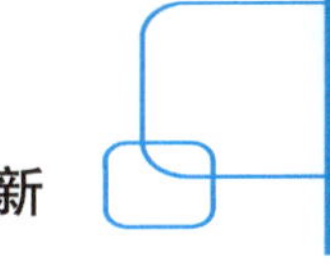

算在更多领域的发展。在云计算和互联网思维的促进下，发挥高性能计算在创新创业中的推动作用。

2.2 “科技云”建设成效

“十二五”科技云围绕“创新 2020”的发展战略，利用中国科学院现有的信息化基础设施，紧密结合中国科学院各领域战略科技布局、先导科技专项和所承担的国家重点科技任务，着眼于“海—云”服务思想，为“科技海”用户提供全面的基础设施服务 IaaS（Infrastructure as a Service）、平台服务 PaaS（Platform as a Service）和软件服务 SaaS（Software as a Service）等。

依托“十一五”信息化建立起来的网络环境、超级计算环境和数据环境等，充分发挥协同科研软件服务平台、科学数据库资源整合平台等的作用，面向全院“科技海”用户开展科研信息化服务支持，完成科研信息化应用推进工程和科技数据资源整合与共享工程，实现从硬件建设向环境构建、从强调建设向突出应用成效、从分散布局向整体推进、从单点示范向全面推广、从相对封闭向共建共享共 5 个方面的转变，并以云服务的模式为全院用户提供应用服务，形成支持科研活动与科技创新的科技云。

从基础设施（IaaS）、平台（PaaS）、软件（SaaS）三大类服务的角度整合集成各类资源和服务，形成面向中国科学院科研活动提供全面信息化服务的云环境。从高速网络、超级计算、协同环境、应用软件 4 个方面着手，在“十一五”成果的基础上完善提升，逐步发展“科技云”。完善院网建设，连接新建园区、新建研究所，将网络延伸到全院的大科学装置、野外台站，进一步提升网络带宽，骨干网带宽达到 10Gbps 以上，总出口带宽达到 20Gbps 以上，将网络延伸到全院的大科学装置、野外台站等数据获取现场，面向重大应用构建虚拟专网，支持资源的按需动态调度和海量数据高速传输。建成具有云服务功能的超级计算平台，全院总体计算能力达到 10PFlops 量级，其中通用计算能力达到 1.5PFlops，逐步建设一个具有千万亿次计算能力的国家超级计算中心。完善科研协同环境，充分利用中国科学院新信息技术等基地的新技术成果，支持研发完成“科技云”中实现资源与服务集成的中间件，在面向应用的高端计算软件、可视化软件等方面取得突破。重点形成一批面向重大领域整体科技创新活动的应用平台，支持构建重大科研活动的“领域云”，直接服务于“创新 2020”重大科技创新活动。

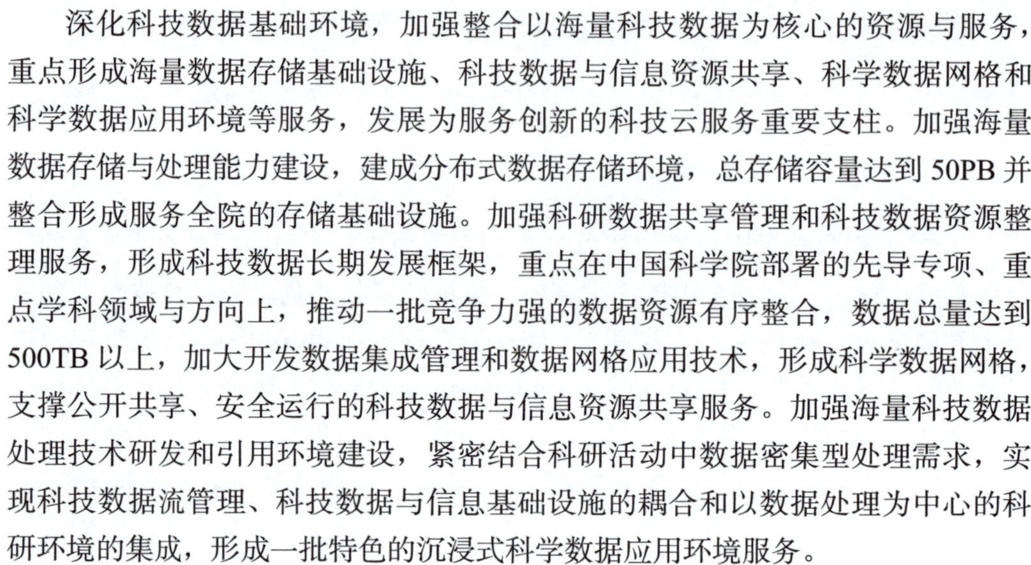

深化科技数据基础环境，加强整合以海量科技数据为核心的资源与服务，重点形成海量数据存储基础设施、科技数据与信息资源共享、科学数据网格和科学数据应用环境等服务，发展为服务创新的科技云服务重要支柱。加强海量数据存储与处理能力建设，建成分布式数据存储环境，总存储容量达到 50PB 并整合形成服务全院的存储基础设施。加强科研数据共享管理和科技数据资源整理服务，形成科技数据长期发展框架，重点在中国科学院部署的先导专项、重点学科领域与方向上，推动一批竞争力强的数据资源有序整合，数据总量达到 500TB 以上，加大开发数据集成管理和数据网格应用技术，形成科学数据网格，支撑公开共享、安全运行的科技数据与信息资源共享服务。加强海量科技数据处理技术研发和引用环境建设，紧密结合科研活动中数据密集型处理需求，实现科技数据流管理、科技数据与信息基础设施的耦合和以数据处理为中心的科研环境的集成，形成一批特色的沉浸式科学数据应用环境服务。

2.2.1 “海—云”服务环境支撑科学技术创新

“科技云”环境建设旨在面向“创新 2020”发展战略，建设开放共享、功效一流、安全可靠的信息化环境，促进信息化与科技创新活动的深度融合，引领我国科研信息化发展，逐步建成“信息化中科院”，为中国科学院实现创新跨越提供有力支撑。紧密结合中国科学院布局的先导科技专项和承担的各项国家任务，着眼于“海—云”服务思想，为“科技海”用户提供全面的基础设施服务、平台服务和软件服务。

构建支撑科技创新的科研信息化“海—云”服务环境，即科技云。优先采用院内和国内成熟的自主创新技术，以重大科研活动需求为牵引，以面向“科技海”用户需求为核心，构建起一批跨机构、跨地域和跨领域的科研信息化应用平台，强化中国科学院信息化基础设施之间的互操作性，与各学科和技术领域的信息化环境深度融合，形成全院科研人员可以公开共享、无障碍、无缝使用的“科技云”环境，实现信息化环境与重大科研项目（工程）有机融合，有力地支撑科技创新活动。

“科技云”以网络环境、数据环境与超级计算环境为基础，在3种环境下开展各类各层次面向科技活动的信息化服务。一部分是面向共性需求，为院内各类用户提供公共性的基础设施服务、平台服务和软件服务；另一部分是结合院内各专业局或重大科研项目（工程）的需求，在3种应用环境的基础上定制和扩展一批面向专业的“领域云”。

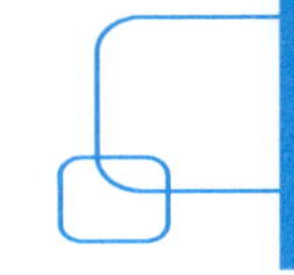

2.2.2 “科技云”支撑科研信息化应用

在科研信息化应用推进工程方面，以科技创新的需求为牵引，通过实施科研信息化应用推进工程，进一步夯实科研信息化基础设施，提升基础设施的综合应用和服务能力，实现基础设施之间的互联互通与协同服务，完善科研信息化应用环境，部署一批直接服务于重大科研活动需求的应用平台，推进信息化与科研活动的深度融合，形成“海—云”服务环境，显著提升中国科学院的科研信息化水平，有力地支撑中国科学院创新跨越和持续发展。

在科技数据资源整合与共享工程方面，面向科学发现数据驱动的新趋势和当代科技数据海量化的新特征，通过实施科技数据资源整合与共享工程，推动全院科技数据资源、数据存储与处理设施、科技数据与信息资源共享、科学数据应用环境等建设与服务，形成以海量科技数据为核心的系列“海—云”服务，成为科技云的重要支柱，进一步提升科技数据战略资源管理和支撑服务能力，逐步建成面向科技界开放共享的国家级科学数据中心，为我国的科技创新提供强大的数据基础。

2.2.3 “科技云”工程完善环境建设与应用

1. 网络环境建设与应用

完成北京市怀柔园区光缆建设，为北京市怀柔园区提供 200Gbps 带宽的接入能力，同时，对主线路提供备份保障。完成新建研究所的接入，为新建研究所提供所级出口接入设备，为所级出口设备提供备份设备，保障研究所网络接入的稳定性和可靠性。完成中国香港科研网络交换节点设备的升级，使其具备 10Gbps 线路的接入能力。

完成野外台站 / 大科学装置所需的院网专线开通，为中国科技网提供必要的技术支持服务。

完成院网网络管理及感知监测系统，为院网总中心、分中心、100 个以上研究所提供网络管理及感知监测系统，监测范围覆盖研究所内网。用户可以通过自助模式申请使用系统，申请提交并经审批批准后，可以在 2 分钟内快速完成系统创建。系统支持计算机和智能手机等终端访问，提供邮件、短信等实时报警方式，提供基于云服务模式的在线访问。

在网络环境应用方面，完善邮件系统的核心功能，将院网邮箱容量扩容至

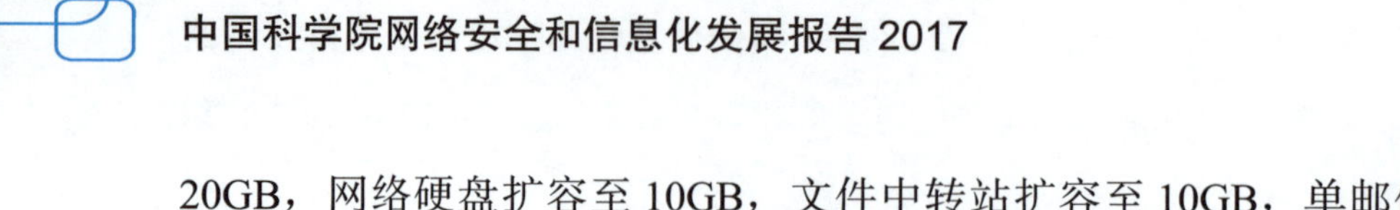

20GB，网络硬盘扩容至 10GB，文件中转站扩容至 10GB，单邮件附件扩容至 100MB。建成面向用户需求的邮件云和反垃圾邮件云。保障邮件系统的较高安全性和可靠性，实现文件级和应用级的备份容灾。实现个人文件无缝访问和共享，建设个人云存储中心。

在视频会议应用方面，完善视频会议系统的核心功能，建设以院机关为中心、覆盖 140 个院属单位以上、支持 IPv6、分辨率达到 1080P 及具备直播、点播、录播等功能的高清视频会议系统。构建视频会议云服务系统，通过媒体多点控制单元的虚拟化实现资源开放共享，利用 Web 方式实现在线会议预约、管理与控制，结合会议室标准化配置、触摸屏等技术进行会议室的资源调度和会议管理。完善桌面会议云服务系统，实现免客户端、跨操作系统平台、移动场景支持、满足用户个性化定制、具备更好的用户体验、开放接口与其他系统无缝结合等功能。建设和完善系统监控、会议保障和用户服务体系，推进桌面会议与视频会议无缝融合，形成以用户需求为导向的统一服务窗口。

2. 数据环境建设与应用

科技数据资源整合与共享工程主要包括全院数据存储海云服务环境建设、面向学科领域的基础数据资源整合建设与应用、面向研究所科研数据整合建设与应用示范、科学数据库持续发展、科学数据挖掘与可视化应用示范服务等。

1）全院数据存储海云服务环境

（1）对 12 个分中心和总中心的存储设施及管理软件进行扩容与升级，存储规模从 22PB 升级到 50PB 以上，并实现存储设施的虚拟化统一管理，形成分布式统一资源池。

（2）开发和部署云存储服务及监控管理系统软件，形成全局统一服务、统一管理、统一运行维护的分布式云存储、备份、归档和处理环境。

（3）完善并推广海洋科研数据管理与发布系统，实现海洋科研数据的本地化组织管理，并提供发布功能，发布数据的 Web 化界面与开放数据访问接口，海洋科研数据管理与发布系统用户超过 30 家。

（4）基于云存储设备，构建并推广云端科研数据管理与发布平台，为科研用户个人和科研团队提供一个虚拟化的个人数据空间，提供数据组织管理及发布的功能，并开放应用开发接口。云端科研数据管理平台用户超过 30 家。

（5）完善科研数据应用服务门户系统，实现数据集成发现和访问按需定制门户系统及 Web 服务的发现和访问等功能。

（6）构建服务监控、统计分析与评估工具集，实现海云环境中数据库服务状况的监控、数据访问情况的统计、资源量的统计，以及对海云环境中各数据库的评估支持。监控到海云分布式科研数据应用环境中 95% 以上的服务系统。

2）学科领域的基础数据整合与集成应用

立足中国科学院优势学科资源，依托全院数据存储海云服务环境，面向数据整合需求推动主要学科领域按照统一的数据标准和服务规范进行跨单位资源整合，重点形成一批主题数据库及其共享服务的数据网格系统，基本实现学科内的分布式数据的资源整合、集中管理和应用服务。

3）研究所的科研数据整合与共享示范

面向研究所“一三五”战略和重大应用需求，依托全院数据存储海云服务环境，在全院层面推动研究所数据整合，示范和带动全院研究所科学数据规范化管理、整合与共享工作。

4）专业数据库共享服务与持续发展

针对全院可以共享的科学数据库，建立完善数据服务评估体系，开发完善全院数据应用环境的运行监控系统，提供全院统一的数据服务评估，择优推动专业数据库的更新和持续服务。

3. 科学数据挖掘与科技文献语义关联服务关键技术研发和示范

（1）建立适用于科技数据与文献的关联化描述模型，对通用化、可以关联的数据库、数据集与数据项的描述约束形成规范。

（2）实现中国科学院科学数据库目录、中国科学院书刊联合目录、中国科学文献数据库及一两个领域数据库的可关联化发布，开放标准的数据访问接口。

（3）构建可以开放扩展、定制的科技开放关联引擎，根据应用（用户）指定的语义相似度匹配和推理规则配置自动计算科学数据与文献之间的语义关联类型及强度。

（4）研发可以嵌入的开放关联检索服务模块，在科学数据与科技文献服务系统中为最终用户提供数据到文献、文献到数据的关联导航服务，并对用户的选择行为进行统计分析。

（5）完成科学数据与科技文献语义关联服务示范平台，集成一两个领域

（如化学和生物学）的科技文献和科学数据。

4. 海量数据处理与可视化关键技术研发及应用示范

（1）以云存储环境和分布式海云数据系统为基础，开发部署并行数据挖掘工具库，该工具库应该包括数据预处理、分类、聚类、关联规则、异常发现等多种并行数据挖掘算法，支持从大量的、动态的、模糊的数据中获取新知识，以 PaaS 的形式提供 50 种并行数据挖掘算法的服务。

（2）以云存储环境和分布式海云数据系统为基础，开发部署时空可视化交互分析平台，以 PaaS 的形式提供可视化展示和分析服务。

（3）选择 3 ～ 5 个应用示范基于上述平台进行验证。

5. 超级计算环境建设与应用

建设以灵活、稳定、可靠的体系结构和新型应用服务模式为特征的超级计算公共服务平台。基于超级计算公共服务平台，面向大规模科学计算、工程计算等重点应用领域，完成一两项成功的应用示范。提供高质量的技术手册和用户手册，定期对用户组织培训，对用户的反馈和技术支持在 1 个工作日之内给予响应。

在全院范围内支持 8 ～ 10 家地区分中心，分中心总计算能力（双精度浮点）：通用 >300TFlops，专用 >1PFlops，完善分中心应用支持服务队伍与系统运行维护队伍。每个分中心在 1 个重点应用领域具有软件研发与应用的能力。产出两三套自主知识产权软件、1 套基础并行算法库及工具集、1 个大规模数据可视化分析应用软件及应用平台。研制可以高效运行于数千至数万核级、适合并行机发展趋势的共性计算支撑算法库，并实现两三个十万核级的大规模应用。

实现 GPU 计算在第一原理材料大规模计算中的突破，完善相关的功能模块，在中国科学院用户中推广这个软件成果，并组织一两次大规模的 GPU 培训或国际研讨会。

6. 协同环境建设与应用

（1）形成支持应用插件在线交流和协作的在线服务系统，提供 7×24 小时稳定服务。实现计算及存储资源的虚拟化管理，实现资源的整合及分配，实现按需求提供硬件资源配置。实现虚拟机的动态升降级技术，实现虚拟机在不关机的情况下 CPU 数目、内存容量、虚拟磁盘容量、网络带宽的动态调整。实现虚拟机动态迁移技术，实现虚拟机在不关机的情况下从一台硬件设备迁移到另外一台硬件设备。支持云计算环境下各种存储技术，包括结构化数据和非结

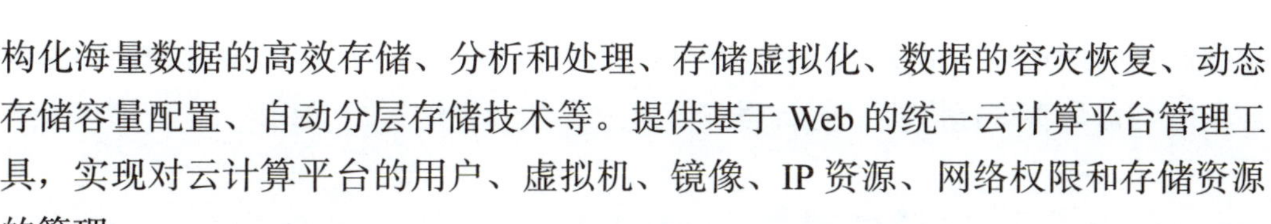

构化海量数据的高效存储、分析和处理、存储虚拟化、数据的容灾恢复、动态存储容量配置、自动分层存储技术等。提供基于 Web 的统一云计算平台管理工具，实现对云计算平台的用户、虚拟机、镜像、IP 资源、网络权限和存储资源的管理。

（2）形成支持网络协同科研环境云服务在线系统，全面支持科研现场数据采集和科研协作，具备面向科研问题的知识管理和协同推荐功能。支持 Android、iPhone、iPad、Windows Mobile 等各类主流智能终端实现数据采集和科研协作。支持 10 万个以上的注册用户和 5 万个以上的科研团队进行在线协作，提供 7×24 小时稳定服务。完成面向课题组和重大项目的个性化科学家知识库管理系统，实现面向科研人员的信息主动推送服务。

（3）形成基于学术会议的科研交流平台，支持所有科研人员或中国科学院国际会议服务平台用户的在线科研协同交流。支持至少 1 万个以上的国际会议，10 万名以上人员进行在线科研交流。

7. 科研信息化综合应用系统的建设与应用

通过各学科“领域云”的建设，各领域的科研人员可以通过互联网访问平台上的所有资源和服务，包括计算资源、存储资源、数据资源、软件资源等，可以提交计算任务、定制数据处理的工作流，对海量数据进行分析、处理和可视化。还可以根据其特定的需求，在平台提供的开放接口与访问协议的支持下，自主开发各自的特定应用。

在多学科交叉领域，紧密结合中国科学院科技战略部署与科研布局，建立支持交叉研究的信息化基础设施环境。实现多源异构数据的管理、集成和互操作，面向学科领域数据语义关联和知识本体。集成多学科领域模拟模型，为交叉学科的研究提供情景模拟分析环境。形成交互式可视化分析平台，支持大数据量、多源、异构数据的交互式可视化分析。

面向科研虚拟专网运行保障需求，开发面向科研虚拟专网的资源调度与管理系统，实现资源配置管理、资源监测与报警、运行报表生成和知识库管理等功能，完成系统安装与测试，为配合先导专项所需虚拟专网建设提供技术条件。针对虚拟专网服务对象的独特性和专用性，设计运行服务关键指标体系。对虚拟专网资源要素运行状态进行监测，并实现直观的展示。采用报警过滤和报警压缩的方式对网络产生的报警进行处理。提供对支撑虚拟专网的基础资源信息的管理维护功能，支持根据不同网络设备提供的接口进行资源动态调控和配置。

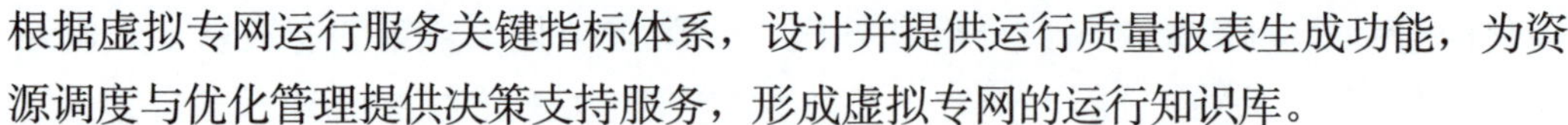
根据虚拟专网运行服务关键指标体系，设计并提供运行质量报表生成功能，为资源调度与优化管理提供决策支持服务，形成虚拟专网的运行知识库。

2.3 科研信息化基础设施发展展望

2017 年初春，中国科学院办公厅组织对中国科学院“十二五”信息化专项六大工程进行了全面验收，标志着中国科学院“十二五”信息化建设的全面完成。

“十二五”期间，中国科学院信息化专项围绕五年规划总体目标，在科技数据资源整合、共享与应用、科研管理与科学传播、信息化继续教育与科教融合及网络安全保障等重点领域集中开展工作。通过六大工程建设，初步形成面向科技创新、科技管理及科教融合的科技云、管理云和教育云架构，强化了网络安全保障，显著提升了全院的信息化能力和应用水平，有力地支撑了中国科学院各项工作的顺利开展。“十二五”信息化专项工程边建设、边应用、边发展，先后为中国科学院承担的国际热核聚变实验堆计划、中国科学院空间科学战略先导专项、大亚湾中微子实验等诸多重大科技任务提供了及时、可靠、有效的信息化服务，得到相关的研究所与科研团队的认可。“十二五”中国科学院信息化专项工程始终把促进科研活动与信息化的深度融合、推动科研模式变革放在首位，对空间科学、天文、微生物等 8 个领域的科技领域云建设进行了积极探索，取得了成功经验。

2.3.1 中国科学院“十三五”信息化发展规划

“互联网 +”“中国制造 2025”“国家大数据”等发展战略已经成为我国核心发展战略。2016 年 7 月，中共中央办公厅、国务院办公厅印发《国家信息化发展战略纲要》，要求将信息化贯穿我国现代化进程始终，加快释放信息化发展的巨大潜能，以信息化驱动现代化，加快建设网络强国。《国家信息化发展战略纲要》提出要“加快科研信息化”，要求“加强科研信息化管理，构建公开透明的国家科研资源管理和项目评价机制。建设覆盖全国、资源共享的科研信息化基础设施，提升科研信息服务水平。加快科研手段数字化进程，构建网络协同的科研模式，推动科研资源共享与跨地区合作，促进科技创新方式转变。”这是“科研信息化”首次出现在国家战略纲要中，并作为“创新公共服务，保障和改善民生”的关键一环。

面向国家创新驱动发展战略和中国科学院“率先行动”计划，中国科学院在“把握大势、剖析问题、了解需求、整体设计”指导思想下，组织了“十三五”信息化发展规划工作。规划力求体现中国科学院“率先行动”计划改革方向，体现“院所两级”法人治理结构特色，体现中国科学院“三位一体”的组织架构，体现院属单位特别是科学家的创新主体作用。

《中国科学院“十三五”信息化发展规划》以“应用导向，服务率先，开放共享，机制创新”为总体原则，着眼 3 个“显著提升”，即显著提升中国科学院资源共享开放水平，显著提升中国科学院信息化支撑服务水平，显著提升中国科学院信息化应用水平。确立了 4 项主要任务——整合优势资源，打造“中国科技云”；融合业务流程，推进“智慧中科院”建设；契合国家战略，发展科学大数据；配合创新布局，提升科研信息化应用水平。

1. 整合优质资源，打造“中国科技云”

在“十二五”发展的基础上，面向我国科技创新，建设国家科研信息化基础设施，以深度整合中国科学院优势信息化资源为抓手，形成全国乃至全球信息化资源及科技资源汇聚能力，打造“中国科技云”，面向全国科技工作者提供资源统一调度和用户自助服务，共享各类创新资源。

“中国科技云”是中国科学院“十二五”信息化建设的继承发展，是面向我国科技创新的国家战略性基础设施，是实施“金科工程”的建设核心。“中国科技云”以中国科学院优势科技基础设施为基础，利用新一代信息技术，深度整合我国乃至全球信息化基础设施、实验条件、软件平台、数据文献等科技资源，构建顶层设计、统一管理、开放共享的综合云服务平台，面向国家科技创新，面向中国科技界提供科技资源和信息服务。

2. 融合业务流程，推进“智慧中科院”建设

紧密围绕中国科学院创新主体与改革举措，融合科研、管理、教育、科学传播等业务流程，推进“智慧中科院”的建设。

“智慧中科院”是新一代信息技术时代下“信息化中科院”与时俱进的创新发展，是使科研活动获得全面感知与融合应用的新型信息化服务模式，是支撑深化改革和保障“率先行动”计划战略目标实现的重要条件平台。“智慧中科院”以建设新一代中科院 ARP 为核心，运用大数据、智能化、移动互联网、云计算、物联网等新一代信息技术，构建智慧化的资源管理服务、信息推送服务、移动科研服务、数据决策服务，打造新型的科教融合生态系统，建设新媒体环境下的网络科学传播体系，实现中国科学院科研活动和科研管理资源的全面规划。

3. 契合国家战略，发展科学大数据

站在国家战略的高度和科技创新的前沿，把握前瞻性和科学性，充分利用中国科学院科研信息化建设形成的优势环境，推动科学大数据发展，推动国家科学大数据中心建设，为国家大数据发展行动提供原动力，实现中国科学院在科学大数据发展过程中的引领地位。

依据国务院《促进大数据发展行动纲要》和国家有关部门对科学大数据工程的相关部署，面向科学大数据科研的发展态势和实际需求，基于“中国科技云”，构建与大数据发展趋势相适应的科学大数据设施环境、治理机制、创新模式、重大应用和外延服务。其中，科学大数据应用服务将基于“中国科技云”研发部署的用于大数据管理、调度和处理的平台，为大数据的相关研发、分析方法、技术测试和应用服务提供基础环境。科学大数据应用服务示范是科学大数据中心支撑、发展的典型成果，突出大数据技术研发与应用取得的重要成效。

4. 配合创新布局，深化科研信息化应用

利用信息化技术、基础设施和应用服务，为中国科学院科研活动提供新方法、新途径和新环境，推进科技创新与信息化的融合，支撑重大创新，引领各学科信息化应用的可持续发展，促进科研模式的变革，显著提升中国科学院科研信息化的应用水平。

围绕中国科学院四类机构改革及科技创新的布局，着力从“三个维度”深化中国科学院科研信息化应用。

一是从探索支持四类科研机构的科研信息化应用，推动研究所（院）从整体上实现信息化技术、设施、资源和服务与科研活动的直接融合，在科研信息化实践方面，建设一批具有标杆示范性的卓越创新中心、创新研究院、大科学中心、特色研究所。

二是重点支持三类科研信息化应用，包括：面向学科领域或研究所（院）的“科技领域云”，建立领域科研信息化服务平台；面向计算密集型、数据密集型科研信息化应用，服务重大科研产出；面向交叉融合领域的科研信息化应用，从中国科学院优势学科发展角度，兼顾学科特征与信息化的融合程度，推动不同融合程度的科研信息化应用。

三是大力推动科研信息化复合型应用人才的培养，建立中国科学院科研信息化人才优势。注重在教学和科研实践中，建立信息科技与各学科交叉的综合

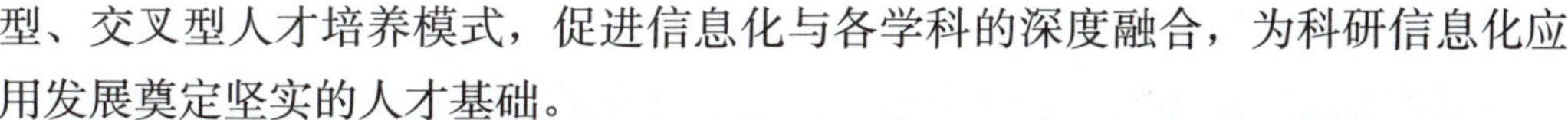

型、交叉型人才培养模式，促进信息化与各学科的深度融合，为科研信息化应用发展奠定坚实的人才基础。

2.3.2 “中国科技云”建设工程展望

为了实现中国科学院“十三五”信息化发展的目标，完成四方面主要任务，中国科学院“十三五”信息化工作重点实施“中国科技云”建设工程、“智慧中科院”建设推进工程、科学大数据工程、科研信息化应用工程和网络安全保障体系建设工程 5 项重大工程。其中，“中国科技云”建设工程是在“十二五”信息化建设基础上的继承发展，是建设“智慧中科院”的坚实基础，与中国科学院“8+2”战略布局中的数据与计算平台相辅相成，是国家科技战略基础设施。

“中国科技云”建设以“率先行动”和“智慧中科院”的需求为牵引，深度整合中国科学院科技资源，牵引我国科技资源整合，打造以科技工作者为中心、以资源统一调度和用户自助服务为鲜明特色的信息化资源管理与服务云平台，在“硬”能力、“软”能力和服务模式方面着力创新建设。

在“硬”能力建设方面，加强中国科学院网络、超级计算环境和海量云存储等公共信息化服务建设。进一步提升网络接入带宽，扩大接入范围。建立满足重大科技基础设施应用需求的高性能计算系统，建成国家级高性能计算基础服务环境，打造学科计算与可视化公共服务平台，实现科学计算一站式服务。整合提升分布式存储设施，建立有效地支撑中国科学院科研工作的云存储公共服务能力和全院数据资产及应用系统的数据灾备能力。

在“软”能力建设方面，加快中国科学院信息资源池和软件资源池的建设步伐，深度整合和挖掘利用中国科学院现有的数字化、网络化的科技资源，提升信息化服务水平。

在“十三五”期间，“中国科技云”建设工程将通过云计算等技术深度整合院内外的信息化基础设施、平台及软件等各类信息化基础资源与服务，创新服务模式和商业运行模式，面向全国科技工作者，建立全面支持信息化公共资源透明调度、用户自助服务等功能的中国科技云资源管理与自服务云环境。进一步提升网络传输容量，骨干网带宽达到10Gbps以上，总出口带宽达到50Gbps以上，网络延伸到全院重大科技基础设施等科研终端，实现网络资源的动态调度和按需定制；建设支持先进信息技术应用研究的试验环境，启动建设高速科研数据传输专网的可行性研究；建设有效地支持重大科技基础设施应用需求的高性能计算系统且双精度浮点运算能力达到10P以上，建成满足多种应用需求的

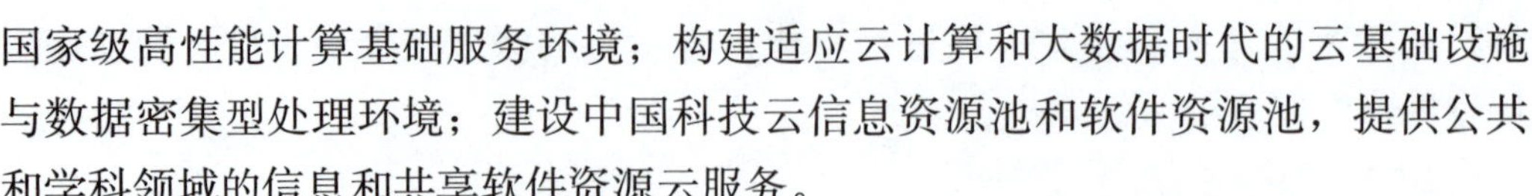

国家级高性能计算基础服务环境；构建适应云计算和大数据时代的云基础设施与数据密集型处理环境；建设中国科技云信息资源池和软件资源池，提供公共和学科领域的信息和共享软件资源云服务。

在第一个阶段（2016—2018年），结合国家有关部门对国家科研信息化工程（金科工程）的整体部署，建设世界一流的国家科研信息化基础设施，网络骨干网的主要链路带宽达到10Gbps以上，总出口带宽达到40Gbps以上，网络延伸到全院主要重大科技基础设施，网络资源初步实现动态调度和按需定制，建设有效支持重大科技基础设施应用需求的高性能计算系统和满足多种应用需求的国家级高性能计算基础服务环境；建成适应云计算和大数据时代的云基础设施及数据密集型处理环境。整合现有的信息化资源，形成信息资源池及软件资源池，建立资源入池机制，并开始面向全国科技界提供服务。实现中国科技云统一身份认证，建成中国科技云“资源管理与自服务平台”，实现从“网聚资源”到“云送服务”的转变。探索中国科学院与院外科研机构、国际科研机构、社会商业机构的资源及服务的开放对接模式，并开展示范应用。

在第二个阶段（2019—2020 年），全面建成中国科技云服务和运行体系，初步形成中国科技云资源服务的良性生态环境，实现用户数量、资源规模、基础设施能力健康增长，形成覆盖整个中国科技界的服务能力和发展态势。面向全社会发布创新服务平台，支撑国家科技创新和“大众创业、万众创新”发展战略。

预计在“十三五”末期，“中国科技云”将全面汇聚与融合中国科学院科技创新信息化基础资源，实现与全国、全球科研信息化资源的融合贯通，为全国科技界提供便捷的、广泛的云服务，成为国家科技创新的重大科技基础设施，成为支撑“大众创业、万众创新”的重要云服务环境。

2.4 科研信息化应用案例

2.4.1 高能所同步辐射光源线站远程监控与数据传输应用

高能所同步辐射装置为北京正负电子对撞机重大改造工程的衍生产品，属于为科研提供纯净光源的基础科研设施。整套高能物理所同步辐射光源系统目前共有 16 条类似的线站，应用于不同的学科领域。仅同步辐射装置每年就需要为全国 300 多个课题组提供同步辐射机时，课题涉及凝聚态物理、生命科学、化学化工、材料科学、医学、资源和环境等多个领域。

高能物理所同步辐射光源 16 条线站中有 3 条用于生物物理方面的研究，其

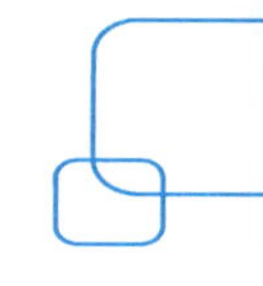

中，2 条同步辐射装置生物大分子晶体学线站，1 条同步辐射小角散射实验站。院内使用单位包括物理研究所、化学研究所、生物物理研究所、微生物研究所、中国科学技术大学等，院外主要为科研院校，包括工程物理研究院、中国农业科学院、北京生命科学院、中国环境科学研究院、清华大学、北京大学、复旦大学、兰州大学等。

在使用同步辐射装置生物大分子晶体学线站实施一项试验时，实验过程主要分成 3 个部分，即线站设备的调控、实验过程的操作控制和对实验所获取的图片数据进行分析。线站设备调控由高能物理研究所的设备调试人员负责，另两项由各课题组的设备使用人员完成。目前实验方式为：科研人员将需要观测的实验样品送至高能物理研究所同步辐射光源装置机房进行实地观测，采用 X 射线对样品进行多角度照射，采集图片数据，流量在 8 ～ 20Mbps，得到观测数据后，或者将其直接在数据处理服务器上进行相关的软件处理，得到分析结果，或者将数据取回再进行处理，或者直接保存至数据存储系统，待下次处理、取回留存。

从整个实验流程来看，要实现基于网络的开放远程共享模式，可以从三部分着手。

（1）远程操控实验操作服务器，包括对被观测实验样品的位置调整、实验机械手的控制等。

（2）对实验所得数据进行远程处理，尽快得到实验结果，包括处理实时观测数据、从数据存储系统内调用的以往实验数据或用户上传的观测数据等。

（3）大批量的观测数据下载，用于数据处理或资料留存。从网络流量方面考虑，可能会有较大流量的下载或上传，从高能物理研究所至中国科学院计算机网络信息中心之间有 10Gbps 的带宽，而且目前带宽比较富余。

未来将高能物理研究所同步辐射光源开放共享平台通过 Orient Plus、GLORIAD 等与欧洲、美国科研网络互联，面向国际，成为 e-Science 的成功典范。使科学家能够跨越时间、空间、物理的障碍实现远程实施科研实验的可能变为现实，改变科学家从事科研活动的方法和模式，极大地促进交流合作，推动科学研究的发展。在方便用户使用实验仪器的同时，提高科研效率，实现真正意义上的 e-Science 应用。

2.4.2　甚长基线干涉测量（e-VLBI）应用

甚长基线干涉测量应用（electronic Very Long Baseline Interferometry，e-VLBI）

是近年来随着高速通信网络和大型试验装备的信息化的进步，在天文领域出现的天文望远镜准实时联网观测新技术。它采用高速通信网络，将观测数据从距离遥远的观测站直接传送至 VLBI 数据处理中心进行信息处理，是国际上 VLBI 技术的重要发展趋势。e-VLBI 技术将互联网络环境、超级计算环境和 VLBI 技术相结合，能极大地缩短 VLBI 数据信息处理周期，促进 VLBI 这种高精度射电天文技术在天文学、空间大地测量和航天器精密跟踪等多个基础学科及工程应用领域发挥重要作用。例如，在我国“嫦娥一号”探月工程中，中国科学院上海天文台的 VLBI 观测基地和数据处理指挥调度中心与北京市密云国家天文台、新疆维吾尔自治区乌鲁木齐南山天文站、云南省昆明天文台的 VLBI 观测系统联手，利用 e-VLBI 系统，为“嫦娥一号”提供实时的、精确的角度导航。

传统 VLBI 网的运作模式为：多台不同地域的天文望远镜经过协商，约定在同一时间对同一天体或天文现象进行观测，将观测数据通过硬盘、磁带记录后，通过邮寄的方式送至数据处理中心进行数据处理，得到关于这次观测的最终结果。由于需要等待位于世界各地的站点将数据都送达以后才能进行统一处理，因此，整个 VLBI 网观测周期较长、实时性较差。

e-VLBI 具有传统 VLBI 的高精度、高灵敏度和全天候、全天时被动观测能力。同时，它采用高速传输网络取代了传统磁带（或硬盘）记录和运输。不仅大幅度降低了数据的记录成本，而且大大提高了时效，还克服了传统 VLBI 技术实时性较差、处理结果至少需要数日（通常为数周或更长时间）才能得到的缺点，具有设备简化、自动化程度高、实时性、高灵敏度等突出特点。因此，它在天文及深空观测等领域中均有重要的科学意义和实用价值。

由于无线电波的波长要远远大于可见光的波长，因此射电望远镜的分辨本领远远低于相同口径的光学望远镜，而射电望远镜的天线不能无限做大，从而 VLBI 网成为天文观测的一种趋势。VLBI 网即将若干个分布在遥远距离上的射电望远镜构成一个 VLBI 网，采用信号的干涉，将不同射电望远镜接收到同一天体的数据进行处理，即可测量出该天体所发射的无线电信号的相关特性。这样观测分辨率不再依赖于望远镜 1∶3 径的大小，而是取决于各望远镜之间的距离，望远镜之间的距离越长，分辨本领将越高。中国科学院的 e-VLBI 网络目前由上海市佘山站、北京市密云站、云南省昆明站和新疆维吾尔自治区乌鲁木齐南山站的 4 台望远镜，以及位于上海天文台的数据处理中心组成。由这样的一张网络所构建的望远镜，其分辨率相当于直径为 3 000 多千米的巨型综合望远镜，其测角精度可以达到百分之几角秒，甚至更高，这是世界上任何单台大型

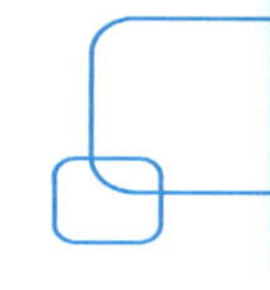

天文台望远镜所不可匹敌的。

由于各天文台的日常主要工作是为各类科研机构提供天文观测服务，因此，通常完成一次 e-VLBI 联网观测实验，需要参加观测的多个天文台多次相互协调天文望远镜的观测机时才能实现。当观测时间确定后，参与观测的望远镜都将同步聚焦在同一个观测物体上，随后使用数据传输服务器将天文望远镜采集到的天文数据，通过高速网络传输到数据处理中心，对原始数据进行软件、硬件处理，最终得到处理结果，即干涉图像。

在“月球探测一期”中，e-VLBI 技术有了较好的应用，VLBI 测轨分系统和 USB 系统一起为嫦娥卫星进行了精密的测轨与定轨。由于对观测和数据的处理较复杂，所以在“奔月段”的变轨过程中，分别位于上海、北京、昆明和乌鲁木齐 4 个 VLBI 观测站的大型射电望远镜对“嫦娥一号”进行了精确跟踪，VLBI 中心的数据处理需要适应卫星轨道加力变化的复杂情况和快速的轨道确定等。VLBI 测轨分系统每天观测嫦娥一号卫星的时间为 12 小时左右，加上观测已知精确位置的天体进行设备标校和数据处理，每天需要工作 16 小时。当 VLBI 实施测量时，4 个 VLBI 观测站，观测数据通过高速数据网络实时传送到上海 VLBI 中心，经过复杂的数据处理，将 VLBI 观测结果，如时延（卫星信号到达各观测站的时间差）及其变化率、卫星的精确角位置等，实时传送到北京航天指控中心。同时，在卫星每次变轨前后和每天的 VLBI 观测弧段结束后，快速进行轨道计算，将计算结果送到北京航天指控中心。

中国科学院 e-VLBI 网络下一步计划将院内现有的 4 个台站，包括上海佘山站、新疆维吾尔自治区乌鲁木齐南山站、北京密云站、云南省昆明站建成中国第一个宽带 e-VLBI 网络化信息处理平台，具备开展服务于天文研究、大地测量、航天测控等跨学科领域、前瞻性的宽带 e-VLBI 观测能力。研究成果一方面将成为以“中国大陆构造环境监测网络”（国家重大科技基础设施建设项目）、火星探测工程（重大航天工程）、月球探测二期工程（国家中长期科学和技术发展规划纲要重大专项）为代表的国家重大科研计划的重要技术基础，满足国家战略需求，另一方面可以使国内观测站加入欧洲 VLBI 网和国际 VLBI 测地与天文服务组织等国际天文观测网组织的 e-VLBI 国际联测，发挥我国 VLBI 观测站的地理优势，提高我国在相关的国际科学合作中的地位，促进相关的国际合作。

2.4.3 “空间先导专项”支撑空间科学卫星翱翔太空

2017 年 6 月 15 日 11 时 00 分，我国自主设计研制的硬 X 射线调制望远镜卫星（HXMT）“慧眼”发射成功，也标志着空间科学战略性先导专项一期的 4 颗卫星发射任务全部完成。

空间科学先导专项是 2011 年 1 月 25 日中国科学院第一批启动的“4+1”个战略性先导科技专项之一，开展空间科学发展战略规划的研究、创新概念研究和相关的探测技术预先研究、空间科学卫星关键技术研究、空间科学卫星的研制、发射和运行，以及科学卫星上天后的科学数据应用，构成空间科学任务从孵育、前期准备、技术攻关到工程研制、成果产出的完整链条。

地面支撑系统是该先导专项六大系统之一，是我国空间科学信息化基础设施之一，服务于我国空间科学卫星的在轨运行控制、数据接收、数据处理与管理、数据发布与应用支持、任务宣传与科学传播，支撑科学目标实现和科学成果产出。

作为永久支撑空间科学长期发展的公共基础设施，地面支撑系统下属的任务运行分系统、数据处理与管理分系统依托中国科学院国家空间科学中心怀柔总部进行基本环境建设，统一建设怀柔总部至数据接收分系统、测控系统、各卫星科学应用部分的地面数据通信网络（见图 2-2）。

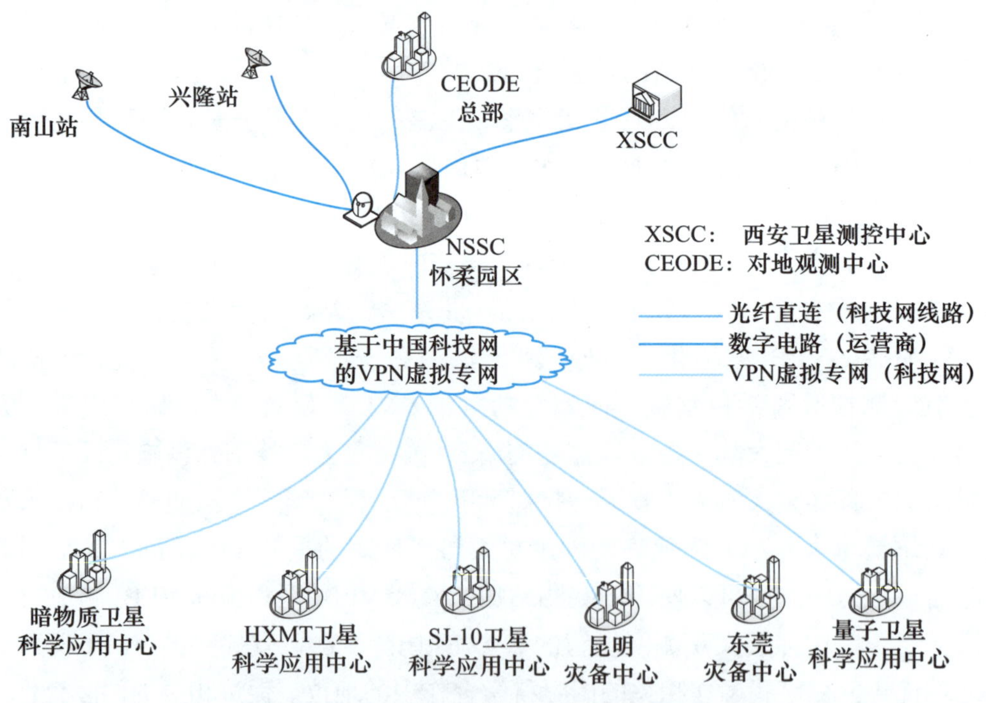

图 2-2　空间先导专项地面数据通信网络连接

空间先导专项地面数据通信网络依托历经 20 余年建设的“中国科技网”实现怀柔总部与国内测控系统、国内卫星接收站、各科学应用中心及观测站、两个异地数据灾备中心之间的组网。中国科学院计算机网络信息中心项目团队承担了地面支撑系统数据处理与管理分系统软件配置项研制、科学卫星地面通信网络建设与保障服务任务，研制团队在工作中兢兢业业、细致扎实，在任务执行期间日夜坚守在运行控制现场，攻坚克难，圆满地完成了各项工作，为空间科学先导专项一期任务做出了突出贡献。

空间先导专项地面通信网络与数据处理服务总览如图 2-3 所示。

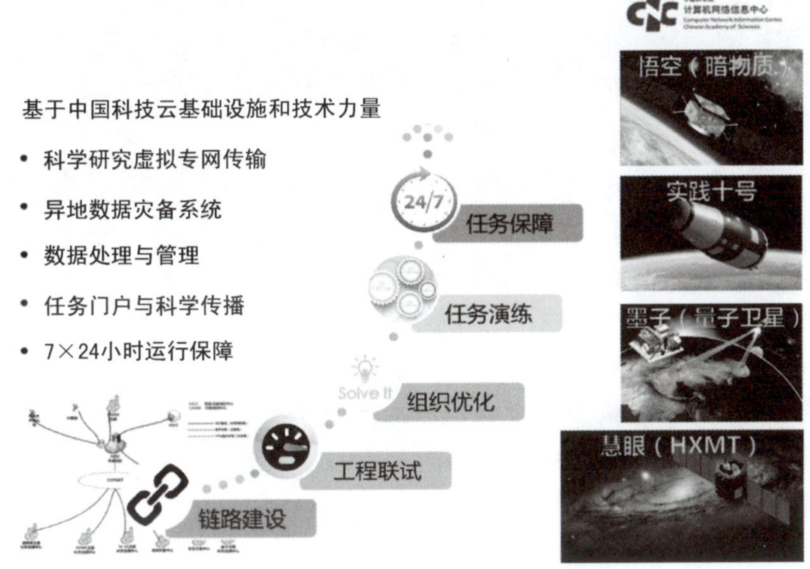

图 2-3 空间先导专项地面通信网络与数据处理总览

2.4.4 “蛟龙”号载人潜水器高速水声通信系统国际领先

在党的十九大报告中，在总结五年的工作和历史性变革时，“蛟龙”潜水器作为重大科技成果名列其中。“蛟龙”号载人潜水器是当前世界上在用载人潜水器中下潜深度最深的，下潜后，潜航员需要与母船随时通信，及时将各种信息传递到母船。保障水下作业安全，水下通信能力是不可或缺的。

由于电磁波在水中传播时衰减严重，而声波是人类已知的唯一能在水中远距离传播的能量形式，所以在海洋中检测、通信、定位和导航主要利用声波。

水声通信（Underwater Acoustic Communication，UAC）的工作原理是将文字、语音、图像等信息，通过电发送机转换成电信号，并由编码器将信息进行数字化处理，换能器又将电信号转换为声信号。声信号通过水这种介质，将信息传递到接收换能器，这时声信号又转换为电信号，解码器将数字信息破译后，电接收机才将信息变成声音、文字及图片。

由于通道的多径效应、时变效应、可用频宽窄、信号衰减严重等原因，特别是在长距离传输过程中，水声通信存在许多挑战。中国科学院声学所研制团队通过先进的水声通信和信号处理技术，创新攻关，取得重大技术突破，成功研制了高速数字化水声通信系统。

“蛟龙”号所使用的水声通信机具有 4 种功能。

一是相干水声通信，又称为高速水声通信，传输速率为每秒数千比特，用于传输图像。

二是非相干水声通信，传输速率为每秒数百比特，属于中速通信，传输文字、指令和数据。

三是扩频通信，属于远程低速通信，传输速率为每秒数十比特，用于传输指令。

四是水声语音通信，采用模拟信号传输语音。

“蛟龙”号水声通信机具有丰富的功能和良好的综合性能，在国际载人深潜器中处于领先地位。

水声通信机和高分辨率测深侧扫声呐、避碰声呐、成像声呐、声学多普勒测速仪和定位应答器等共同组成了“蛟龙”号的声学系统，通过良好的声学系统集成设计，整个声学系统实现了深潜感知与信息传输能力。

2.4.5 高通量计算和筛选帮助加快新材料的发现

传统的基于实验“试错法”的新材料设计，周期长，效率低。高通量材料计算和材料信息学的使用可以帮助加快新材料的研发，缩短研发周期。

高通量材料计算有助于快速寻找或筛选材料组成的基本构建单元，“搭建”新的化合物，并结合材料信息学的相关技术，将数据、代码和材料计算软件进行集成，建立材料组分、结构和性能的定量关系模型，以一种有理论依据、可预测的方式，指导新材料设计。组合化学在新药的发现方面取得了极大的成功，它是一种并行地、系统地、反复地组合不同结构或组分的“构建单元”（Building Block），能够迅速得到大量化合物，从而进行高通量筛选（High-Throughput Screening）的一种策略与方法。材料信息学（Material Informatics）“运用计算的方法来处理和解释材料科学和工程数据”，它可以与材料计算相结合，通过已知的、可靠的实验数据，用理论模拟去尝试尽可能多的真实或未知材料，建立其组分、结构和各种物性的数据库，通过数据挖掘探寻材料组分、结构和性能之间的关系模式，用于指导新材料设计。

这需要一个有效的集网络化、图形化、集成化、流程化、自动化的高通量材料集成计算和数据管理科研基础设施（e-Infrastructure）的支撑。

中国科学院计算机网络信息中心材料基因实验室研发了我国首个高通量材料集成计算平台MatCloud。其相关研究成果已在SCI国际期刊*Computational Material Science*上正式发表（*Computational Materials Science*，146 (2018) 319–333）。文章介绍了MatCloud所解决的材料计算模拟的3个问题：如何通过自动化并且有效地获取、存储和管理材料计算数据；对材料性能的模拟涉及一系列的流程，如何让用户灵活地设计流程，从而计算不同材料性能；如何让那些不熟悉DFT密度泛函理论的科研人员也能轻松地开展DFT计算模拟，从而快速地获取他们想要的数据，并且能容易地管理数据、数据可视化和开展数据挖掘。文章还介绍了国外多个高通量计算驱动引擎和材料计算数据库，如AFLOW、Material Project、MedeA、VNL、OQMD、NIMS CompES-X、AiiDA、NoMad、Citrine、MatBase、NREL MatDB、Material Commons、NIST-CHiMaD Repository等，并进行了比较。通过3个案例，介绍了MatCloud 如何进行复杂计算流程设计，如何基于能量进行高通量筛选，以及如何构建材料计算数据库。

MatCloud 直接与超级计算集群和材料计算数据库相连，基于图形化的建模和流程设计，通过计算来预测材料的多种物理、化学性质，并直接对计算模拟的结果进行可视化分析和展示。

MatCloud 是我国自有知识产权的高通量材料集成计算和数据管理云平台，它的上线运行标志着基于大规模计算模拟进行材料成分设计、性质预测、机理解释等成为可能，并能够通过材料数据库实现对数据的集中管理和挖掘。无须下载任何软件和插件，只通过网页浏览器即可使用（用户须提供相关软件版权）。

MatCloud 已于 2017 年 5 月正式上线，申请的专利已获得成果转移转化。在国际上，其正与欧盟的 NoMad 项目、Pauling File 数据库等开展合作，整个高通量计算驱动引擎的框架已越来越稳定。

第3章

科学大数据应用促进科研范式转变

科学数据是指通过实验、测量、观测、调查和计算等方式采集，以科学证据形式存在的客观事实，包括：数字化观测、科学监测等来自仪器设备或传感器的数据，计算模拟与模型输出的数据，对情景或现象的描述，对行为的观测或定性描述，用于管理或者商业目的的统计数据等。科学数据通常是科研过程的输入，是证实或者证伪科学发现或科学观点的事实、证据或者论证推理的基础。从广义上讲，人们目前接触到的所有数据都可以被应用到科学活动，可以纳入科学数据的范畴。

科学数据的采集方式主要有两种。一种是手工采集，科研人员通过观察、测量、访谈、调查等方式，记录在纸张上或者其计算机中的表格、文本、图形等。另一种是机器采集，由大型科学仪器设备、大型科学装置、各种联网的自动监测网络及大规模计算模拟等自动产生。随着信息技术的快速发展和应用普及，科学数据从历史上非自动化的“手工采集”的方式，逐渐地过渡到自动化的“机器采集”。诸如500m口径球面射电望远镜、中国散裂中子源等大型科学装置的建设和重大科学实验的开展，以及无所不在的科学传感器和传感器网络广泛应用于天空、陆地和海洋，对自然环境进行全方位的探测、监测，源源不断地产生的科学数据将科学研究快速推进到一个前所未有的大数据时代。科学大数据将改变人类几个世纪以来，科学研究主要集中于理解相对简单、未耦合或弱耦合系统这种局面，增强我们详细表征和描述复杂性的能力，以及分析高度耦合复杂系统的动态行为的能力，催生如希格斯粒子和引力波等重大科学发现。可以这样比喻，科学大数据为科学发现提供了一种新型的“望远镜”和“显微镜”，在宏观上大大扩展了我们对复杂系统整体性进行研究的能力，在微观上让我们的视线可以深入到复杂系统内部观察细微的行为和动态变化。

3.1 科学大数据发展历程

作为我国自然科学最高学术机构、科学技术最高咨询机构、自然科学与高技术综合研究发展中心，中国科学院一直高度重视科学数据资源的建设和应用服务工作。1982 年，科学数据库被列入中国科学院“七五”和后 10 年的 10 项重大基本建设项目。1986 年，国家计划委员会正式批复同意建设“中国科学院科学数据库及其信息系统”，项目在 1997 年获得“中国科学院科技进步一等奖”，1998 年获得“国家科技进步二等奖”，基本形成了以研究所和课题组自主自治为单元的科学数据资源建设和积累模式。在“十五”期间，科学数据库建设逐步系统化、规范化，共建成 503 个专业子库。在“十一五”期间，在中国科学院信息化专项和国家科技基础条件平台等的支持下，科学数据库逐步形成结构合理的科学数据网格体系，整合可以共享的数据量达到 148TB。表 3-1 是连续六个五年计划建设周期的统计数据，主要包括参建单位数、数据库数、数据子库数和数据量 4 项内容。

表 3-1 参建单位与数据库、数据量统计

时　期	参建单位数（家）	数据库数（个）	数据子库数（个）	数据量
“七五”	15	21	60+	2 336MB
“八五”	15	30+	104+	8GB
“九五”	15	180	180	725GB
“十五”	45	45	503	16.6TB
“十一五”	62	51	528	148TB
“十二五”	58	40	1 340	655TB

在“十二五”期间，中国科学院面向科技创新和科研信息化需求，启动“科技数据资源整合与共享工程”建设，目标着眼于“海—云”思想，全面推动全院科技数据基础资源、海量存储与处理基础设施、数据集成与应用先进环境的建设及服务。截至项目结束，数据工程已经建成了 52PB 存储容量的数据资源中心，研发了面向数据资源自主管理、集成整合、监控统计与评估、应用服务等全生命周期的先进分布式数据整合管理与应用服务技术体系，支撑项目数据资源集成整合与应用服务。实现了学术论文与科学数据之间的关联服务，自

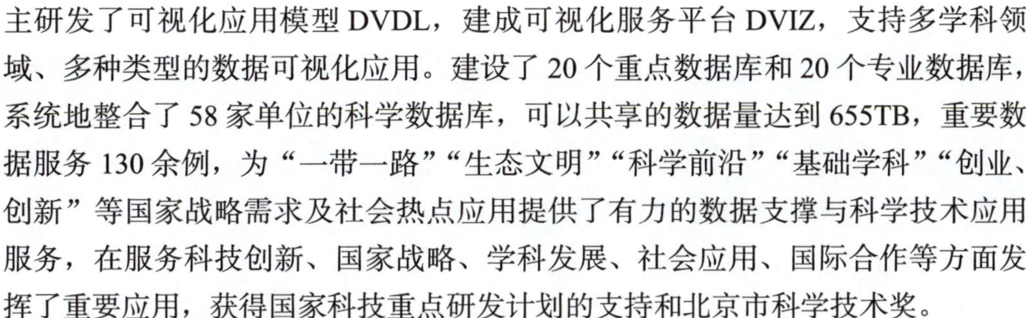

主研发了可视化应用模型 DVDL，建成可视化服务平台 DVIZ，支持多学科领域、多种类型的数据可视化应用。建设了 20 个重点数据库和 20 个专业数据库，系统地整合了 58 家单位的科学数据库，可以共享的数据量达到 655TB，重要数据服务 130 余例，为“一带一路”“生态文明”“科学前沿”“基础学科”“创业、创新”等国家战略需求及社会热点应用提供了有力的数据支撑与科学技术应用服务，在服务科技创新、国家战略、学科发展、社会应用、国际合作等方面发挥了重要应用，获得国家科技重点研发计划的支持和北京市科学技术奖。

3.2　科学大数据建设成效

经过 30 多年的持续发展，特别是近年来科学大数据的爆炸式增长，科学大数据已经发展成为典型的大数据生产、应用领域。中国科学院以科学数据库（www.csdb.cn）、国家地球系统科学数据共享平台（www.geodata.cn）、中国生态系统研究网络（www.cern.ac.cn/）、国家基础科学数据共享服务平台（www.nsdata.cn）4 个系统为主题，形成了较为完善的科学大数据资源体系和服务体系。随着大数据时代的来临，中国科学院各研究所都加强了科学数据工作，中国科学院的大数据资源及其应用已经有了全面发展，由于各种原因部分资源可能暂时未列入本部分。

3.2.1　科学数据库的整合与集成服务

在继承与发扬的宗旨下，在“十二五”期间，中国科学院部署了学科领域基础数据整合与集成服务、研究所科研数据整合与共享应用示范、专业数据库共享服务与持续发展 3 个工作方向。其中，学科领域基础数据整合与集成服务由领域内的相关单位联合共建，明确整合与服务机制，建成学科领域主题数据库并提供共享服务；研究所科研数据整合与共享应用示范应该对本单位全部科研部门的科学数据进行系统的规划整理和运行维护，整合形成本单位特色的专题数据库并共享应用；专业数据库共享服务与持续发展应该具有显著的本单位专业特征和一定的用户基础，能够持续整合科研活动的数据产出并提供共享服务。

1. 学科领域基础数据整合与集成服务

1）资源学科领域的基础科学数据

由中国科学院地理科学与资源研究所主持承担，中国科学院—教育部水土

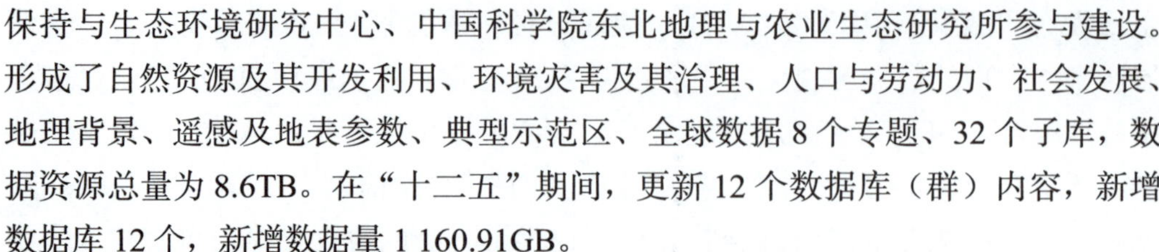

保持与生态环境研究中心、中国科学院东北地理与农业生态研究所参与建设。形成了自然资源及其开发利用、环境灾害及其治理、人口与劳动力、社会发展、地理背景、遥感及地表参数、典型示范区、全球数据 8 个专题、32 个子库，数据资源总量为 8.6TB。在“十二五”期间，更新 12 个数据库（群）内容，新增数据库 12 个，新增数据量 1 160.91GB。

2）土壤学科领域的基础科学数据

由南京土壤研究所主持承担，沈阳生态研究所、新疆生态与地理研究所、亚热带农业生态研究所及成都山地灾害与环境研究所共同建设，覆盖了土壤学科主要研究领域，包含跨单位、跨地域的土壤数据资源，分为基础库和专题库。基础库涵盖了土壤学的主要学科分支：土壤资源、土壤肥力、土壤环境和土壤生物。专题库包含典型地域土壤综合数据库和重大科研项目专题数据库，共整合完成12GB的在线土壤科学数据、25GB的离线土壤数据，记录数总量达到200余万条。

3）动物学科领域的基础科学数据

由中国科学院动物研究所主持承担，昆明动物研究所、成都生物研究所、武汉水生生物研究所及上海生物科学研究院等单位共同建设，完成了 24 个数据库的数据收集、发布和共享，同时通过服务接口从 National Center for Biotechnology Information（NCBI）、Biodiversity Heritage Library（BHL）、Encyclopedia of Life（EOL）等国际知名数据库中整合与中国动物相关的分子、文献及多媒体等信息。截至 2017 年年末，在线服务的数据库总数达到 29 个，数据库的数据总量为 21.5GB。

4）植物学科领域的基础数据

由中国科学院植物研究所主持承担，中国科学院昆明植物研究所和中国科学院西双版纳植物园 3 家单位共同建设，完成数据量 1.42TB，具体包括综合植物名录数据库、植物图像库（含国际整合）、植物学文献库、省级植物志名称与分布系统、中国科学院植物园名录库等子库。

5）材料学科领域的基础科学数据

由金属研究所主持承担，上海硅酸盐研究所、化学研究所和国家纳米科学中心共同建设。“十二五”期间完成总数据量 15 781MB，总记录数约为 23 万余条，具体包括金属材料、无机非金属材料、高分子材料和纳米材料等内容。

6）青海湖流域生物学科领域的基础科学数据

由中国科学院计算机网络信息中心主持承担，中国科学院动物研究所、中国科学院武汉病毒研究所、中国科学院水生生物研究所、青海湖国家级自然保护区管理局四家单位共同建设。完成在线数量 8.5TB，具体包括青海湖区域动物物种调查数据库、青海湖区域植被调查数据库、青海湖区域生物信息学数据库、青海湖区域本底数据库、青海湖区域文献资料数据库等子库。

7）化学学科领域的基础科学数据

由中国科学院过程工程研究所主持承担，中国科学院上海有机化学研究所和中国科学院长春应用化学研究所共同建设。完成在线数据量 55.59GB。截至 2017 年年末，在网上提供数据服务的数据库数量达到 46 个，其中，基于化合物标识信息整合的数据库为 20 个。

8）空间科学学科领域的基础科学数据

由中国科学院空间中心主持承担，中国科学院地质与地球物理研究所、中国科学技术大学共同建设。数据资源总量接近 17TB，构建了空间物理、行星科学、空间天文 3 个学科专业库，整合完成太阳观测数据库、行星际观测数据库、近地轨道空间环境数据库、电离层观测数据库等 12 个专业数据子库，共包括 200 余项数据集。

9）民族语言信息处理学科领域的基础科学数据

由中国科学院合肥物质科学研究院主持承担，在自然语言处理和民族语言信息处理方面具有丰富积累的中国科学院声学所和软件所共同建设。总数据量约为 372 000MB，具体包括汉蒙双语平行语料库、蒙文形态分析语料库、汉维双语平行语料库、维文形态分析语料库等 15 个子库。

10）核能学科领域的基础科学数据

由中国科学院合肥物质科学研究院主持承担，高能物理研究所、近代物理研究所、计算机网络信息中心共同建设。总数据量达到 1.3TB，具体包括核数据、核反应堆材料数据、可靠性数据等子库，还集成了 MCAM、SNAM、SVIP、RiskA 等 5 款数据处理软件。

11）中文信息处理领域的基础科学数据

由中国科学院自动化研究所主持承担，计算技术研究所和计算机网络信息中心共同建设。资源规模量已经达到 3TB，具体包括复杂语言环境下海量多语言文本库、复杂环境下超大规模语音识别数据库、大规模即兴自然口语对话数据库等子库。

12）遥感学科领域的基础科学数据

由中国科学院遥感与数字地球研究所主持承担，动物研究所和武汉植物园共同建设。包括反映陆地生态系统的植被环境、水环境、农田环境、人居环境和动物生境等 6 个数据库的建设，数据总量超过 4.3TB。

13）植物资源保育领域的基础科学数据

由中国科学院武汉植物园主持承担，西双版纳热带植物园、华南植物园、计算机网络信息中心共同建设。整合和集成数据子库 46 个，其中集成和整合了武汉植物园的数据子库 17 个，西双版纳植物园的数据子库 14 个，华南植物园的数据子库 15 个，完成总记录数 2 158 190 条，总数据量为 351.23GB，线描图谱 19 452 幅，彩色图谱 112 864 幅，生态环境视频 12 287 段。

2. 研究所科研数据的整合与共享应用示范

1）紫金山天文台

基于中国科学院紫金山天文台“一三五”战略布局和重大应用需求，集成建设紫金山天文台完整数据资源链的共享数据库。主要包括射电天文、空间碎片、行星科学、空间天文等数据资源，具体包括毫米波射电天文数据、近地天体望远镜数据、南极天文数据、太阳精细结构数据、太阳多通道光谱数据、太阳射电频谱数据、太阳黑子数据等，总数据量达到 45TB。

2）昆明植物研究所

昆明植物研究所首次提出了构建新一代“智能植物志”（iFlora）的理念，将现代植物学、DNA 测序技术与信息技术相结合，通过一系列关键技术的集成和攻关，构建能够准确识别植物和掌握相关数字化信息的新一代“智能植物志”，集成整合数据涉及 300 科、3 434 属、39 971 种（含种下等级），DNA 条形码 14 万条（涉及 2 816 属、13 784 种）、植物照片 11 万张、采集信息 39 913 条、种质资源信息 38 862 条、民族植物学 10 946 条、标本信息 235 万余条，总数据量为 58GB。

3）南海海洋研究所

基于南海海洋研究所学科布局的战略发展，在全所层面集中资源和力量，按照海洋专业背景和知识结构建立多元、异构数据的内在关联，实施数据资源的统一汇聚管理和信息知识融合，数据总量达到 4TB。其中，在线服务资源数据量 1.6TB，离线服务资源数据量 1.4TB。具体包括南海物理海洋数据库、南海海洋地质数据库、南海海洋生物数据库等子库。

4）南京地理与湖泊研究所

围绕南京地理与湖泊研究所“一三五”目标及重大项目需求，整合分散数据资源，形成以东部湖区为重点的湖泊富营养化机制和工程治理研究专题数据库、以长江中下游及其流域为重点的湖泊—流域相互作用过程和机制专题数据库、以青藏高原湖泊为重点的湖泊对全球气候变化的响应专题数据库，包括全国湖泊流域基础数据库、东部湖区湖泊专题库、青藏高原湖泊专题库、长江中下游湖泊流域专题库四个子库，总记录条数 284.4 万余条，数据量达到 2 786.4GB。

5）生态环境研究中心

基于全国生态系统评估与生态安全格局研究的基础数据，整合 973 项目“中国主要陆地生态系统服务功能与生态安全”和环境保护部与中国科学院联合重大项目“全国生态环境十年（2000—2010 年）变化遥感调查与评估专项”等的科研数据，以及多年来在生态系统研究方面累计的数据和研究成果，形成符合应用要求的数据集产品。数据资源总量达到 5.28TB，其中 2.78TB 数据提供在线下载服务。

6）海洋研究所

基于海洋研究所“一三五”战略布局和重大应用需求，整合海洋研究所已有的基础科学数据资源，建立中国海洋多学科综合性长期观测数据资源体系，整合、升级 38 个子数据库，数据资源总量达到 2 663.8GB。具体包括海洋专项数据库、中国近海观测研究网络数据库、开放航次数据库、国际共享数据库等子库。

7）高能物理研究所

高能物理研究所在中国科学院及科技部的前期支持下，建立了国际宇宙线观测数据库、高能天体物理数据库和核分析数据库，近年来又承担了一批新的大型科学工程，如大亚湾中微子实验、硬 X 调制望远镜 HXMT 和大型高海拔空气簇射观测站 LHAASO。其中，大亚湾中微子实验已经于 2011 年开始采集数据，HXMT 和 LHAASO 正在建设中，并即将开始采集数据。基于学科研究中积累的科学数据和大型科学实验产生的数据，集成整合数据量达到 100TB，记录数约为 1 170 万条，文件数约为 260 万个。

3. 专业数据库共享服务与持续发展

1）第三极环境专业库

由中国科学院青藏高原研究所承担建设。主要包括中国科学院青藏高原研究所各台站观测历史数据、青海西藏社会经济历史数据、青海西藏自然资源数据、青藏高原地理背景数据、青藏高原遥感数据、青藏高原科技文献数据等。数据为 2 138 万条，数据量为 1 621MB，文件型数据总量为 210.02GB。

2）安全漏洞专业数据库

由中国科学技术大学主持承担，中国科学院计算机网络信息中心共同建设。主要包括 NVD、CNNVD、SecurityFocus、OSVDB、Secunia、EDB 等方面的内容，数据总量达到 30GB，共 40 万条。

3）海岸带环境与资源专业库

由中国科学院烟台海岸带研究所承担建设。整合海岸带科学数据资源近 1 000GB，其中在线数据 116.18GB，数据库记录 26 299 条。主要数据资源库包括海岸带环境遥感数据库，海岸带基础地理数据库，黄海近岸环境要素立体观测数据库，滨海湿地生态、环境及生物多样性数据库，海岸带沿海城市年鉴数据库等。

4）基因组学专业库

由北京基因组研究所承担建设。整合了狼和狗多态性数据库、高粱基因组变异数据库、RiceWiki 系统、原始数据存储库四个子库，数据量共计 17TB。

5）黄土高原水土保持专业库

由中国科学院水利部水土保持研究所承担建设。在“十一五”现有的基础地理与专题图形数据、生态要素数据、土地资源与利用数据、土壤侵蚀与泥沙数据等基础上，继续整编、更新全国降雨侵蚀力数据、黄河流域水文站水文泥沙观测数据和黄河干支流主要断面水量沙量计算成果数据等七个数据集，数据总量达到 88 741.42 MB。

6）中国湿地与黑土生态专业库

由中国科学院东北地理与农业生态研究所承担建设。围绕湿地生态与环境、黑土生态与环境及区域农业发展汇集科研数据，更新全国沼泽湿地空间分布动

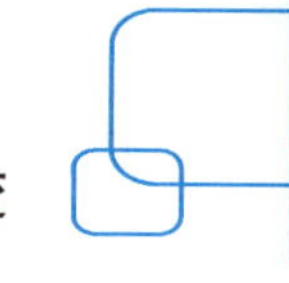

态子库及环境背景数据子库，更新和丰富全国典型湿地分布区环境背景专题数据子库及全国重点湿地分布区环境背景专题数据子库，建设湿地遥感信息提取及湿地景观分析模型子库，整理长期监测资料并形成全国典型湿地生态环境定位监测数据子库。数据总量达到 2.6GB。

7）纳米研究专业库

由国家纳米科学中心承担建设。数据总量达到 1 718 MB，具体包括纳米标准子库、应用与基础研究进展子库、纳米研究首席科学家子库、标准物质/样品子库、重要科研论文子库等。

8）大气科学专业库

由中国科学院大气物理研究所承担建设。具体包括大气科学数据资料库、大气科学图形软件库、大气科学算法和模式库 3 个子库，总文件数为 1 366 292 个，总数据量达到 41.9TB。

9）东北植物与生态环境专业库

由中国科学院沈阳应用生态研究所承担建设。具体包括植物物种的基本分类特征、物种资源地理分布、植被及生态环境条件、重要经济资源植物、植物关键鉴别特征等子库。总数据量达到 159GB。

10）中国可持续发展专业库

由中国科学院科技政策与管理科学研究所承担建设。中国可持续发展基础数据库包含了全球统计数据库、中国统计数据库。其中，全球统计数据库包含记录数约 290 万条。中国统计数据库包含记录约 198 万条。中国可持续发展评估指标库包含记录 57 万多条。科技政策法规库、信息文献资料库等包含记录约 10 万条，社会、经济模拟数据库包含记录约 10 万条，低碳生活调研数据库包含记录约 1 万条。

11）模式生物嗜热四膜虫功能基因组

由中国科学院水生生物研究所承担建设。在四膜虫功能基因组数据库（Tetrahymena Functional Genomics Database，TetraFGD）原有数据（microarry 表达芯片数据、基因网络和转录组 RNA-seq 数据）的基础上，新增磷酸化蛋白组及生活史不同阶段转录组、减数分裂转录组及核小体分布等数据库，数据总量为 219GB。

12）200K 以下低温化学热力学专业数据库

由中国科学技术大学承担建设。具体包括 200K 以下低温热力学数据库、

200 ～ 1 000K 中温热力学数据库、1 000 ～ 5 000K 高温热力学数据库等 3 个子库，数据总量为 56.78MB。

3.2.2 国家地球系统共享科学数据

国家地球系统科学数据共享平台是首批经过科技部、财政部认定的 23 家国家科技基础条件平台之一。基于中国科学院多年的地球数据资源积累，该平台由中国科学院地理科学与资源研究所牵头，自 2003 年建设以来，国内外共有 40 多家单位参与了平台建设。国家地球系统科学数据共享平台的主要发展历程如图 3-1 所示。

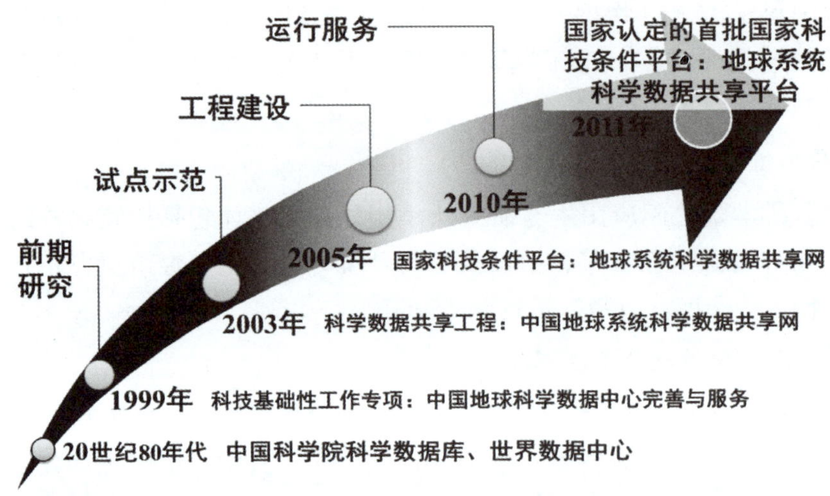

图 3-1 国家地球系统科学数据共享平台的主要发展历程

整合集成分布在国内外数据中心、高等院校、科研院所及科学家个人产生的数据资源，引进国际数据资源，接收国家重大科研项目产生的数据资源，在此基础上生产加工数据产品。健全标准规范和运行机制，通过地球系统科学数据共享平台和专业服务队伍，为地球系统科学研究和社会经济可持续发展提供数据支撑。重点整合共享陆地表层系统和人地关系研究所需要的数据资源。截至 2014 年年底，平台共有数据资源 59.56TB，涉及全国层面的地表过程与人地关系数据、典型区域地表过程与人地关系数据、全球变化与区域响应综合集成数据产品、日地系统与空间环境数据、国际数据资源 5 个一级类和 29 个二级类。

平台以元数据为核心进行数据资源的整合，按照“总中心—数据中心—数

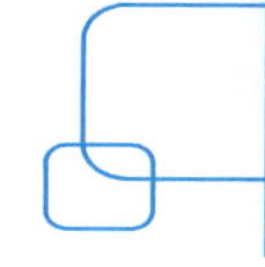

据资源点”三级架构组织实施，形成了由总中心和 15 个数据中心、若干个数据资源点构成的物理上分布、逻辑上统一的一站式数据共享服务网络系统。数据中心按照区域和学科并重的原则进行遴选与动态评估，主要包括以下几方面。

1. 区域数据中心

青藏高原科学数据中心，依托单位：中国科学院青藏高原研究所。

新疆与中亚科学数据中心，依托单位：中国科学院新疆生态与地理研究所。

黄土高原科学数据中心，依托单位：中国科学院教育部水土保持与生态环境研究中心。

黄河下游科学数据中心，依托单位：河南大学。

东北黑土科学数据中心，依托单位：中国科学院东北地理与农业生态研究所。

长江三角洲科学数据中心，依托单位：南京师范大学。

南海及邻近海区科学数据中心，依托单位：中国科学院南海海洋研究所。

极地科学数据中心，依托单位：中国极地研究中心。

2. 学科数据中心

冰川冻土科学数据中心，依托单位：中国科学院寒区旱区环境与工程研究所。

湖泊—流域科学数据中心，依托单位：中国科学院南京地理与湖泊研究所。

土壤科学数据中心，依托单位：中国科学院南京土壤研究所。

地球物理科学数据中心，依托单位：中国科学院地质与地球物理研究所。

空间科学数据中心，依托单位：中国科学院空间科学与应用研究中心。

天文科学数据中心，依托单位：中国科学院国家天文台。

全球变化模拟科学数据中心，依托单位：南京大学。

3. 数据资源点

全球卫星遥感参数数据资源点，依托单位：中国科学院地理科学与资源研究所。

中国物候观测数据资源点，依托单位：中国科学院地理科学与资源研究所。

中国流动人口数据资源点，依托单位：国家卫生和计划生育委员会。

大气浓度时空分布数据资源点，依托单位：中国科学院大气物理研究所。

沼泽湿地数据资源点，依托单位：中国科学院东北地理与农业生态研究所。

西南山地数据资源点，依托单位：重庆师范大学。

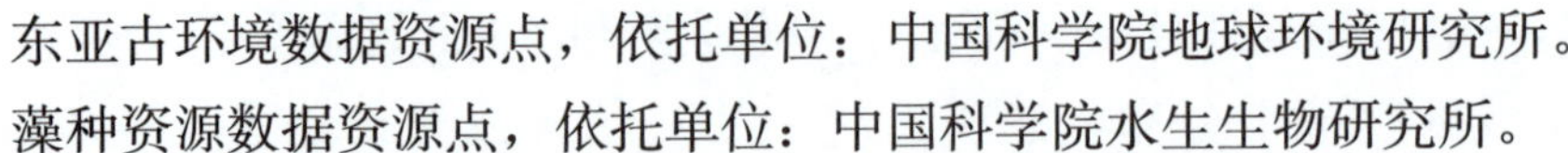

东亚古环境数据资源点，依托单位：中国科学院地球环境研究所。

藻种资源数据资源点，依托单位：中国科学院水生生物研究所。

3.2.3 中国生态系统研究网络 / 国家生态系统观测研究共享服务平台

中国生态系统研究网络（CERN）是为了监测中国生态环境变化，综合研究中国资源和生态环境方面的重大问题，发展资源科学、环境科学和生态学而成立的，于 1988 年组建。目前，该研究网络由 16 个农田生态系统试验站、11 个森林生态系统试验站、3 个草地生态系统试验站、3 个沙漠生态系统试验站、1 个沼泽生态系统试验站、2 个湖泊生态系统试验站、3 个海洋生态系统试验站、1 个城市生态站，以及水分、土壤、大气、生物、水域生态系统 5 个学科分中心和 1 个综合研究中心所组成。CERN 已经实现了野外科学观测和试验数据的不断积累，形成了“野外观测—数据观测—数据服务”一体化的科学数据共享体系。

基于以上的工作基础，2005 年科技部正式启动国家生态系统观测研究网络台站的建设任务，当年新入选的国家生态系统野外研究站（网）31 个，2006 年通过科技部评估认证。目前，由 18 个国家农田生态站、17 个国家森林生态站、9 个国家草地与荒漠生态站、7 个国家水体与湿地生态站以及国家土壤肥力与肥料效益监测站网、国家种质资源圃网和国家生态系统综合研究中心共同组成国家生态系统观测研究网络。

目前，CERN 基本形成了“台站—分中心—综合中心”三级数据资源体系，保障了数据资源的分布式、高安全性、高共享式的增长。

1. 汇聚了大量反映我国各类典型生态系统结构功能动态变化的长时间序列监测数据

CERN 从 1998 年开始对我国典型生态系统开展联网监测，监测内容包括生物及大气、土壤、水分三个环境要素，涉及农田生态系统，森林生态系统，草地生态系统，荒漠、沼泽、水体生态系统监测指标，共计约 280 个，覆盖 1 100 余个观测场地和设施，已经产生 200 余个数据集。截至 2014 年，数据记录数已经达到 1 780 多万条，为揭示生态系统结构功能的动态变化规律和生态系统管理提供了重要的直接观测数据。

如表 3-2 所示为典型生态系统结构功能动态变化的长时间序列监测数据资源。

表 3-2 典型生态系统结构功能动态变化的长时间序列监测数据资源

数据集	数据类型	定义	来源
第Ⅰ套数据集	生态系统结构功能研究所要求的基本生态要素的长期定位观测数据	水分、土壤、气象、生物	所有生态站、分中心、综合中心
第Ⅱ套数据集	反映生态系统重要生态过程研究所需要的数据	水循环、水平衡、养分循环、能流过程等	11 个重点生态站
第Ⅲ套数据集	生态站所在地区的社会经济指标及示范区的基础条件方面的数据	生态站本底资料；生态站所在地区的社会经济和统计资料；在生态站上研究项目的数据管理及生态站的管理数据	所有的生态站
第Ⅳ套数据集	大尺度学科研究数据库	生物分中心、土壤分中心、大气分中心、水分分中心专业研究数据	分中心
第Ⅴ、Ⅵ套数据集	大尺度研究的空间数据集，其内涵丰富、范围广泛，边界很难界定	例如，但不限于资源、环境、社会经济、人口数据等	综合中心

2. 积累了反映区域和全国尺度生态系统变化的各类专题数据

除了规定的长期联网监测数据，CERN 还积累了大量反映区域和全国尺度生态系统变化的各类专题数据，其中包括中国长期地面能量平衡数据集、中国背景地区大气环境本底值数据集、中国背景地区大气气溶胶光学厚度、华北区域大气干湿沉降数据集、中国典型陆地生态系统地表蒸散数据集、中国土种数据库、台站植物数字图像标本数据集、全国陆地生态系统空间化信息—气候要素和土地资源数据集、全国或者区域尺度的生态遥感指数数据集，以及 ChinaFLUX 长期观测数据库，生态固碳项目数据库及基金委重大项目样带数据集等。

中国生态系统长期动态监测数据库包括在中国典型生态系统，即农田生态系统、森林生态系统、草地生态系统、荒漠生态系统、沼泽生态系统、湖泊生态系统和海湾生态系统共 42 个定位生态站上进行的水环境、土壤环境、大气环境、生物环境等方面的长期定位监测数据，数据量达到 6.5GB。

ChinaFLUX 长期观测数据库主要包括常规气象、二氧化碳通量、显热 / 潜热通量等观测数据，为 2002 年以来利用涡度相关技术长期测定的典型陆地生态系统碳水通量数据，目前开放数据具有碳水通量日统计数据（NEE、GEE、Re）、气象 30 分钟数据（总辐射、光合有效辐射、冠层温度、降水量）、通量

30 分 钟数据（二氧化碳通量、显热 / 潜热通量），数据总量达到 2 300GB。

气象要素栅格数据库是利用全国 740 个站点的 1961—2000 年的气象站点数据，利用 GIS 技术、计算机技术和空间数据库技术，在方法研究的基础上，生成的全国尺度的各种气象 / 气候要素的 1km×1km 栅格数据库，包括辐射、温度、降水、湿度、风和气候指数等 20 多种要素的空间信息，按不同的时间域，共生成 183 个栅格数据，数据总量达到 20GB。

3.2.4 国家基础科学数据共享服务平台

国家基础科学数据共享服务平台由中国科学院计算机网络中心牵头承担，以中国科学院、国内重要高校和科研院所的数据资源为基础，积极吸纳国内外相关的基础科学数据资源，推动基础科学数据的整合共享。在科技部的持续支持下，平台得以健康发展，并于 2017 年被纳入国家科技基础条件平台体系，被批准更名为国家基础科学数据共享服务平台。

该平台由中国科学院计算机网络信息中心牵头组织，以中国科学院、国内重点高校和其他科研院所的基础科学数据资源为基础，联合教育部、国防科学技术工业委员会、国家林业局等相关部门的研究院所，在物理、化学、天文、空间、生物等基础科学领域对优质的数据资源进行整合。平台已经整合中国科学院在物理、化学、天文、空间与生物领域的 20 多个研究所长期以来的基础数据，同时，重点整合国防科学技术工业委员会下属的中国工程物理研究院、中国原子能科学研究院在核物理与原子分子物理方面的基础数据，整合国家林业局所属青海湖国家级自然保护区多年来在青海湖区域的监测与观测数据，以及整合长春理工大学、北京大学、南京大学、石油大学等高校在物理、化学、天文、空间与生物领域研究产生的基础数据，重点形成高能物理、核物理、原子分子物理、光学工程、化学、天文学基础数据，空间科学、植物、植物园、动物、微生物、病毒、生物信息等主题库，青海湖区域综合研究、天文观测等专题库，具体如下。

（1）高能物理主题数据库。

（2）光学技术数据库。

（3）核物理主题数据库。

（4）原子分子物理主题数据库。

（5）化学主题数据库。

（6）空间科学主题数据库。

（7）天文科学主题数据库。
（8）毫米波射电天文数据库。
（9）VLBI 射电天文和深空测量数据库。
（10）中国动物主题数据库。
（11）中国植物主题数据库。
（12）植物园主题数据库。
（13）中国科学院微生物主题数据库。
（14）中国病毒资源基础数据库。
（15）系统生物学中的多组学综合数据库。
（16）重要生物类群 DNA 条码数据库。
（17）核聚变物理专题数据库。
（18）青海湖区域综合研究专题数据库。
（19）基于遥感反演的全球变化参量数据库。

截至 2016 年年底，数据资源总量达到 420.86TB，共有 249 个子库。

3.3 科学大数据管理与服务

针对大规模分布式资源服务的需求，中国科学院计算机网络信息中心大数据部依托科学数据工程项目，围绕分布式资源服务体系框架设计，在“十五”到“十二五”期间重点建设了一批数据资源管理与服务系统。这些系统分别在资源服务体系框架的数据自治管理、数据集成整合管理和数据集成服务三个不同的层次上进行建设研发。该分布式科学数据管理系统分层框架如图 3-2 所示。

1. 数据资源自治管理层

重点面向各分布端的数据资源管理员，实现分布式数据资源的自主管理，主要包括面向科研团队的数据管理工具 TeamDR、面向数据自主管理与发布的工具 VisualDB 和基于规则的数据校验工具 iCheck。

2. 数据资源集成整合管理层

重点面向数据资源及服务的集中监控与管理人员，包括数据资源整合管理和数据资源服务管理两方面的功能。其中，数据资源整合管理包括科学数据资源与服务注册系统 RSR、数据资源在线映射与集成中间件 SDM、分布式数据收割系统 DDHS。数据资源服务管理包括数据网络资源量在线统计系统 Resstat、数据网络服务与访问监控统计系统 Msis 和科学数据服务效果评测系统 Sees。

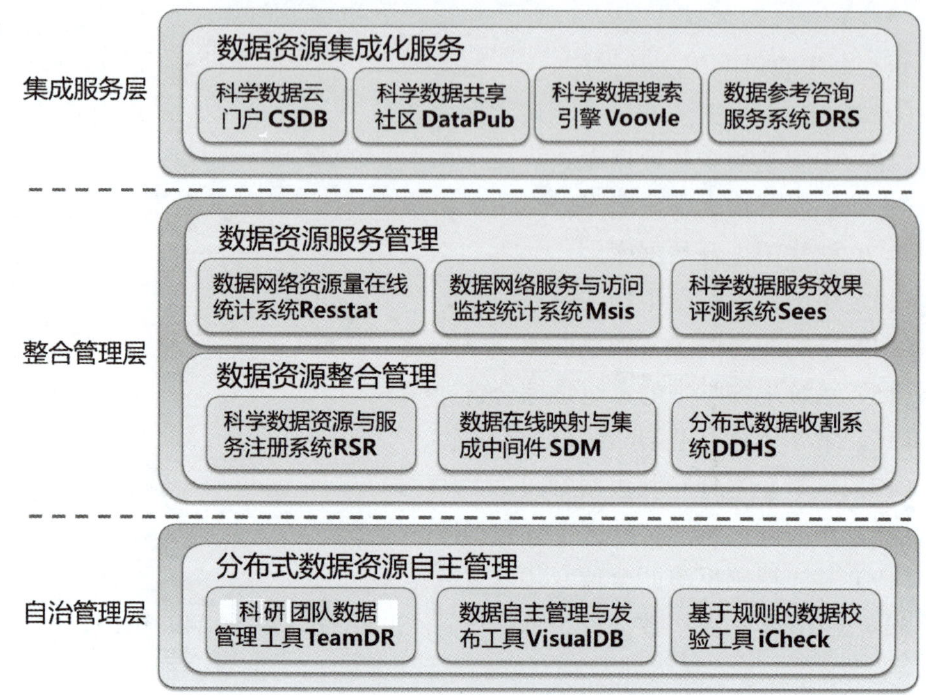

图 3-2　分布式科学数据管理系统分层框架

3. 数据集成服务层

重点面向广大公众用户和科研用户，实现数据资源的集成化服务。主要包括科学数据云门户 CSDB、科学数据共享社区 DataPub、科学数据搜索引擎 Voovle 和数据参考咨询与服务系统 DRS。

3.3.1　科学大数据的自治管理

1. 科研团队数据管理工具 TeamDR

TeamDR即课题数据宝，是重点针对科研团队中课题科研数据分散，无法有效持续管理；原始科研记录不规范，缺乏有效的电子化管理；元数据缺失严重，数据深度检索困难；数据共享模式单一，数据检索同步等管理功能不完善等共性数据管理问题和需求而研发设计的科研团队专属数据管理的工具。其面向课题组等科研团队，打造专属日常科研数据存储、组织、协作与共享的管理服务云平台与本地管理工具，是一套课题组数据管理与共享的解决方案，是一个稳定且可持续积累的课题组数据资源库。该工具的设计目标是打造一个科研团队专属数据管理的最佳助手。

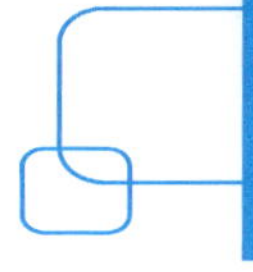

该工具主要有以下 8 个特色。

（1）基于目录层级和数据集合进行组织管理，结构简单清晰。

（2）兼容关系型数据，让数据管理更加灵活、便捷。

（3）可定制各类数据内容模板，满足各学科领域专属数据管理需求。

（4）支持各种数据共享需求，系统分级权限控制让数据更加安全。

（5）详细的可定制元数据让数据可理解、可验证、可追溯、可重用。

（6）基于数据的有效关联、面向多种元数据的全文检索让科研数据无处“遁形”。

（7）提供云端服务，随时随地管理数据（云版本）。

（8）提供网站模板，发布数据共享网站。

目前 TeamDR 已实现云端和本地两个版本，用户可以根据需求灵活使用。

2. 数据自主管理与发布工具 VisualDB

基于数据资源管理者集成异构数据源的需求，提供可视化管理与发布的云平台服务和本地管理工具。它是一个帮助数据管理者管理和发布关系型数据库与文件系统的工具，一个帮助应用研发人员快速开发面向数据的应用的研发框架，一套帮助数据应用者低成本集成异构数据源的解决方案。

目前VisualDB（以下简称“VDB”）共有2个版本：VisualDB-PDC（海洋数据库版本）和VisualDB-Cloud（云中建库版本），可按需创建VDB，与ECCP结合，创建、删除、管理虚拟机。它们都基于内核版本VisualDB 3.0。

该工具主要包含7个模块：数据库创建、数据记录管理、文件数据管理、应用模型配置、数据网站发布、远程设置及网站前台。

1）数据库创建

提供了3种建库的方式：手动创建、从Excel创建、从远程VDB创建。本地安装版本的VDB，同时提供了“数据源管理”模块，可以配置不同的数据源的连接信息，从而同时管理多个不同的数据库。

2）数据记录管理

为数据管理员提供了数据的增删改查功能，另外支持数据的导入和导出。

3）文件数据管理

一个基于 Web 的资源管理器，提供对文件型数据源的可视化管理。

4）应用模型配置

描述逻辑实体，每个实体与物理表单之间存在映射关系。

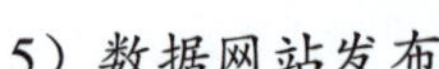

5）数据网站发布

提供快速发布自己数据网站的功能。

6）远程设置

提供进行远程设置的功能。

7）网站前台

提供数据及内容的展示。

3.3.2 科学大数据的整合管理

1. 科学数据资源与服务注册系统 RSR

该系统重点实现科学数据各类资源的集中汇交、注册、审核管理。系统覆盖的资源类型包括数据库元数据、公共服务接口、服务案例、科研论文、服务公告、软件与专利著作、手册素材、项目文档材料。系统支持用户分角色管理，支持数据审核管理，支持数据模板的定制化管理。该系统对于整个数据资源与服务体系中的资源和服务的集成起到重要的基础支撑作用。

2. 数据网络服务与访问监控统计系统 Msis

该系统的目标是基于站点信息管理、监测、访问统计和分析报告的需求，建成基于 B/S 架构的站点监测及访问统计管理的浏览平台，为各站点进一步提高服务水平提供支撑和保障。系统实现了站点信息数据、监测状态数据、日志数据的集中采集、统一管理、分析处理、保存、查看及报告等功能，并通过院所、站点及用户的对应关系实现自主管理。

3. 科学数据服务效果评测系统 Sees

该系统通过对与数据服务效果相关的定量与定性指标进行采集，将评估指标体系固化在软件工具中，有效地实现对各科学数据服务系统服务效果的监控与评估。其中，定量指标是通过可定制接口自动采集数据，并根据评分标准计算得分；定性指标是由建库单位填写或提交的评测材料，经过审查确认后，由专家在线评审打分。

3.3.3 科学大数据的集成服务

1. 科学数据云服务门户 CSDB

中国科学院数据云门户在整合“十二五”资源和服务的建设成果的基础上，

重点实现基础设施、平台及应用各层次科学数据云服务相关系统网站和接口的服务集成，对服务案例和检索接口进行整合。对云服务系统进行服务状况的监测，以及服务状况可视化的展示。对云服务的数据库进行元数据、论文、服务API的集成发现。

中国科学院数据云门户功能的设计包括网站后台管理、科学数据资源检索、服务平台监控、数据展示4个重点模块。其中，网站后台管理主要包括栏目管理、文章采编、任务控制、用户管理等；科学数据资源检索主要包括数据库检索、论文检索和服务接口检索；服务平台监控主要包括数据云服务平台监控、科学数据云服务平台监控和基础设施云服务监控；数据展示包括服务公告和新闻展示，服务案例展示，各服务平台介绍以及入口、推荐数据库展示与介绍。

2. 数据参考咨询服务系统 DRS

该系统是科学数据的参考咨询服务平台，其建设目标是为用户提供一个在访问和使用数据资源遇到问题时可以方便地寻求和获得帮助的平台，该系统将用户、服务专员和有关知识紧密联系起来。

整个系统的服务流程如图 3-3 所示，用户提出问题后，由咨询管理员负责接收，并根据问题类别，通过手工或自动的方式将问题分配给咨询员。咨询员负责解答或转交问题，并将问题处理结果反馈给用户。用户可以对问题的答复情况进行评价和反馈。

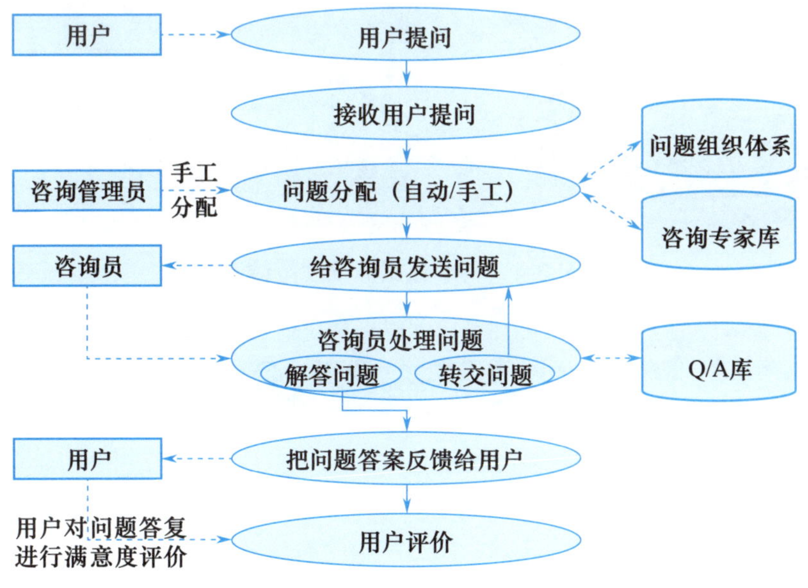

图 3-3　数据参考咨询服务系统的服务流程

大规模分布式科学数据管理与服务体系设计完成后，在中国科学院科学数据库项目、科技部基础科学数据共享网项目和国家生态系统研究网络项目中得到了广泛的应用与验证，极大地提升了这些重大项目的建设服务成效。

3.3.4 标准规范体系

在中国科学院科学数据库项目和基础科学数据共享网项目的支持下，历经“十五”的探索、“十一五”的建设、“十二五”的完善和再发展，完善的科学数据标准规范体系已经建成。如图 3-4 所示，科学数据标准规范体系主要包括“专用标准”与“指导标准”两大类，其中，专用标准针对科学数据资源建设过程中涉及的元数据与数据模型、数据处理与增值服务、系统与接口、管理与技术、应用与服务等进行了明确且细致的规范化、标准化处理；指导标准则基于专用标准，面向具体数据库建设的应用和发展，利用专用标准全面指导具体数据库的建设，目前已经发布的标准包括 37 个大项，详见表 3-3。

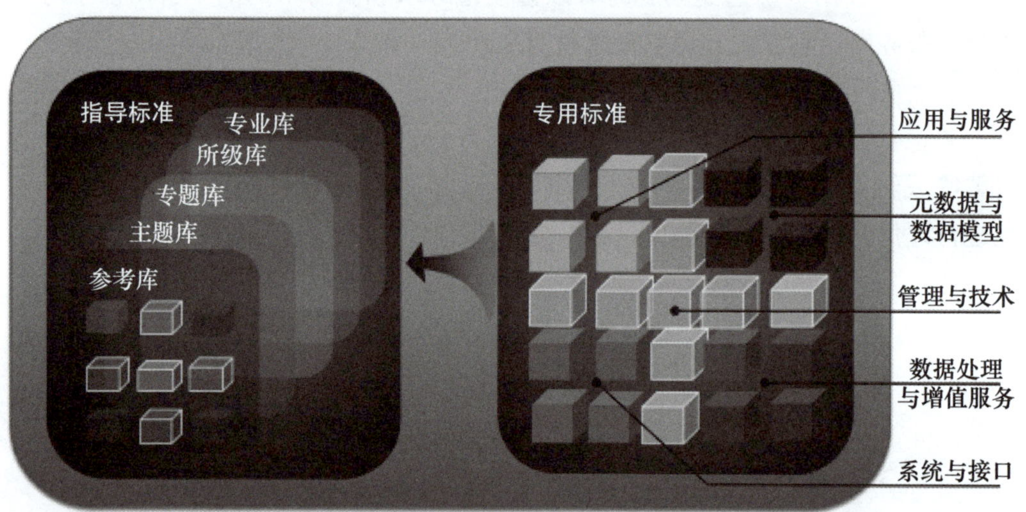

图 3-4 科学数据标准规范体系

表 3-3 主要标准规范

序号	标准名称
1	主题数据库建设规范
2	专题数据库建设规范
3	参考型数据库建设规范
4	专业数据库建设规范

续表

序号	标准名称
5	数据资源加工指导规范
6	学科领域数据处理和加工规范
	地学领域数据处理和加工规范
	中国湿地数据库数据资源采集与整理指南（共 12 项）
7	元数据参考模型
8	数据集核心元数据标准
9	学科领域数据集元数据应用规范
	土壤科学数据元数据
10	学科领域科学数据元数据规范 / 标记语言
	土壤肥力数据标准
11	资源唯一标识规范
12	科学数据分类规范与分类词表
13	数据加工增值管理方法
14	建库技术指导规范
15	元数据访问服务接口规范
16	数据跨域互操作技术规范
17	跨域用户认证接口规范
18	数据库服务网站建设指导规范
19	数据服务指导性规范
20	海量存储设施运行维护与服务规范
21	数据应用环境建设与服务标准规范框架
22	技术文档参考规范
23	数据质量管理规范
24	数据质量评测方法与指标体系
25	共享服务评价指标体系
26	数据托管存储管理办法

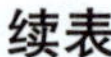

续表

序号	标准名称
27	数据共享办法
28	科学数据引用规范
29	数据溯源表达模型
30	语义查询扩展规范
31	基于用户行为的相关度修正规范
32	本体适用性评估规范
33	用户统一认证接口规范
34	VDBi 接口规范
35	与科学数据服务效果评测系统相关的接口规范
36	基础设施协同运行服务规范
37	基础设施协同运行技术规范

同时，团队还将具有广泛应用的标准进行提升，至今共主持/参与研制国家标准 11 项，其中主持研制国家标准 3 项，参与研制国家标准 8 项，详见表 3-4。

表 3-4　国家标准

序号	标准名称	国标号码/计划代号
1	生态科学数据元数据（第一完成单位）	GB/T 20533—2006
2	检测资源信息共享体系建设指南（第二完成单位）	GB/Z 27414—2012
3	科技平台 元数据注册与管理	GB/T 30524—2014
4	科技平台 资源核心元数据	GB/T 30523—2014
5	科技平台 一致性测试的原则与方法	GB/T 31071—2014
6	科技平台 服务核心元数据	GB/T 31073—2014
7	土壤科学数据元数据（第二完成单位）	GB/T 32739—2016
8	信息技术 科学数据引用（第一完成单位）	20141194—T—469
9	信息技术 数据溯源描述模型（第一完成单位）	20141202—T—469
10	信息技术 大数据 术语	20141191—T—469
11	信息技术数据交易服务平台交易数据描述	20141172—T—469

3.4　科学大数据应用案例

中国科学院数据云为“一带一路”“生态文明”“科学前沿”“基础学科”“创业、创新”等国家战略需求及社会热点应用提供了有力的数据支撑和科学技术应用服务，进一步释放了我国科学大数据的价值。

3.4.1　科技照亮“一带一路”

1. 大数据协同平台提供有力的数据保障，成为主管部门的决策“智库”

资源学科领域基础科学数据整合与集成应用以俄罗斯、蒙古等“一带一路”国家的基础地理与资源环境资料为本底资料，通过整合来获取沿线国家的人口、经济、能源、交通设施等数据资料，集成大数据信息，直接为“一带一路”科学院联盟和协同创新网络平台提供数据，为“一带一路”建设决策和国家治理提供长期的科技战略咨询。

2. 环境监测数据服务“一带一路”区域环境治理与资源开发

中国科学院海洋研究所科研数据整合项目整合了包括观测浮标、航次调查、国内历史资料等多源数据，形成了集水上、水面、水下数据于一体的海洋立体综合数据集，特别是在中国黄海、东海的长期、连续的观测数据与开放航次等调查数据组成的观测研究网络，为保障海上丝绸之路正常运行提供了基础海洋环境数据。此外，通过多源数据的整合，科研工作者也可以更加方便地获取海上丝绸之路沿线区域的调查数据，推动海上丝绸之路沿线海洋资源的开发，创造更大的社会经济价值。

3. 语言资源数据库推动“一带一路”区域文化与科技交流

中国科学院合肥物质科学研究院牵头负责的多民族语言资源数据库为“一带一路”少数民族地区的语言教学和语言科研提供了坚实的语言数据基础。数据库将藏语语言数据库应用于当地少数民族青少年的双语教学中，促进当地的对外开放与合作。此外，将蒙古语和维吾尔语的语言数据库嵌入面向少数民族地区的旅游信息产品中，将旅游领域的汉语日常会话翻译成少数民族的语言，加强游客对与“一带一路”相关的少数民族地区的了解，有利于少数民族地区的旅游业发展。

中国科学院自动化研究所中文语言资源库建立了“100 万个词汇蒙古语单语

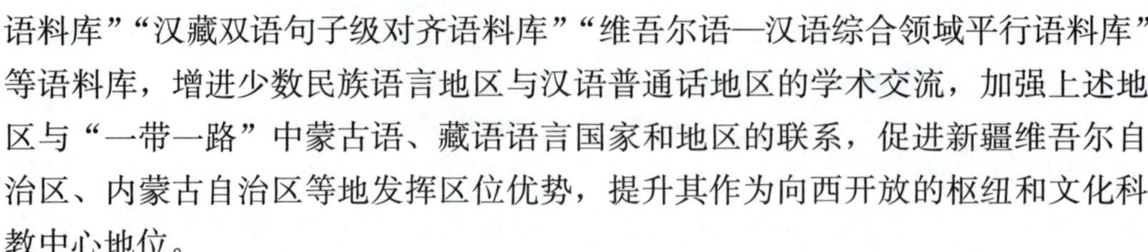

语料库”“汉藏双语句子级对齐语料库”“维吾尔语—汉语综合领域平行语料库”等语料库，增进少数民族语言地区与汉语普通话地区的学术交流，加强上述地区与“一带一路”中蒙古语、藏语语言国家和地区的联系，促进新疆维吾尔自治区、内蒙古自治区等地发挥区位优势，提升其作为向西开放的枢纽和文化科教中心地位。

4. 科学数据开放为国际科学数据引进和交流共享奠定基础

中国科学院地理科学与资源研究所在“东北亚、中亚地区资源环境科学数据共享培训班”授课期间，将中国科学院资源学科领域的“人地系统数据库”作为数据共享教学资源，并由该平台资源建设、平台开发和标准研制人员授课。来自俄罗斯、吉尔吉斯斯坦、塔吉克斯坦、乌兹别克斯坦、哈萨克斯坦、蒙古、泰国、巴基斯坦、孟加拉国的 29 名青年科学家接受培训，在掌握资源学科领域科学数据共享的技术和方法的同时，也获得了国际相关区域的科学数据资源，为进一步加强“一带一路”区域的国际科学数据引进和交换共享奠定了基础。

3.4.2 创新引领美丽中国

1. 全国生态系统评估与生态安全数据库为全国生态功能区划提供依据

全国生态系统评估与生态安全数据库为全国和区域尺度的生态环境重大科研项目提供了数据支持，同时为国家生态环境保护、生态文明建设提供了重要科学支撑。由环境保护部与中国科学院联合颁布实施的《全国生态功能区划》，是以全国生态系统、生态服务功能及生态敏感性数据为基础的。全国生态系统评估与生态安全数据库还为区域和地方生态保护与生态文明建设提供了数据支撑。在长江流域生态健康评估中，明确了长江生态环境状况、面临的生态环境问题与未来的生态风险；在北京市生态保护红线规划研究中，明确了北京生态保护的关键区域；在内蒙古自治区阿尔山市生态系统生态总值核算中，为地方开展生态效益核算进行了示范。

2. 南海海洋科学数据库支撑我国海洋经济发展和海洋权益维护

中国科学院南海海洋研究所南海海洋科学数据库致力于海洋动力环境与观测技术、边缘海洋地质演化与油气资源、海洋生态与生物资源优先学科领域科技数据资源的整合，南海海洋研究所数据资源体系和一站式共享服务系统的建设，支撑了我国海洋科技创新、海洋经济发展和对海洋权益的维护。

3. 地理与湖泊数据库为湖泊流域生态文明治理提供决策依据

中国科学院南京地理与湖泊研究所承建的“南京地理与湖泊研究所数据整合与共享应用示范”开展了“面向政府决策的湖泊水环境治理决策与预警”专题服务，为太湖流域水资源保护局、巢湖流域管理局掌握太湖和巢湖蓝藻水华范围分布及水华面积提供了及时有效的信息。在太湖、巢湖蓝藻调查、水资源调度以及流域水资源保护等方面起了较大的支撑作用，并为有关行政管理决策提供了依据，受到太湖流域水资源保护局的高度认可。

3.4.3　激活科学前沿新研究

数据的爆发式增长，已经把科学研究各领域和环节推到了一个前所未有的“大数据”时代。一个国家的科研水平将越来越多地取决于其在数据方面的优势以及将数据转换为信息和知识的能力。中国科学院数据云作为科学大数据的基础数据库，在促进我国科学技术研究占领国际制高点上发挥了越来越多的支撑作用。

1. 核能数据处理开启核能领域未来发展大门

大亚湾反应堆中的微子实验是由中国科学院高能物理研究所主导、中美亚欧等国家和地区参与的大型国际合作项目，主要目标是利用核反应堆产生的电子反中微子来测定具有重大物理意义的参数——中微子混合角。中微子实验数据库主要存储大亚湾实验产生的实验数据，结合数据中心计算结果向大亚湾国际合作组的研究人员提供数据和计算服务。

中微子实验自正式取数以来，取得了突破性的研究进展。2015 年，大亚湾国际合作组在《物理评论快报》发表了中微子测量的最新结果，将中微子混合角 θ_{13} 和中微子质量平方差的测量精度都提高了近一倍，为世界最高精度。大亚湾中微子实验获得的研究成果，开启了未来中微子发展的大门，产生了极大的社会影响。2012 年，首次精确测量 θ_{13}，入选美国 Science 杂志“2012 年度十大科学突破”，为此大亚湾中微子实验合作组在 2013 年获得“影响世界华人大奖”提名。2015 年，实验团队获得“基础物理学突破奖”，这是中国科学家和以中国科学家为主的实验团队首次获得该奖项。

基于核能发展对数据的紧迫需求，为了解决核能学科领域数据资源匮乏、分散等严峻问题，中国科学院核能安全技术研究所在中国科学院“十二五”信息化专项的支持下，联合中国科学院计算机网络信息中心、高能物理研究所、

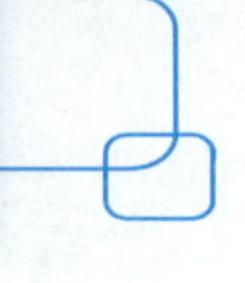

近代物理研究所等优势单位，经过 3 年的持续建设，建成包括核数据库、核材料数据库、可靠性数据库、聚变数据库等数据资源，以及 20 余套在线服务软件的综合性数据平台。核能数据库网站已经为来自中国、美国、英国等 20 多个国家 11 500 余名核能研究人员提供了核能数据及在线计算服务，用户累计下载量超过 2TB，为核能设计及安全分析提供了全面的支持。核数据库子库 HENDL 面向先进核能系统核数据应用需求，成功解决了世界首个嬗变高放射性核废料 ADS 系统设计关键问题。核反应堆材料子库支持世界三大低活化马氏体钢之一的 CLAM 钢性能优化，为世界核材料领域低活化钢的研发做出了突出贡献。

2. 中国植物物种信息数据库开辟后植物分类学新时代

随着生物多样性信息学、新一代互联网技术的发展与应用，以及后基因组时代测序技术的发展，植物资源和植物多样性的研究遭遇更多新的挑战。在基于中国植物物种信息数据库编著的《中国植物志》出版后，昆明植物研究所率先提出了“iFlora 研究计划”。“iFlora 研究计划”拟基于《中国植物志》的研究成果，整合植物学、分子生物学、生物信息学等现有的优势学科力量，通过与生态学、自然地理学、植物化学、计算机科学等学科的交叉，打破传统意义上的纸本和单一产品的《植物志》的界限，实现植物物种多样性研究的标准化、信息化和动态化，满足我国生物多样性保护研究与资源持续利用的需求。“iFlora 研究计划”的提出，开辟了后植物分类学的新时代。

3.4.4 孕育科研方法新范式

大数据作为人类生活及理解世界的新方式，正驱动着科研模式的转化，科学大数据已经成为科学发现与知识创新的新引擎。对海量数据进行解析，科学大数据带来了科研方法的新模式。

1. 高能天体物理数据库成为我国空间天文科学体系的重要组成部分

随着全球大型巡天观测项目的开展，天文学研究从小样本向大数据模式转变，海量的天文数据给天文学家带来了巨大的机遇和挑战，天文学的研究也越来越离不开大数据的统计分析，即数据挖掘和知识发现。

硬 X 射线调制望远镜（Hard X-ray Modulation Telescope，HXMT）卫星是我国正在研制的既可以实现宽波段、高灵敏度 X 射线成像巡天，又能够研究黑洞、中子星等高能天体的短时标光变和宽波段能谱的空间 X 射线天文观测设备。HXMT

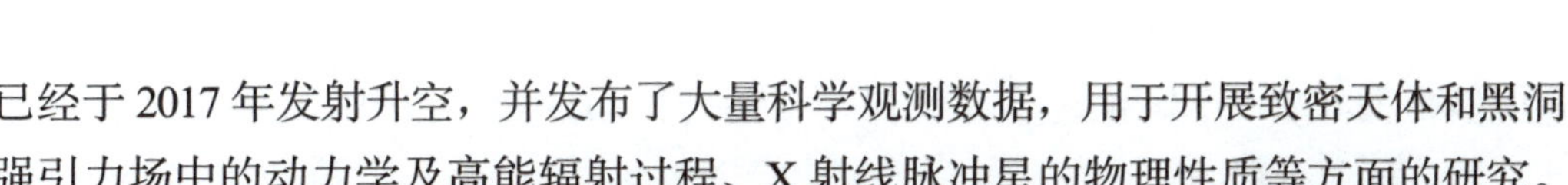

已经于 2017 年发射升空，并发布了大量科学观测数据，用于开展致密天体和黑洞强引力场中的动力学及高能辐射过程、X 射线脉冲星的物理性质等方面的研究。

中国科学院先导专项项目“HXMT 数据处理技术”，将建成对 HXMT 卫星有效载荷实施在轨性能分析，完成数据处理与数据产品生成，提供数据发布与用户支持服务的数据分析平台。高能天体物理数据库为科学用户开展数据分析提供基础支撑，并成为我国空间天文科学体系的重要组成部分。

2. 海量土地数据确立我国土系变化趋势

在高强度利用下，对于我国农田究竟是丢碳还是固碳，国内外争论很多。在此之前，由于科研过程长期缺失足够数据支撑，导致结果难以定论。“中国农田土壤固碳潜力与速率研究”课题基于我国农田土壤有机碳采样分析和中国土壤数据库历史数据，通过“面对面”和“点对点”的比对，对我国农田土壤碳库变化进行了研究。初步结果显示，除了东北地区丢碳，其他区域都有不同程度的固碳。中国土壤数据库在该项目中提供了本底的土壤数据，对土壤固碳速率的正确估算，为确立我国农田主要是固碳的结论提供了关键的数据支持。

基于“内蒙古自治区土系调查与编制”项目的需求，中国科学院地理科学与资源研究所基于收集整理的原始数据、初级加工数据以及项目成果数据，建立了内蒙古东四盟市土壤分析剖面实物和数据组。东北地理与农业生态研究所黑土数据整合中心负责对课题采集的剖面数据和表层样点数据进行分析，并通过空间处理落实到相关的图位上，建立土壤剖面实体模型，为中国土系的建立奠定了基础。

3. 生物库成为科研人员履行保护生物多样性公约的具体行动

生物多样性是人类共同的财富，也是人类社会赖以生存和可持续发展的基础。为了摸清中国生物多样性的家底，中国科学院生物多样性委员会自 2007 年起，组织国内外 100 多位分类学专家，依据物种 2000 标准数据格式，每年编研、更新《中国生物物种名录》，并与全球生物物种名录进行信息共享。2015 年版《中国生物物种名录》包括动物界、细菌界、色素界、真菌界、植物界、原生动物界和病毒 7 个部分，共收录物种 8.3 万个，在编研过程中参考了中国动物志数据库、中国动物名录数据库和动物名称引证数据库。《中国生物物种名录》的编研和发布为生物多样性保护政策和规划的制定提供了科学依据，为开展生物多样性科学研究提供基础数据，为公众参与生物多样性保护创造了必要条件，

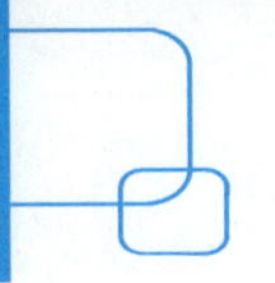

是中国贯彻实施《中国生物多样性保护战略与行动计划》和积极履行《生物多样性公约》的具体行动。

3.4.5 撬动创业创新新应用

1. 灾种、救灾数据库为应急救灾提供灾害预测等创新服务

2014 年 10 月，广东省登革热疫情严重，为了支撑军事医学科学院的救灾防疫行动，“资源学科领域基础科学数据整合与集成应用”为其提供了广东省乡镇级数字地图、广东省面状人口数据和 GDP 数据、广东省土地利用数据，直接应用于疫情聚集区的分析、重点采取防控区域的确定、传播风险的预测，为防疫救灾和危险评估提供了保障。

2015 年 4 月，尼泊尔发生 8.1 级地震。“资源学科领域基础科学数据整合与集成应用”人地系统主题数据库迅速反应，第二天就整理出灾区及周边范围的基础地理、冰川冰湖、人口及社会经济、土地覆盖、历史地震资料等 15 个数据集，无限制、无偿向公众开放并提供下载服务。通过开放尼泊尔数据直通车，快速集成不同灾种、不同救灾阶段所需要的数据资源和产品，为应急救灾提供无障碍的无偿共享服务，成为科学救灾的重要保障。

2. DNA 条形码标准参考数据库助力森林公安快速破案

随着分子生物学的快速发展，DNA 条形码为快速的物种鉴定提供了分子水平的精细分类学标准。中国科学院昆明植物研究所在获得云南省迪庆藏族自治州森林公安的木屑标本后，通过与其建设的标准数据库进行比对，不仅鉴定出这些木屑来自红豆杉，而且准确地告诉了森林公安这些红豆杉大概的生长区域，即采伐地。森林公安凭借这份鉴定报告，快速地破获了这起盗伐偷运案件。

3. 语言资源库促进人工智能领域产品研发

中国科学院自动化研究所中文语言资源库项目在建立和整合语言资源的基础上，形成系列化的标准和规范，整合百余套数据库，建立了数据支撑服务平台，大大提高了语料库的有效获取和共享利用，并积极与企业开展合作，将语料库应用到企业的创新技术、新产品研发过程中。平台的数据库大量应用于 30 余个企业的技术研发，支持包括百度在内的商业公司的产品研发。基于“语音合成语料库”等数据资源研发的语音合成技术，已经分别与三星和联想合作，应用在其多款手机中。

第 4 章

管理信息化支撑科学决策

科研过程中的管理信息化一直是中国科学院信息化建设的重要内容。20 世纪 70 年代末期，伴随着改革开放，中国科学院开始了将国际上已经成熟应用的信息技术引入科研管理工作的尝试，以此推动了管理信息化的发展。进入新世纪后，在知识创新试点工程的带动下，中国科学院制定了第一个信息化发展专项规划，提出了打造数字化科学院的发展目标及以科研活动信息化和科研管理信息化为主要内容的信息化建设专项。2002 年，经过中国科学院党组批准，借鉴企业 ERP 理念和方法的中国科学院资源规划（Academy Resource Planning，ARP）项目开始实施。经过连续三个五年计划的支持，该项目所建设的中科院 ARP 系统已经成为中国科学院管理信息化生态环境的主要内容，是支撑管理创新的重要平台。

4.1 管理信息化发展历程

中国科学院管理信息化的发展历程是与信息技术的发展相辅相成的。可以说，中国科学院管理信息化的发展历程紧跟信息技术的发展步伐，同时紧密结合管理创新，在科研管理领域的信息化应用方面走在了业界前列。管理信息化在中国科学院的发展可以分为以下三个阶段。

4.1.1 管理信息化应用发挥示范作用

20 世纪 70 年代末期，伴随着改革开放，信息技术突破科学计算范畴，运用大型计算机系统在政府治理、企业管理等领域进行数据处理的科技成果进入中国。中国科学院在计划局的牵头下率先从日本 HITACHI 公司引进了一套专用计算机系统，开始进行运用信息技术处理业务数据的实验性工作。当年，在这套

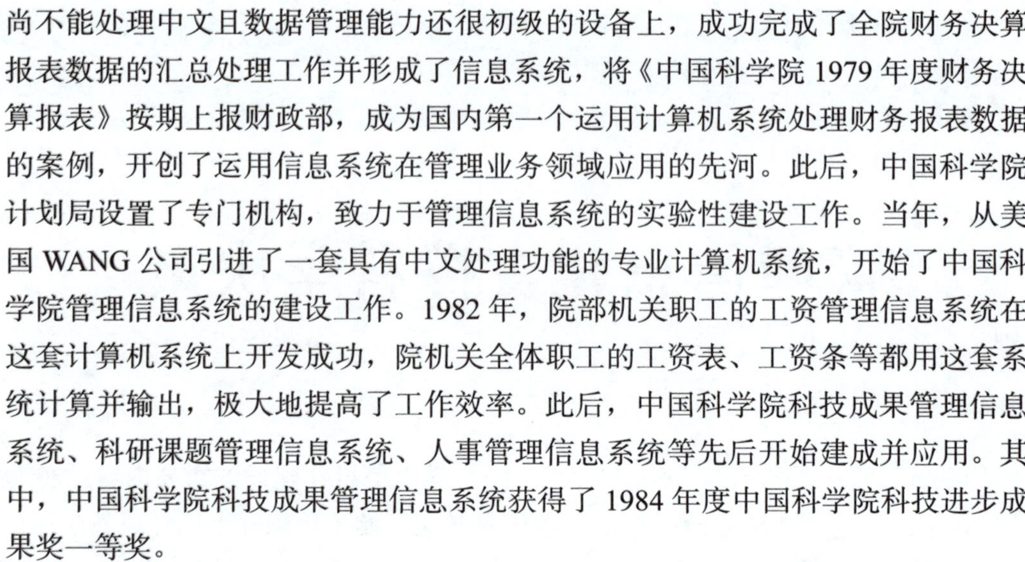

尚不能处理中文且数据管理能力还很初级的设备上，成功完成了全院财务决算报表数据的汇总处理工作并形成了信息系统，将《中国科学院 1979 年度财务决算报表》按期上报财政部，成为国内第一个运用计算机系统处理财务报表数据的案例，开创了运用信息系统在管理业务领域应用的先河。此后，中国科学院计划局设置了专门机构，致力于管理信息系统的实验性建设工作。当年，从美国 WANG 公司引进了一套具有中文处理功能的专业计算机系统，开始了中国科学院管理信息系统的建设工作。1982 年，院部机关职工的工资管理信息系统在这套计算机系统上开发成功，院机关全体职工的工资表、工资条等都用这套系统计算并输出，极大地提高了工作效率。此后，中国科学院科技成果管理信息系统、科研课题管理信息系统、人事管理信息系统等先后开始建成并应用。其中，中国科学院科技成果管理信息系统获得了 1984 年度中国科学院科技进步成果奖一等奖。

20 世纪 80 年代中期，以 IBM PC 为代表的桌面计算机系统应用技术开始进入我国。中国科学院在运用桌面计算机系统建立信息化应用平台方面进行了多领域的应用尝试。1985 年，第一次全国科技普查工作在国家科学技术委员会、国家计划委员会、国家统计局等机构的组织下开始部署。中国科学院的管理信息化建设工作充分运用了这个契机，为院属各单位配备了专用于数据采集的 PC 和科学院在全国普查数据汇总软件基础上统一开发的普查数据采集信息系统。在科学院的统一组织下，此次普查所需的各类数据报表由研究所在 PC 上完成采集，运用 PC 上的可移动存储磁盘（软盘）将数据交换到科学院计划局统计处，由统计处汇总后，按照国家要求的形式第一时间上报了全院汇总数据。中国科学院成为首个完成全国科技普查工作的部委级单位，受到国家科学技术委员会等单位的通报表彰。同年，中国科学院率先在全院科研条件管理领域建设了中国科学院物资管理信息系统，依托完善的业务管理架构，逐渐实现了以研究所为数据处理节点、以分院为数据管理枢纽、以科学院技术条件局为数据汇总中心的计算机数据处理系统，为全院物资管理的信息化奠定了基础。此后，中国科学院在这套系统上逐渐发展起了科技成果管理、科研课题管理、人事管理、财务决算等院所两级应用的管理信息系统，对提升各领域管理效率发挥了十分显著的作用。中国科学院物资管理信息系统获得了 1986 年度中国科学院科技进步奖二等奖，人事管理信息系统获得了 1987 年度中国科学院科技进步奖二等奖。

1986 年，中国科学院计划局整合了统计与管理信息系统建设机制，成立了

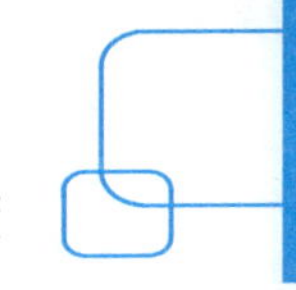

统计信息处。中国科学院的信息化工作第一次被纳入行政管理序列，中国科学院的信息化建设步入了体系化发展的轨道。

4.1.2　管理信息化应用形成典型案例

20 世纪 90 年代初期，连接桌面计算机系统的局域网网络技术出现了。中国科学院率先在院部机关部署应用。各部门之间的数据交换第一次在计算机网络系统中进行，提高了信息处理的时效性和便捷性。各部门的公文流转数据、年度统计数据、研究所的报送数据等在网络系统中交换、处理，起到了规范业务流程、提高工作效率的作用。

1996 年，在我国全功能接入互联网的带动下，中国科学院实施了“百所联网”工程，率先在全国范围内建成了联通院属各单位的互联网环境，不仅为科研活动的网络化应用创造了便利，也为管理信息系统应用的网络化奠定了基础。1997 年，中国科学院着手制定《1998—2000 年管理信息系统建设总体规划》，随即启动了中国科学院管理信息系统建设工程（一期）。经过两年多的开发建设，确立了系统总体框架，形成了管理信息系统的指标体系，开发完成了院级综合财务管理信息系统、院级办公自动化系统和集成化的所级科研活动管理信息系统、人事管理信息系统、财务核算管理信息系统、技术条件管理信息系统、文书与综合档案管理信息系统。其中，所级人事管理信息系统、科研活动管理信息系统等在全院铺开应用，财务核算管理信息系统被大部分研究所采用，文书与综合档案管理信息系统在部分研究所实验性应用，院级综合财务管理信息系统和院级办公自动化系统在院部机关应用。自此，中国科学院的管理信息系统进入了网络化应用阶段。

1998 年，在党中央、国务院高度重视国家信息化建设的大背景下，中国科学院成立了由院主要领导挂帅的“信息化工作领导小组”，负责全院信息化工作的领导和协调。院部机关各相关部门在推动信息化建设方面的职责不断明确，院属各单位也陆续确立了负责信息化建设工作的主管领导和归口部门，设置了相应的工作岗位，建立了以信息员、网络管理员为主体的专门队伍，不少单位还成立了业务上相对独立的网络信息中心。一个自上而下的信息化工作领导体系初步形成。

4.1.3　管理信息化应用形成引领趋势

进入 21 世纪后，随着知识创新试点工程的推进，一系列重大科技改革举措

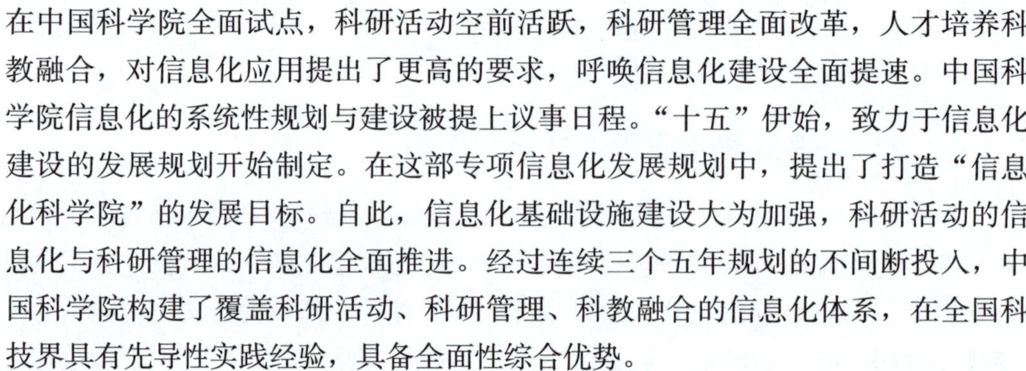

在中国科学院全面试点，科研活动空前活跃，科研管理全面改革，人才培养科教融合，对信息化应用提出了更高的要求，呼唤信息化建设全面提速。中国科学院信息化的系统性规划与建设被提上议事日程。“十五”伊始，致力于信息化建设的发展规划开始制定。在这部专项信息化发展规划中，提出了打造“信息化科学院”的发展目标。自此，信息化基础设施建设大为加强，科研活动的信息化与科研管理的信息化全面推进。经过连续三个五年规划的不间断投入，中国科学院构建了覆盖科研活动、科研管理、科教融合的信息化体系，在全国科技界具有先导性实践经验，具备全面性综合优势。

2002 年，按照《中国科学院“十五”信息化发展规划》，院党组批准启动中科院 ARP 项目，把管理信息系统建设提升到了实施全面资源规划的高度。该项目突破了管理信息系统建设的传统模式，从院所两级治理结构出发，以科技计划与执行管理为核心，综合运用创新的管理理念和先进的信息技术，对全院人力、资金、科研基础条件等资源配置及相关的管理流程进行整合与优化，创新性地运用企业资源规划（ERP）理念构建支撑科研管理活动的一体化应用平台。

自此，中科院 ARP 项目在三个五年计划的支持下连续实施了三期工程。“十五”末期，中科院 ARP 1.0 建成并在全院上线，使中国科学院科研管理信息化环境实现了从各自为政到整体运营的跨越式进步，取得了一期工程的建设成果。“十一五”期间，通过对业务架构和应用架构的持续优化完善，推出了中科院 ARP 2.0，实现了从有到好的渐进式发展，取得了二期工程的建设成果。“十二五”伊始，中国科学院信息化专项进一步支持中科院 ARP 在信息资源积累方面发挥作用，构建了基于云计算的科研管理数据中心，并在实践中摸索，朝着决策科学化的方向迈进。经过“十二五”期间的建设，院属各单位管理信息化发展总体情况良好，其中，中国科学院资源规划系统持续保持较高的发展水平，基本形成了若干可配置、应用方便、随需访问的云服务环境，构建了面向辅助决策的全流程数据处理平台。以战略性先导专项全过程管理为突破，搭建了重大科研项目管理平台，实现了与重大科研项目的集成与示范，取得了三期工程的建设成果。通过中科院 ARP 系统的持续建设和不断地改进，积累了大量的科研管理数据、业务流程及规则、基础资料和应用经验，对打造中国科学院科研管理信息化生态环境发挥了不可替代的作用。到“十二五”末期，中国科学院管理信息化取得了令人瞩目的成绩，夯实了全院信息化基础设施，提升了科研管理信息化应用服务水平，为中国科学院提升科技创新能力、提高科技

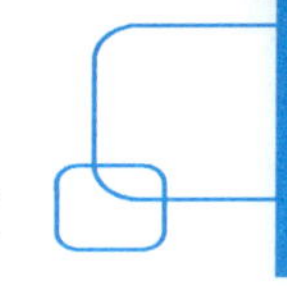

竞争力起到了有力的支撑作用。

4.2　管理信息化建设成效

中科院ARP项目从“十五”立项后实施了三期工程。一期工程在全院初步建立了信息化管理的支持平台，奠定了系统发展的基础；二期工程经过系统优化和完善，形成了支持管理信息化应用的整体环境，系统应用效果逐步显现；三期工程优化了系统环境，形成了管理云数据中心，提升了信息资源的利用效益。

4.2.1　支撑科研管理业务活动

1. 实施范围覆盖全院

中科院 ARP 项目作为中国科学院实现“一流管理”的重要举措之一，一直受到高度重视，其实施范围与优化学科布局保持同步，截至 2007 年年底，中科院 ARP 实施单位已经达到 130 个，包含了院部和分院机关、研究所、教育及支撑机构，覆盖了院属科研事业单位。

中科院 ARP 系统采取分布式体系结构，针对中国科学院两级法人治理体制的特点，设计了面向院级和研究所级的应用环境，涉及的业务领域基本覆盖了科研管理需求，以科研项目管理为主线，以资源（人、财、物）配置和管理为核心，形成了支持科研业务处理、日常办公及行政事务处理和信息资源管理与共享的环境。

随着中科院 ARP 系统的不断改进，用户规模不断扩大，截至 2007 年年底，各应用系统相关岗位的关键用户超过 4 000 人，使用系统的最终用户约为 30 000 人，核心技术支持团队规模接近 200 人，中科院 ARP 在中国科学院的科研管理领域可谓家喻户晓。中国科学院管理信息化的应用与实践（中科院 ARP 系统应用探索与实践）荣获 2012 年度中国电子政务最佳实践管理创新奖。

2. 信息化建设标准体系初见端倪

标准先行是信息系统建设的基本原则，在中科院 ARP 建设过程中，一直把标准规范的研究工作放在了十分重要的位置，经过参与项目的科研管理专家、信息技术专家、中科院 ARP 系统的用户和一线管理人员的共同努力及反复深入的研究、探讨，已经形成一部近百万字的《中科院 ARP 标准规范》。其中，《中

科院 ARP 管理规范》涵盖了中科院 ARP 系统组织管理规范、业务系统管理规范、数据管理规范、安全管理规范、运行与维护管理规范，《中科院 ARP 应用规范》涵盖了基础数据质量检查规范、应用推进评价规范，《中科院 ARP 技术规范》涵盖了中科院 ARP 系统安全体系技术规范、中科院 ARP 系统运行环境技术规范、中科院 ARP 所级系统支撑平台技术规范、应用系统开发与实施技术规范、系统监控与运行维护服务技术规范。这些规范对中科院 ARP 项目实施、系统建设、应用支持等起到了约束性作用，是中科院 ARP 系统持续应用的关键成果。

在标准体系的建设过程中，对中科院 ARP 应用系统涉及的业务管理流程进行了大量的梳理工作（包括业务流程 186 个，数据实体表 3 000 多个，基本涵盖了当前中国科学院科研管理需求），形成了与信息化应用相适应的业务流程标准并对主要管理行为进行了规范，对应形成了指导系统开发的数据指标规范。《中科院 ARP 标准规范》不仅有效地支持了应用系统的建设，而且也促进了中国科学院科研管理工作的规范化。

3. 打造集中与分散有机融合的 IT 架构

系统运行环境是中科院 ARP 发展的基础，经过中科院 ARP 项目三期工程的实施，系统整体运行环境得到持续优化，稳定性明显提升。在系统环境优化方面，根据中科院 ARP 系统分布式部署的特点，统一规划硬件架构，并采取了硬件设备集中选型、采购等策略。选用成熟的中间件产品，保证系统的稳定，并自主研制了敏捷软件开发平台，提高了应用系统的柔性。在保持中科院 ARP 系统总体架构相对稳定的前提下，按照云服务架构的要求，适度进行有针对性的改造，逐步形成云服务模式的信息化管理与决策支持系统逻辑架构。

如图 4-1 所示为中科院 ARP 系统的架构。

4. 建成科研管理核心应用环境

中科院 ARP 系统确定了“需求牵引、优化环境、整合平台、深入应用”的发展思路，截至“十二五”末期，已经形成了十个应用系统（人力资源管理系统、综合财务管理系统、科研项目管理系统、科研条件管理系统、公文档案管理系统、知识产权管理系统、国际合作管理系统、院地合作管理系统、基本建设管理系统和评估评价管理系统）和两个应用平台（通用审批事项处理平台和信息资源管理与服务平台）的格局，满足了中国科学院多层次、多维度的应用需求。

图 4-1　中科院 ARP 系统的架构

1）人力资源管理系统

从院、所两级人力资源管理工作出发，将院人事局所属各职能处和研究所人教处的工作职责、基础数据、业务流程、工作任务及管理制度进行系统总结与归纳，引入新的管理理念和先进的信息技术，对全院人力资源工作流程进行整合与优化，构建有效的管理服务信息技术平台，实现人事科学管理目标。该系统基本实现了人力资源的全生命周期管理，包含人力资源计划、入职管理、在职管理和离职管理。院级管理功能主要包括院所机构的岗位、编制、工资管理，以及人才项目、公派留学申报管理。所级功能主要支持人事架构管理、人员管理、薪酬管理等基础业务的信息化处理；支持工资变动审批、薪酬预算控制、成本核算等过程的精细化管理；同时为员工提供自助查询服务。

2）综合财务管理系统

中科院 ARP 综合财务管理系统主要包含院级综合财务系统、所级网上报销系统、所级预算管理系统和所级核算系统 4 个子系统，能动态反映中国科学院的整体财务状况，为各级领导提供决策支持信息，在提升中国科学院整体管理水平和保障资金安全方面发挥重要作用。在全院范围内建立了统一的财务核算体系，加强了资金的管理与调控能力，实现了对预算编制与执行、用款计划与

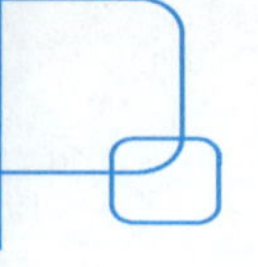

国库支付等财务活动的一体化监控，规范了所级财务核算及业务处理流程，规范了财务数据库指标，为院、所两级管理层和决策层提供了资金构成状况、现金流动态表、财务报表分析等查询服务，为科研和管理人员提供了与科研项目执行及经费核算相关的综合财务信息。

3）科研项目管理系统

中科院 ARP 科研项目管理系统实现了项目生命周期管理，对指南的发布，可行性研究报告、任务书/预算书、年度进展报告、中期评估报告、结题验收报告的填报，项目的归档及跟踪调查等都进行了相应的设计，整合了项目管理各阶段的信息。系统主要功能包括规划指南、项目过程管理（可行性研究、任务书、年度进展、中期评估、结题验收、项目跟踪调查、项目信息查询、预警及提醒、项目评审）等，其中，项目申报支持离线和在线两种方式，项目评审支持网上操作。科研项目管理系统的应用，统一了全院科研项目编码规则、任务分解结构，通过经费核算账号与网上报销、预算管理、薪酬管理、资产管理、知识产权管理等子系统的关联，实现了项目信息的共享。根据战略性先导科技专项的管理办法，科研项目管理系统设计了“结构树”的管理方式，实现了对先导专项涉及的专项、项目、课题、子课题各级信息的管理。通过“结构树”统一创建与发布，实现了院所项目编码、层级架构的统一。

4）科研条件管理系统

中科院 ARP 科研条件管理系统具备政府采购预算、设备采购管理、科学院装备研制项目管理、设备质量、材料易耗品库存管理以及批量转移、批量报废和资产盘点等功能。其中，政府采购预算模块的上线，使研究所上报和院级审批即时同步，同时数据录入过程得到了严格控制，保证了数据质量，提高了审批效率。固定资产管理实现了资产报销、资产入账、资产日常管理、资产处置、资产盘点等核心功能。通过设备采购、网上报销及综合财务模块间的信息传递，进一步优化了业务流程，避免了不同模块的重复填报，实现了业务处理上的贯通，为资产财务的有效对账提供了保障，并能够更加及时、全面、准确地反映科研活动过程中的资产需求、资产状态、使用状况，进行科学的管理与配置，充分发挥各类资产的作用。

5）国际合作管理系统

中科院 ARP 国际合作管理系统从院、研究所两级国际合作管理需求出发，以国际合作资源、外事活动、信息资源管理为核心，采用创新的管理理念和先

进的信息技术，对外事管理等工作流程进行整合与优化，并支持获取、挖掘和分析各类信息资源。国际合作资源管理功能包括项目资源的审批、国际人才交流计划资源的审批、会议资源的审批以及奖项资源的审批管理等。外事活动管理包括出访交流、来访交流以及护照签证管理等。信息资源管理主要包括对外合作协议、中外联合研究单元以及国际组织数据的数据采集和信息共享。统计分析包括年终的数据统计和数据分析。新版国际合作护照签证系统正式上线运行，新系统具备消息提醒推送以及办理过程实时查询等功能，方便出国人员实时了解在办理护照、签证过程中遇到的问题及办理状态。同时系统增设护照借出管理、到期提醒等服务功能，为全院出访人员提供更便捷、高效的信息服务。

6）院地合作管理系统

中科院 ARP 院地合作管理系统从院、分院、所三级院地合作工作和管理出发，以院地合作实现科技成果转移转化及产业化为核心，对全院院地合作工作流程进行整合与优化，构建有效的管理服务信息技术平台。系统包括共建机构、科技专项工程、创新岗位、人员交流、合作协议、成果转移转化、奖励、统计、经费管理、国科控股等功能模块。

7）知识产权管理系统

中科院 ARP 知识产权管理系统主要包括知识产权和成果奖励管理、知识产权转移转化管理及辅助管理功能。系统实现了全院知识产权管理过程的全流程管理，从科研项目立项开始，对知识产权的计划、申请、授权、维护、撤销等进行审批，并对审批过程中产生的文件进行维护和管理，对需要进行日期预警的信息，维护相关的节点进行期限监控，对需要记录相关费用的知识产权维护相应的费用信息，对于需要从研究所到院部的知识产权或成果奖励的申请申报实现了跨系统的流程及数据的交换，方便了研究所知识产权的申请申报工作，对全院知识产权管理工作形成同步一体化的管理模式起到了一定的促进和协助作用。

8）基本建设管理系统

中科院 ARP 基本建设管理系统从中国科学院院所两级基本建设工作和管理出发，以基建项目工程管理为核心，实现了项目从建议书立项到项目验收后房地产资源管理的全生命周期管理，并采用创新的管理理念和先进的信息技术，对全院房屋土地资源和基建项目管理等工作流程进行整合与优化，构建有效的管理服务信息技术平台。主要包括基建项目管理、房屋土地信息资源管理、信息资源的管理和检索统计分析决策等功能，其中 GIS 系统的建设将全院房地产资源以图形化的形式进行了展现和管理。

9）评估评价管理系统

中科院 ARP 评估评价管理系统依据中国科学院对研究所绩效评估的现行模型，设计并实现了包括评估数据采集、分类处理和辅助评价在内的功能，特别是利用信息化手段大大提高了自评交流及评议工作的效率，降低了工作成本，保证了数据获取的及时性和有效性，为最终的管理决策提供了有力支持。系统充分发挥中科院 ARP 系统自身资源的优势，大大降低了评估数据重复采集的比例，使中科院 ARP 的数据直接服务管理决策。

10）公文档案管理系统

中科院ARP公文档案管理系统主要具备发文管理、收文管理、内部签批件管理、公文查询和文件统计等功能，解决了文件跟踪不准确和公文运行效率低等问题；具有公文流转流程的动态配置，正文编辑器与常用的办公软件兼容；提供了电子印章、加密文件交换等功能。为了进一步拓展服务渠道，探索新的服务模式，设计开发了基于“云服务”架构的“中科院ARP应用中心”手机应用，尝试为用户提供随时随地的业务处理及信息查询服务。通过中科院 ARP“移动公文”应用，用户只需进行简单的操作即可快速处理公文，这种全新的办公模式极大地提升了公文处理效率，特别是满足了用户在移动办公方面的强烈需求，使中科院ARP迈入移动互联时代。

5. 构建管理信息化云服务应用环境

随着信息技术的发展，在“十二五”期间，在保持中科院 ARP 系统总体架构相对稳定的前提下，按照云服务架构的要求，适度进行有针对性的改造，逐步形成云服务模式的信息化管理与决策支持系统逻辑架构。

1）重大科研项目云服务平台提供项目全生命周期管理

先导专项是中国科学院发挥建制化优势，组织院属单位跨学科、跨领域共同实施的科技专项。先导专项管理信息系统的建设将根据先导专项管理的需要，搭建对先导专项涉及的专项、项目、课题和子课题进行全面管理的信息化平台。通过调研、论证和研讨，全面梳理了先导专项管理的流程，完成了基于先导专项的重大科研活动管理系统的方案设计。先导专项信息管理平台整体架构如图 4-2 所示。

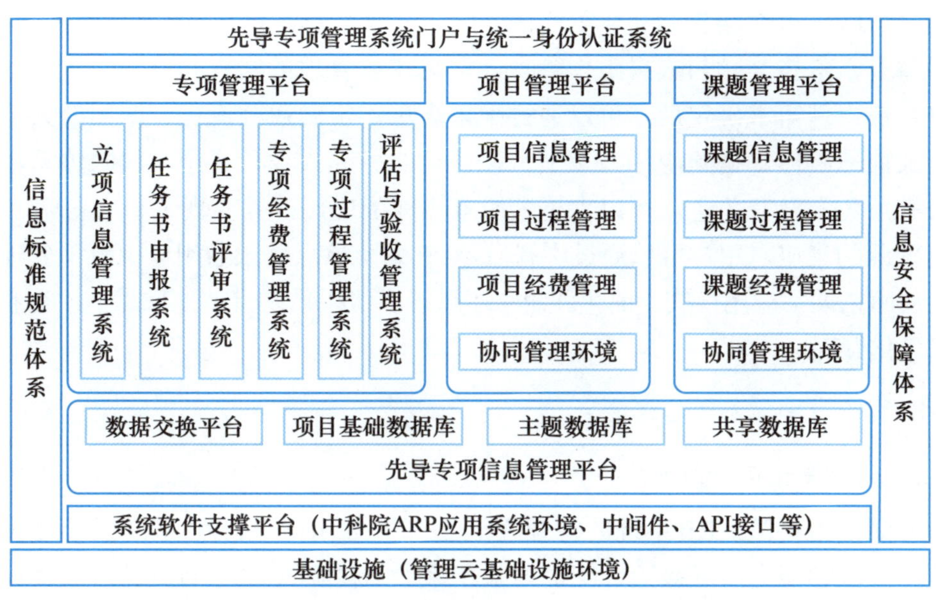

图 4-2　先导专项信息管理平台整体架构

该平台实现对先导专项关键信息的采集、处理，以及相关资源（人力、经费、设备、产出等）的管理和利用；实现先导专项生命周期的管理；通过数据分析满足科学家、研究所、科学院主管部门的信息需要，进一步为科学院层面的辅助决策提供数据支持；支持先导专项依托单位、参与单位的协同管理。平台通过云环境提供项目公共管理服务，支持科研管理活动相关人之间的信息共享、协同工作、项目进展沟通、监督检查；支持先导专项各层级的执行过程、经费预算与执行、资产、人才、成果产出等的精细化管理，并结合科学院项目管理的特色，努力实现决策依据科学化、资源配置最优化、管理工作协同化、工作流程规范化、信息资源共享化的发展目标。该平台在2011年正式启用，截至2017年年底，平台中已经包含了在研的17个A类先导和25个B类先导的相关数据，共有用户约7 000名，共汇集项目阶段性文档2万余份，经费预决算数据41万余条，人员数据约5万条，设备信息2万余条，成果信息1.7万余条，还包含项目执行计划数据2.9万条，经费数据11万条，设备采购信息4.6万条，成果信息2万余条。该平台实现了项目执行过程的精细管理，并可以根据专项架构汇总项目实际执行情况的相关数据，实现研究团队之间的协同、分享。

2）通用审批事项处理平台具备快速应对管理变革的能力

借鉴政府行政审批管理系统，搭建通用审批事项申报、处理平台，可以使业务应用通过配置化、构件化、图形化、可视化、标准化和一体化的平台得以

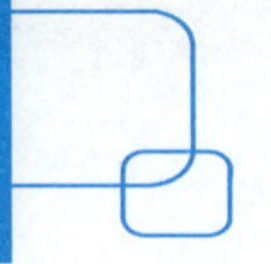

实现。2013—2017 年先后完成了评估评价定量数据采集上报、评审专家库上报、资产清查、科技奖励与成果工作管理、意见建议管理的实现和应用，运行状况良好。在管理需求确定后，可以通过配置表单、定制业务流程、调用公共组件等方式快速响应、搭建应用。该平台按照云服务模式设计了用户权限体系，包括公有角色和私有角色，可以支持云服务模式的应用，并实现了与中科院 ARP 系统资源的集成，用户可以通过中科院 ARP 系统单点登录通用审批事项处理平台。从而拓展了应用模式，简化并统一了系统升级工作，有效地保障了此类业务的信息化管理。

6. 运行维护体系逐步形成

1）组建三级运行维护队伍

为保证中科院 ARP 系统的持续发展和深入应用，中科院 ARP 系统逐步形成院、地区和研究所三级运行维护体系。除了中科院 ARP 运行支持中心面向全院承担系统运行支持工作，继 2005 年组建了百人核心实施团队，承担并顺利完成中科院 ARP 一期实施任务后，2010 年进一步加强了核心实施团队的力量，团队成员包括来自院属 95 个单位选派的技术骨干和科研管理骨干 170 余名，经过相关的技术和管理方法的培训，核心团队成员已经成为各地区中科院 ARP 技术支持的骨干，在各分院的组织协调下，成为中科院 ARP 的区域运行维护队伍。在 130 个中科院 ARP 实施单位中，承担中科院 ARP 运行维护工作的人员包括系统协调负责人、系统管理员和各应用系统的关键用户，他们为中科院 ARP 系统的平稳运行和直接应用发挥了重要作用。

2）建设运行维护服务平台

中科院 ARP 系统建立了企业级的系统监控和运行维护服务平台，提升了系统监控和运行维护能力。在运行维护服务平台的基础上，完善了运行维护网站（http://www.arp.cn），加强了与用户的沟通。利用通用事项审批处理平台，建成意见反馈平台，通过该平台，用户可以在线反馈意见和提出建议，拓展了用户服务渠道。基于管理云应用环境，推出“A 友”软件，为全院用户搭建了实名交流的工作平台，具有文件传输、语音视频、远程协助、多人通信等辅助交流功能。“A 友”一键登录系统、公文和日程待办通道成为用户进行系统应用的得力助手。

3）建设运行维护监控平台

在“十二五”期间建成了中科院 ARP 运行监控平台，为全院上线单位提供中科院 ARP 运行监测服务，主要包括硬件设备状况监测、VPN 网络连通状况监

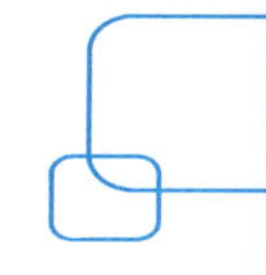

测、服务器硬盘空间监测、服务器 CPU/ 内存状况监测、数据库运行状况监测、数据库表空间情况监测、关键业务点运行状况监测、IRC 抽数状况监测等多项系统实时状况监测服务。一旦监测平台发现问题，就会自动给各所系统管理员发送报警提醒。

自中科院 ARP 系统上线以来，中国科学院把不断深入推进中科院 ARP 系统应用作为工作的重中之重，着力使中科院 ARP 系统能够实实在在地服务科研管理业务。经过全院上下的不懈努力，中科院 ARP 在促进管理工作效率提升、协同意识加强等方面的作用已经开始显现。中科院 ARP 在支撑创新改革举措贯彻实施方面正在发挥着越来越重要的作用。

4.2.2　持续优化全流程数据环境

着眼科研管理活动信息化，在管理活动进行过程中积累数据、共享数据、利用数据，在管理创新活动中发挥引领作用。中科院 ARP 系统面向院所两级应用对象，利用信息资源中心管理数据为决策提供支撑服务。

1. 建成管理云基础设施环境提供云存储服务

如图 4-3 所示为管理云基础设施环境。

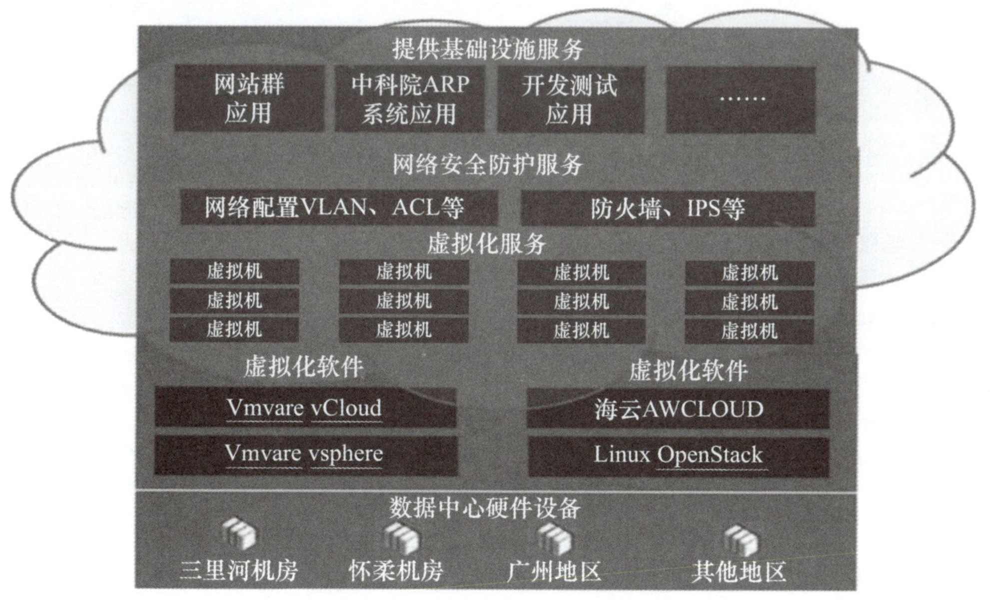

图 4-3　管理云基础设施环境

在“十二五”信息化专项项目支持下，逐步建立并扩展了云基础设施环境。

截至 2015 年年底，从建设规模上已经形成支撑生产系统、联机后备系统的运行和灾备环境的保障。其包括 100 多台物理服务器、近 4 000 核的 CPU，600TB 存储空间的服务能力，为多类信息化系统提供了 460 余台虚拟主机的在线运行服务，在物理服务器数量基本未变的情况下，服务提供能力大幅增长。

2. 建设管理云数据中心为信息服务与辅助决策奠定基础

基于管理云基础设施，构建“管理云”数据中心。通过对各类数据资源进行梳理和归纳，从数据的组织形式及服务目的入手，在逻辑上设计了整个“管理云”数据中心的架构，并以此架构为指导，完成了底层数据库及存储环境的搭建工作，建设形成了管理云数据中心的基础数据库、元数据库、主题数据库及综合服务库。

如图 4-4 所示为管理云数据中心架构。

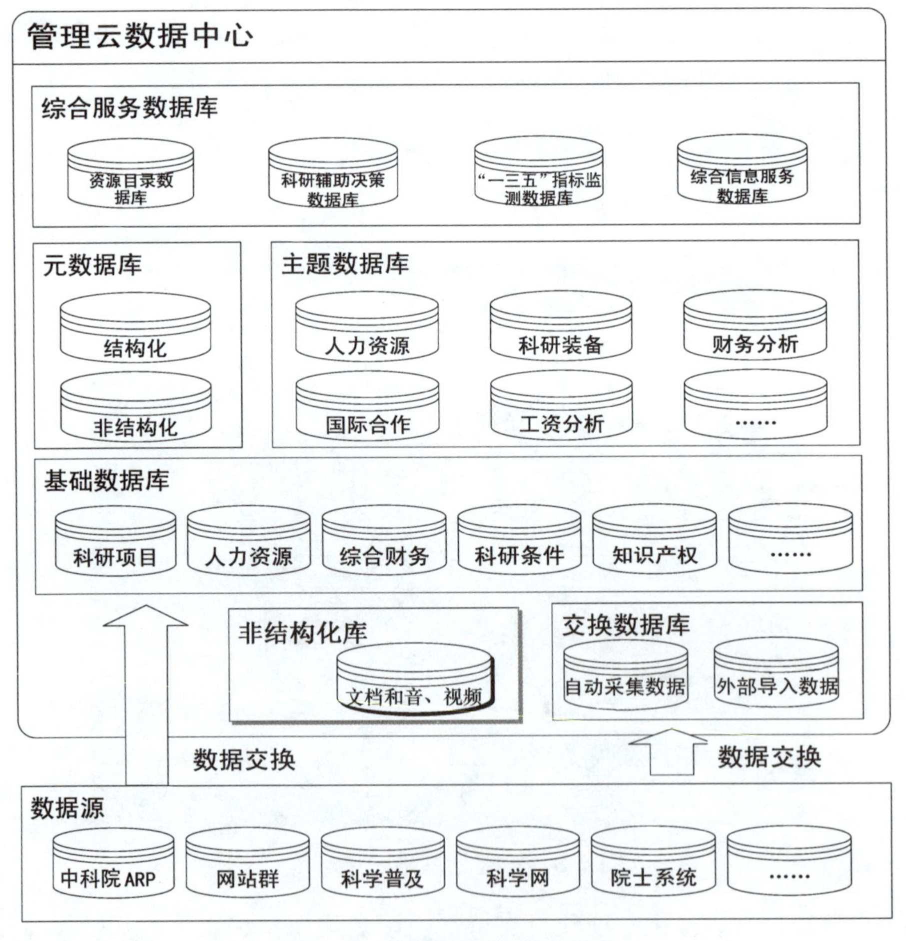

图 4-4 管理云数据中心架构

从科研管理实际需求出发，研究分析科研管理要素，对科研管理信息资源进行分类，形成了《科研管理信息资源分类标准》和《科研管理信息资源目录体系核心元数据标准》，包含科研人才、科研产出、科研项目等要素。整个科研信息资源包括 14 个一级类目、337 个二级目录、313 个三级目录、242 个四级目录。

3. 构建面向辅助决策的全流程数据处理平台

围绕信息“产生—采集—传输—存储—处理—应用”的各环节进行设计，实现了中科院 ARP 数据处理平台。

通过部署交换与传输功能模块，实现了院所数据交换的自动化管理及交换过程监控，大大缩短了数据交换周期，实现了院所数据汇聚从一期工程实现的一个月进行一次到当前核心数据可以以天为周期进行数据交换的转变，大大提高了工作效率。

通过数据处理平台，可以方便直观地利用“下钻”的方式，自上而下地管理院→分院→所→业务模块→交换业务实体，同时针对具体的业务实体，实现了交换统计量的灵活统计；提供了灵活的交换时间配置策略，集成了全抽取、增量抽取以及人工手动抽取等方式。

如图 4-5 所示为交换平台体系架构。

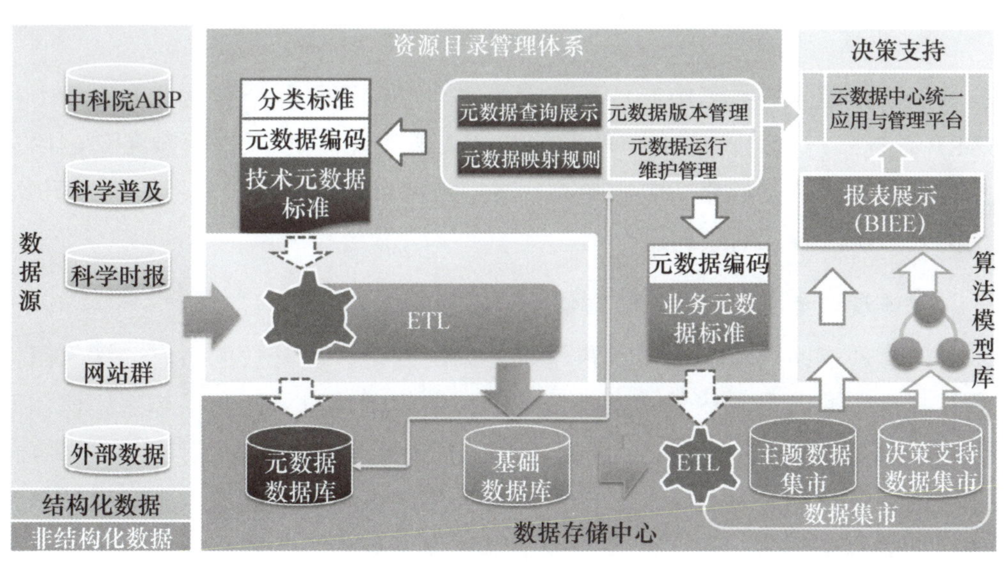

图 4-5 交换平台体系架构

在监控方面，实现了对交换节点及具体交换业务的监控管理，管理的内容包括节点状态、交换业务状态和日志监控等。状态监控采用了“红绿灯”的方式进行直观展示，同时也提供了“下钻”的方式跟踪明细交换实体的详细状态，可以方便地定位异常的实体及查找对应的异常原因。

4. 通过平台的应用促进跨平台数据资源共享

1）与知识产权数据共享

中科院 ARP 系统与中国科学院知识产权网建立连接，定期获取院内已经公开的专利信息，并将这些信息推送给研究所用户。系统自 2014 年上线以来，共从中国科学院知识产权网获取公开专利数据 109 294 条，向研究所推送数据 91 532 条，用于研究所数据的补充。中科院 ARP 知识产权系统共享接口的建设，推动了知识产权的信息共享和融合应用。

2）与大型科学工程管理系统、仪器共享等的数据共享

基于“管理云”数据中心汇聚的中科院 ARP 上线单位人事、资产、科研项目等全局信息，实现了与仪器共享系统、大型科学工程管理系统的数据资源共享。其中，向仪器共享系统推送人员、课题、科研仪器数据 27 万余条，向大型科学工程管理系统推送科研课题、科研课题人员参与信息、用户信息及仪器信息等近 120 万条。

3）与中国科学院统一认证系统数据共享

基于“管理云”数据中心的数据交换平台，汇聚了各个分布式部署的中科院 ARP 系统账户信息，为中国科学院统一认证系统提供了 37 万余条基础用户数据信息，保证了包括移动应用中心、通用审批事项处理平台等基于“云服务”架构的安全认证体系的顺利运行。

5. 整体规划全院科研活动管理信息全集指标体系

根据管理辅助决策需要，从科学院全局高度，以更开放的心态，深入研究并尝试提出一套面向科研管理决策服务的科研管理信息资源目录体系。该体系既兼顾了对当前工程项目建设的指导作用，同时也考虑了未来系统发展的需要，从相关的业务数据、文档资料、交互信息、感知数据各类资源入手，设计全院科研活动的信息全集，重点研究为科学院领导服务和科学家服务的管理信息的构成与获取方式。

研究内容具体包括全院基础管理数据、政务信息资源、综合数据、国内外

科技资源及各部门业务工作数据等。在基础管理数据方面，主要以组织单元（院属机构、重点实验室、野外台站等）、人才、项目、成果、资产等为主线，多维度挖掘数据项；政务信息资源包括围绕科学院管理工作的各事件 / 人物不同时空点的文字、图片、视频等多种媒介信息；综合数据主要包括各类统计数据、图书（年鉴年报、发展报告、要情专报等）；国内外科技资源包括由国内外科研管理部门产生和发布的科技项目管理信息、科技统计数据及科技产出数据等。

全面梳理并汇聚了院内核心科研管理信息系统数据。以中科院 ARP 为基础，全面梳理所级核心应用和院级管理系统的数据架构，构建了面向院、所两级的管理指标体系，包括所级十大核心应用系统近 300 个管理数据集、7 000 个管理指标；院级核心应用系统近 1 000 多个业务数据集、2 万多个业务指标；院内其他科研管理信息系统 440 个管理数据集 7 791 个管理指标，外部系统 2 个数据集 20 个管理指标。截至 2017 年年底，管理云数据中心内仅结构化的各类科研管理数据就超过 16.1 亿条。

4.2.3　多角度提升辅助决策能力

构建管理大数据环境，提升辅助决策能力是“十二五”规划期间中科院 ARP 工程着力实现的目标。因此，近年来一直围绕深化系统功能，夯实数据资源整合、促进共享辅助决策的理念推进系统建设。

1. 支持科研项目进程的规范化，依据数据进行管理决策

科研项目管理是中国科学院各研究所科研管理工作的重要内容。编制有限的科研管理部门如何高效有序地处理繁杂的日常事务，科研人员如何方便快捷地获取和共享科研信息，这些都是研究所科研管理的重要内容。中科院 ARP 项目的运行大大提高了管理水平和工作效率，促进了科研项目的管理创新，体现了科学管理的优势。

中科院 ARP 系统的应用使传统的科研项目管理模式发生了变革。中科院 ARP 系统的使用是现代信息理念、信息技术和信息规范的体现，通过对管理过程和信息资源的整合与集成，加速管理信息的传递和反馈，从而实现了科研项目的自动化和标准化管理，提高了管理效率。

中科院 ARP 系统加快了管理部门和科研部门之间的信息传递与反馈过程。在科研项目经费使用与管理过程中，中国科学院主管业务局、条财局及研究所科研处与项目负责人之间关系变得更为紧密。中科院 ARP 系统实现了人、财、

物信息的共享，科研人员可以在网上进行经费报销，查询自己的科研经费的使用情况和结余情况。在合理的预算开支范围内，简化了报销手续，使科研人员能更好地安排经费支出，减少了不必要的时间消耗和盲目开支，提高了科研工作的效率。管理部门可以有效地掌控科研经费是否按预算执行，检查和督促科研人员严格按预算使用科研经费，加快管理部门和科研部门之间的信息传递与反馈过程，对项目的顺利实施具有重要意义。

中科院 ARP 系统实现了项目系统动态管理，加快了科研项目统计工作，同时为科研统计工作提供了方便、快捷、准确的信息。每年的国家科技统计工作任务量大、数据多、工作时间长，中科院 ARP 系统的使用，使各种统计工作变得简单。各类报表通过中科院 ARP 系统进行数据采集、平衡关系校验与审核，并通过综合统计平台直接形成上报文件，为全面了解和客观评价研究机构科技事业的发展情况，以及研究所的领导和上级主管部门的宏观管理与决策提供了准确信息。

2. 支持经费管理的协同化，全面提升财务分析能力

为了应对科研经费细化管理的需求，配合科学院预算执行考核管理和科研经费过程管理的需要，建设了预算管理子系统。该子系统充分利用财政预算执行业务数据，通过有效的信息分类和汇总，实现及时的预算执行监控管理，自动生成各类预算考核分析的图表数据，满足了科学院条件保障与财务局、业务局和研究所不同层面的预算执行管理的数据分析需要，减少了手工统计工作量，有效提高了预算执行考核管理的工作效率。所级预算管理系统有效地关联了财务核算系统、科研项目系统和网上报销系统，通过预算信息录入、查询分析和执行控制，实现了预算执行过程的一体化管理。系统可以有效地分类和汇总课题预算执行数据，为科研人员提供自助式预算执行信息实时查询与分析，使科研人员能够及时了解课题经费使用情况，并减少手工汇总和查账对账的工作量。系统向预算管理人员自动推送执行超支报告和预算执行情况月度报告，使管理人员能及时了解预算的执行进度，提高信息送达效率，并促进了部门的联动管理，为细化科研经费管理提供了信息支持。通过系统实施，细化岗位职责，优化业务流程，促进财务管理流程的变革。国库集中支付系统与财政部信息系统直接对接，实现用款计划和直接支付申请的上报、汇总、审批和提交财政部全过程的信息化管理。同时，有效利用系统业务数据，初步尝试经费管理监控功能，实现大额经费支出监控和预算外支出监控，为安全使用科研经费和降低审

计风险提供信息化工具。增加中国科学院院内单位经费转拨集中上报和自动核对功能，有效提高工作效率，节省办公通信费用。通过财政部接口实现数据自动上报、各类批处理、数据导入，加强数据共享，有效地提高系统应用效益。

自 2012 年 7 月中国科学院项目预算执行考核以来，科学院条财局和业务局利用预算执行考核功能，及时掌握及监控全院财政项目执行进度，研究所业务管理者、科研工作者能及时获得实时的经费控制信息，促进了科研计划、财务、人事管理部门的密切配合。

3. 夯实数据质量提升系统应用效益

为了适应新形势下人事制度管理改革的要求，中科院 ARP 人力资源系统在中国科学院人事局的主导下，进一步梳理了业务流程，增强了人力资源项目管理与综合管理力度，在引进高层次人才方面，全面重构新形势下的人才管理指标体系，加强科技领军人才、专业技术人才的管理。利用标准体系规范系统操作，有效地提升了数据质量，在人才队伍分析决策方面发挥了重要作用。

4. 构建平台辅助科学院“一三五”规划

搭建研究所“一三五”规划监测和管理平台及研究所“十二五”任务书验收管理平台，形成了“十二五”期间全院各研究所完整的“一三五”规划（非密）信息库。在 2015 年上半年，该平台进一步增加了研究所任务完成情况自评、交流评议、业务局评议及验收报告基础数据分析展示、交流评议展示等功能，保障了院属各研究所“十二五”任务的顺利验收，包括 98 家单位 683 个突破、培育及 186 项举措，共 300MB 附件材料的上报工作，239 项突破、培育及亮点举措的在线评议工作。该项工作得到了主管业务局的肯定。2016 年上半年，利用该平台提供的离线填报技术，顺利完成了院内 90 家研究所“十三五”任务书的上报工作，构建了“十三五”期间研究所“一三五”规划信息库，并基于该信息库，为中国科学院领导、各业务局以及院内外的专家开发了在线评议功能。利用该平台，470 余位院内外专家对院内 90 家研究所 750 个突破及培育进行了评议，回收了 3 000 余条有效评议结果，并生成了各研究所及科学院整体的规划评议分析报告，为科学院机构分类改革工作的推进落实提供了有力的技术保障。

5. 搭建院、所综合信息服务平台

中科院ARP综合信息服务平台通过对中国科学院及所属研究所各类信息进行高度聚合，提供了与中国科学院相关的管理单元综合信息和总体态势的多维度检索与展示服务平台。目前，该平台的主要服务对象为中国科学院院领导、

机关各厅局领导。该平台基于“管理云”基础设施，建立“决策支持信息服务平台”的虚拟化运行环境；以科研管理资源目录体系为基础，凝练形成“决策支持信息指标体系”并建立相应的数据资源池；建立数据聚合的规范和接口标准，开发数据交换平台，形成“决策支持信息服务平台”的数据资源保障环境；采用WBL、虚拟现实和流媒体等信息技术，通过自行开发或集成第三方成熟产品的方法，建设多维度的中科院ARP综合信息服务平台，为科研管理辅助决策提供可视化的信息服务和知识服务。

2012 年年底正式上线运行的综合信息服务平台（院、局领导版），深入挖掘院属机构在各科研管理信息系统中的信息资源，并按照“三位一体”的模式进行整合展现。该平台汇聚了中科院 ARP 十个应用子系统、科学院网站群平台、院士管理系统、科学院值班系统、大型科学装置平台等 158 个主题核心数据集，展示了 28 类共 160 多个分析图表或明细数据，通过对科学院和研究所各类信息的高度聚合，实现了对中国科学院院属科研单位、支撑单位、高校等机构综合管理信息和总体发展态势的多维度检索与展示服务。

2017年启动平台改造工作，改造后的系统新增40余个分析图表。增加了全新的首页及人力资源、财务及资产、科研项目、成果产出及国际合作等业务领域的全局数据分析功能；增加了三公经费、人才引进计划、国家重大专项等专题分析功能；提供研究所管理综合数据季度报告服务。

6. 在科研管理辅助决策支持服务方面充分发挥数据分析能力

以专题模型为抓手，加强决策支持服务。挖掘资源，关注管理热点问题，用数据说话，通过模型库、样本库及相应的服务平台建设，尝试为管理决策提供更为深入的数据分析支撑，进一步发挥中科院 ARP 效益。

通过辅助决策支持平台的建设及应用，面向全院用户提供了包括科学基金竞争能力、学科发展态势、科技合作监测、研究所岗位结构决策支持模型、科研团队成长监测、“三公经费”动态监测、“尖子人才”发展态势分析、青年人才成长规律分析及科研经费均衡度分析等10个辅助决策模型；同时以模型为基础，构建了相应的样本信息库，利用“管理云”数据中心积累汇聚的全局数据资源，为管理决策者提供院内外的对比分析服务，尝试利用主题分析模型提供更有深度的辅助决策服务。另外，在决策服务主题模型建设的过程中，不断开拓服务方式，以数据模型为基础，针对人事管理、财务及科研竞争力等编写了四份数据报告，并上报领导参阅。通过这些工作的积累为“十三五”建设智慧中科院，进一步提升科研管理信息化水平，以及辅助科研管理决策支持质量提供了有益的帮助。

通过挖掘中科院 ARP 系统内外部人事、财务、科研项目、科研产出等多方面的数据资源，面向普通科研人员、业务管理人员、决策者三个层次的用户提供数据分析服务。数据产品形式丰富，涵盖了个人服务、日常管理业务辅助及专题模型分析三个方面的内容。通过数据产品的开发和推广应用，进一步挖掘中科院 ARP 积累的数据资源价值，服务院、所的日常科研管理，支撑科学管理决策。根据管理需要，平台已经建成 10 个分析模型，主要涵盖科研管理过程中涉及的人才、项目和产出，包括岗位结构决策支持、青年人才、尖子人才、科研团队成长态势、三公经费动态监测、科研经费均衡度、科学基金竞争能力、重大产出、学科领域和科技合作发展态势。截至 2017 年 12 月，模型功能已经有 600 余人近万次的访问。通过构建辅助决策模型库及样本库，提供科学院内外对比分析服务，发挥系统为管理决策服务的作用和价值。

1）岗位结构决策支持模型

该模型分析近年来研究所岗位结构情况，揭示岗位结构变化趋势及相关规律，利用职称结构多阶段动态规划模型对实际的岗位结构进行优化，为岗位设置提供决策支持。

2）科技合作发展态势模型

该模型从科研论文角度，研究中国科学院研究所在作者层面、机构层面、国家（地区）层面的科技合作态势。选取 Web of Science 数据库中中国科学院发表的论文，通过合作程度和合作率两个指标，分析不同的年份、不同的学科领域的合作态势。

3）科学基金能力模型

该模型以国家自然科学基金委员会项目数据为基础，分析研究所获取的科学基金的竞争能力，以及研究所在全国科研机构之间和相应学科内的竞争力水平。

4）数据分析服务产品

基于汇聚的全院科研管理业务数据，结合日常科研管理工作需要，从实用角度出发，力求小而精，开发部署了一些短小精干的数据分析服务产品，例如，研究所收入基尼系数分析、经费预算填报指南、课题预算支出分析、资产采购价格分析、资产采购各地供应商分析等近 30 个服务产品，面向全院用户提供信息增值服务。由于基尼系数给出了反映贫富差异程度的数量界线，可以较客观、

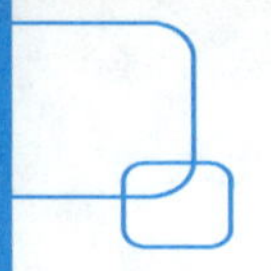

直观地反映和监测贫富差距，预报、预警和防止出现贫富两极分化，因此得到世界各国的广泛认同和普遍采用。在中科院 ARP 建立以前，由于不能准确及时地采集职工的收入信息，所以计算科学院的基尼系数是一件极为困难的事情。中科院 ARP 二期在规范了薪酬系统后，可以准确地计算出全院职工收入的基尼系数，为主管部门提供辅助决策支持。

7. 价值拓展，编制科研管理专题数据分析报告

探索新的决策服务模式，以主题分析模型开发及推广工作为基础，在深度和广度上进一步拓展，针对人事管理、财务及科研竞争力等主题，凝练编撰了《研究所科学基金竞争力分析报告》《基于中科院 ARP 数据的岗位结构态势分析报告》《基于中科院 ARP 数据的科技人员离职分析报告》《基于中科院 ARP 数据的三公经费动态监测报告》四份数据分析报告。其中，《研究所科学基金竞争力分析报告》以领导参阅的方式上报了院领导，其他三份数据报告也上报了科学院相应的主管业务局，工作总体上得到了肯定。以此为基础，逐步尝试形成与主管业务局联合进行专题数据分析的机制。

8. 变“被动”为“主动”，推进研究所管理信息化建设

中科院 ARP 系统上线之初，多数研究所还处于被动接受的状态，而随着应用的不断深入，系统应用效益日益显现。研究所对科研管理信息化建设的重视程度明显加强，逐渐由“被动”转变为“主动”。中科院 ARP 系统给研究所的科研管理提供了良好的工作平台，带动了研究所的管理信息化建设。

通过“十二五”工程项目的支持，依托中科院ARP基础运行平台，开放共享接口，为研究所提升自身管理信息化水平，满足个性化需求奠定了良好的基础。高能物理研究所重点完成了跨地域、跨组织智能化综合指挥调度系统的开发和示范应用；上海高等研究院重点完成了资产标示管理定位系统、视频监控系统、实景三维可视化平台的开发和示范应用，并集成了智慧城市的有关成果；武汉植物园重点完成了园区人员定位及考勤门禁一体化系统、IP调度指挥通信系统和园区广播等系统的开发和示范应用。

4.3 管理信息化发展态势

新一代信息技术正朝着网络互联的移动化和泛化、信息处理的集中化和大数据化、信息服务的智能化和个性化方向发展，以信息化和工业化深度融合

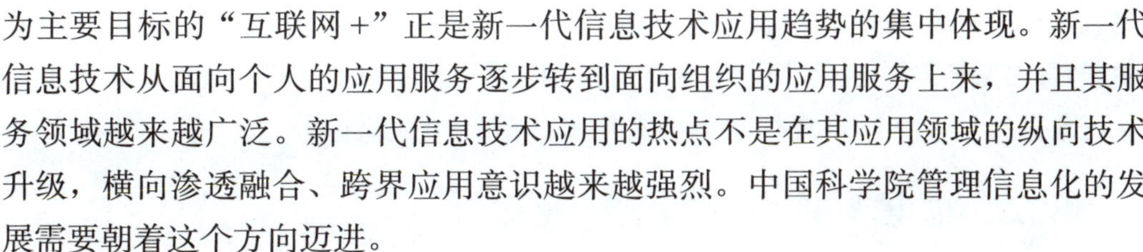

为主要目标的“互联网 +”正是新一代信息技术应用趋势的集中体现。新一代信息技术从面向个人的应用服务逐步转到面向组织的应用服务上来，并且其服务领域越来越广泛。新一代信息技术应用的热点不是在其应用领域的纵向技术升级，横向渗透融合、跨界应用意识越来越强烈。中国科学院管理信息化的发展需要朝着这个方向迈进。

4.3.1　网络互联的移动化和广泛化

在新一代信息技术应用驱动下，使用智能手机上网的用户已经大大超过使用桌面计算机上网的用户。以微信为代表的社交网络服务已经成为我国互联网的第一大应用。移动互联网的普及得益于无线通信技术的飞速发展。华为公司提出的 TD-LTE 制式被认定为 4G 无线通信的国际标准之一，已经率先在国内部署。正在研发的 5G 无线通信不只追求提高通信带宽，而是要构建计算机与通信技术融合的超带宽、低延时、高密度、高可靠性、高可信性的移动计算与通信的基础设施，由中国主导推动的 PolarCode 码被 3GPP 采纳为 5GeMBB 控制信道标准方案，这是我国从通信大国走向通信强国的重要机遇。过去几十年信息网络的发展实现了计算机与计算机、人与人、人与计算机的交互联系，未来信息网络发展的一个趋势是实现物与物、物与人、物与计算机的交互联系，将互联网拓展到物端，通过广泛的网络形成人、机、物三元融合的世界，进入万物互联时代。

4.3.2　信息处理的集中化和大数据化

云计算的应用使服务器集中在了云计算中心，统一调配计算和存储资源，通过虚拟化技术将一台服务器变成多台服务器，能高效率地满足众多用户个性化的并发请求。过去，计算机制造追求的主要目标是“算得快”，大约每隔 10 年，超级计算机的计算速度就提高 1 000 倍。但为了满足日益增长的云计算和网络服务的需求，未来计算机研制的主要目标是“算得多”。这与传统的计算机在体系结构、编程模式等方面有很大区别，需要突破计算机系统输入输出和存储能力不足的瓶颈。未来 10 年，具有变革性的新型存储芯片和片上光通信将成为主流技术。

社交网络的普及应用使广大消费者也成为数据的生产者，传感器和存储技术的发展大大降低了数据采集和存储的成本，使可供分析的数据爆发式增长，所形成的大数据已经成为像土地和矿产一样重要的战略资源。有效挖掘大数据的价值已经成为新一代信息技术发展的重要方向。大数据的应用涉及各行各业，

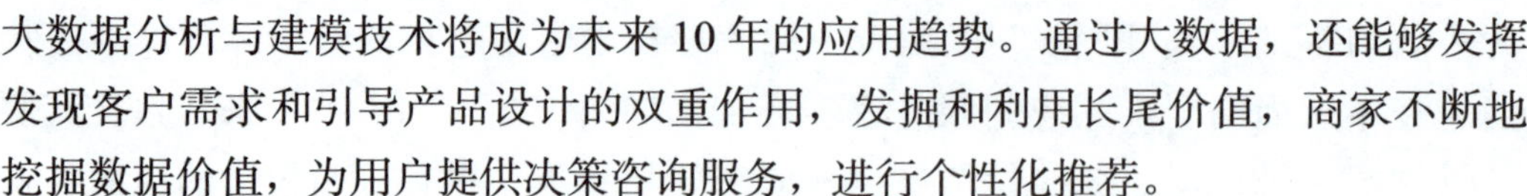

大数据分析与建模技术将成为未来 10 年的应用趋势。通过大数据，还能够发挥发现客户需求和引导产品设计的双重作用，发掘和利用长尾价值，商家不断地挖掘数据价值，为用户提供决策咨询服务，进行个性化推荐。

4.3.3 信息服务的智能化和个性化

过去几十年信息技术应用的主要方向是数字化和网络化，今后，信息技术应用的主要方向将是智能化。无人自动驾驶汽车是智能化的标志性产品，它融合集成了实时感知、高精导航、自动驾驶、联网通信等技术，比有人驾驶更安全、更节能。美国已经有几个城市给无人驾驶汽车颁发了上路许可证，未来 10 年，计算机化的智能汽车将开始流行。德国提出的工业 4.0，其特征就是完全的自动化和完全的信息化，生产系统和业务系统集成为一个整体的信息系统，把所有的部门和环节、流程都连接起来，设备和被加工的零件都有感知功能，能实时监测，实时对工艺、设备和产品进行调整，保证加工质量。智慧城市实际上也是城市的计算机化，将为新一代信息技术应用提供巨大的市场。

综上所述，传统的管理信息化技术架构正受到新一代信息技术社会化应用的挑战，我们需要适应它。不仅如此，5G 时代就要来临，智能化物联网应用也正在向管理信息化领域渗透，人工智能已经显露出强大的生命力。中科院 ARP 的可持续发展，不仅面向“十三五”，更要谋划“十四五”的发展之路。

4.4 管理信息化发展展望

面对当前新一代信息技术发展趋势和深化科技体制改革大势，中科院 ARP 要朝着全面支撑中国科学院“率先行动计划”实施的方向发展，科研机构分类改革要求信息化环境适应的新型组织模式，科技资源统筹布局要求借助信息化手段实现全局调度管理，科技创新能力提升要求各类科技资源的深入整合并高效利用，以人为本的科技创新活动要求加强信息化业务融合应用，高水平科技智库要求信息化环境支撑信息资源深度运用，开放兴院战略要求信息化提升科技服务和支撑能力，以及国家科技计划项目新型管理模式要求中国科学院信息化发展与之相适应等。因此，需要建设新一代中科院 ARP，致力于重构业务流程、整合应用模式、更新技术架构，为在“率先行动计划”中创新科研管理机制、优化法人治理结构、促进跨学科和跨领域的大科学协同创新提供支撑，并

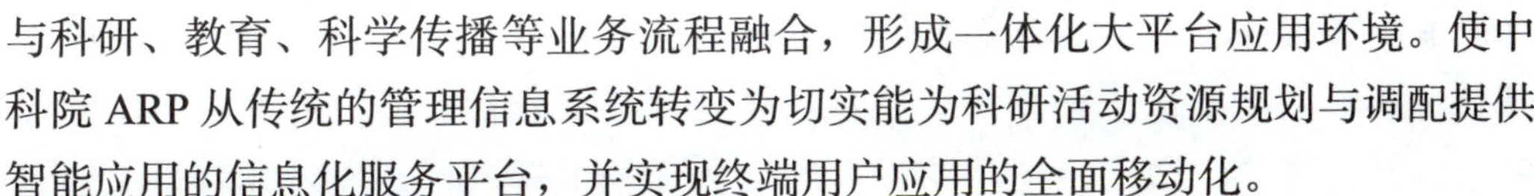

与科研、教育、科学传播等业务流程融合，形成一体化大平台应用环境。使中科院 ARP 从传统的管理信息系统转变为切实能为科研活动资源规划与调配提供智能应用的信息化服务平台，并实现终端用户应用的全面移动化。

1. 继承创新使其业务架构智能化

在战略体系层面，满足分类改革和实施“率先行动”计划对管理模式变革的需求，支持管理创新；在业务管理层面，满足科研项目组织、管理、协同与评价的应用需求，完成国家科技体制改革后相关的信息管理平台的对接，实现项目全流程管理；在支撑服务层面，根据实际需求，实现新型科研单元跨法人组建，科研项目跨机构管理，科学家跨法人单元兼职，科研经费由院到所的核算，充分体现管理智慧化。

2. 强化顶层设计使其应用架构协同化

从内部管理系统升级为科研服务平台，实现内外部应用整合，与互联网应用关联，实现无边界的信息流。以人和协作为中心，前后端应用分离、移动化服务，多屏互动。继承中科院 ARP 标准化管理流程，在应用模式上创新，从紧耦合的管理模块转变为离散化的应用集合。以数据为纽带，凝练基于科研项目管理与服务的应用集合、基于人力资源管理与服务的应用集合、基于综合财务管理与服务的应用集合、基于条件保障管理与服务的应用集合和面向协作办公管理与服务的应用集合等，为终端用户提供科研管理的智能化服务。集成大型科学装置管理与服务、科研仪器设备共享服务及科研生产安全管理服务，为用户提供科研与管理的融合应用服务。

3. 数据架构共享化

通过数据架构规划，建立数据治理体系与数据资源共享机制，分类管理基础数据、业务数据和系统数据。基础数据采用集中管理和共享使用，单一来源、单点维护，保障数据的一致性；业务数据应该满足其生命周期间的应用需求；系统数据应该满足平台运行管理需求。新一代中科院ARP系统应用产生的相关数据将与“智慧中科院”其他应用相结合，为用户提供智慧化的数据服务。

4. 重组技术架构“云化”

将改变以研究所法人单位为部署节点的分散式架构，实现全院集中的云服务模式。由中国科技云保障统一的网络、计算和存储基础设施环境，通过虚拟

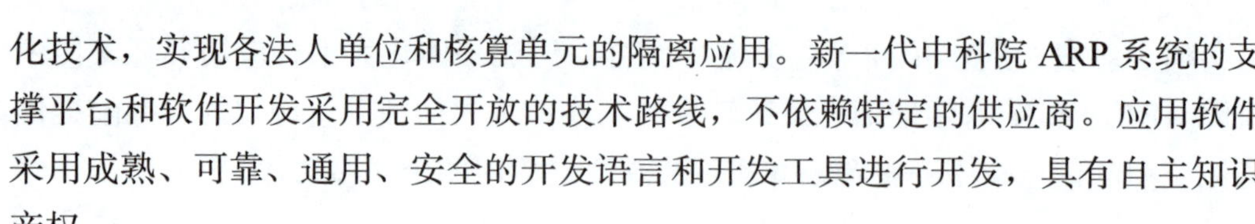

化技术，实现各法人单位和核算单元的隔离应用。新一代中科院 ARP 系统的支撑平台和软件开发采用完全开放的技术路线，不依赖特定的供应商。应用软件采用成熟、可靠、通用、安全的开发语言和开发工具进行开发，具有自主知识产权。

建立开放式开发框架与开发平台，满足桌面终端与移动终端开发所需的灵活性和最佳用户体验需求，满足后台服务应用所需的高并发负载均衡扩展和开放性需求。建立应用基础服务平台，提供主数据管理与服务。提供统一用户身份管理，实现多种高安全认证方式并行，确保认证的准确性和高效性。提供权限管理与访问控制服务，保证数据的保密性和完整性。提供基础组件服务，为应用开发创造便利。建立融合应用管理平台，吸引和激励更多的第三方应用接入，实现开放平台的可持续发展。提供基础性云应用及基于开放平台的 API，研发可以运行在不同终端上的基础性云应用组件。建立与各项中科院 ARP 业务关联的融合应用，重点包括以下几方面。

（1）基于重大科研项目的全流程管理服务。基于国家实验室、战略性先导专项等组织中跨法人机构、跨地域、跨部门的管理需求，为科学家提供动态协作与管理、经费预警、资源动态调配、全周期绩效评估等智慧化管理与服务。

（2）基于开放环境的信息化应用融合服务。在新一代中科院 ARP 系统开放平台上，融合国家科技管理平台、知识产权服务、人才招聘服务、金融及支付服务、科研装备采购服务、试剂耗材采购服务、差旅服务等社会化应用业务流程，加强新一代中科院 ARP 系统的融合服务能力。

（3）基于监察审计和风险防范控制的感知服务。充分运用信息化实现对内部审计及廉洁从业风险防范控制的支持。包括在新一代中科院ARP系统中建设支持内部审计的应用，满足项目管理及在线审计的需求；依托中科院ARP内部控制管理规则，实施内部控制审计；开放审计平台访问权限，支撑审计评价与评估；探索实施智能审计。

（4）加强与数字档案馆的衔接，规范新一代中科院 ARP 系统与数字档案馆的接口，推进各业务系统电子文件归档工作，促进建立数字档案资源安全备份和长期保存体系，实现档案信息化与新一代中科院 ARP 的衔接和融合。

新一代中科院 ARP 的建设，将充分吸收“十二五”预研成果，并依据国家及中国科学院新的需求，在完成新一代中科院 ARP 系统开发后，进行试点应用，试点成功后在全院部署。在全院部署新一代中科院 ARP 系统，需要制定合理的实施方案并按计划落实，需要制定严谨的新旧版本并行策略并确保平稳过渡，需要保障各项业务数据迁移的完整性和准确性并在迁移过程中严把数据质量关，还需要制定在用系统在过渡期应对改革创新需求的保障措施。新一代中科院 ARP 系统将在应用过程中不断迭代完善，满足未来 10 年中国科学院的发展需求。

从起步到发展，科研管理信息化在中国科学院的实践已经经历了 30 余年的历练。如今，作为科研管理信息化代表的中科院 ARP 系统在奋斗中努力实践，面向“四个率先”，展望“十三五”，中科院 ARP 系统将迎来新的篇章。

第 5 章

教育信息化促进科教融合

中国科学院作为中国自然科学最高学术机构，从建院之初，就担负着科学后备人才培养的重任。先后培养了新中国第一位理学博士、第一位工学博士、第一位女博士、第一位双学位博士，并建立了由国务院批准的新中国第一个研究生院。经过 60 多年的发展，中国科学院已经发展成拥有 12 个分院、100 多家科研院所、2 所直属高校、1 所共建高校的科学研究与人才培养机构，建立起以院属大学为核心，以研究所为基础，以研究生培养为主体，与科技创新紧密结合的教育体系。在人才培养过程中，中国科学院以信息化推动教育的变革和创新，在多个五年规划期持续进行了基于校所两级教育模式和校级特色的教育信息化建设，并取得了显著成果。

5.1　教育信息化发展历程

中国科学院始终坚持把人才培养作为一项基本任务。新中国成立之初，中国科学院聚集了一批国内优秀的高层次科研人才，主动承担起为国家培养高层次人才的重任。2013 年，中国科学院提出了构建科研院所、学部、教育机构“三位一体”的发展架构，教育成为实现“出成果、出人才、出思想”战略使命的基础依托。2014 年，中国科学院在《“率先行动”计划组织实施方案》中提出，鼓励以学科建设和基础研究为主的研究所，与院属大学深度融合，形成科研与教育紧密结合的创新模式。随着科教融合学院的建立及科教融合工作的不断深入，中国科学院逐步形成了独具特色的教育格局。中国科学技术大学、中国科学院大学、上海科技大学三所高校中，中国科学技术大学实行“全院办校、所系结合”，中国科学院大学实行“三统一、四融合”，上海科技大学实行“院地

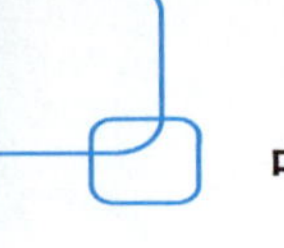

合作、共同办学”，三者各有侧重、各具特色。

（1）中国科学技术大学于 1958 年由中国科学院于北京创建，1970 年学校迁至安徽省合肥市。中国科学技术大学坚持“全院办校、所系结合”的办学方针，是一所以前沿科学和高新技术为主、兼有特色管理与人文学科的研究型大学。

（2）中国科学院大学始建于 1978 年，其前身为中国科学院研究生院，2012 年经过教育部批准，更名为中国科学院大学。中国科学院大学实行“科教融合”的办学方针，与中国科学院直属研究机构（包括所、院、台、中心等），在管理体制、师资队伍、培养体系、科研工作等方面高度融合，是一所以研究生教育为主的独具特色的高等学校。

（3）上海科技大学由上海市人民政府与中国科学院共同建设，2013 年经过教育部批准正式建立。上海科技大学秉持“服务国家发展战略，培养创新创业人才”的办学方针，实现科技与教育、科教与产业、科教与创业的融合，是一所小规模、高水平、国际化的研究型、创新型大学。

教育的发展总是离不开信息技术的支撑，教育信息化在教育改革发展、教育均衡发展中发挥着重要的作用。中国科学院在信息化发展之初就非常重视教育信息化的建设，早在“十五”期间，就开始了全院范围的规划与部署。“十五”期间（2001—2005 年），为了实现多园区教学及中国科学院各研究所之间的资源共享，中国科学院委托中国科学院大学建成了基于卫星数字广播的“中国科学院远程教育系统”，该系统以北京为中心，以上海教育基地和中国科学技术大学为分中心，建成中国科学院长春光机所卫星双向站、中国科学院合肥物质科学研究院地面双向站，以及 42 个单向接收教学站，覆盖了中国科学院 66 个京外研究生培养单位的远程卫星广播网络和基于互联网的远程教学网络。截至 2005 年年底，完成流媒体普通课件 155 个，讲座 157 次，网上发布课程 411 门次，注册学生上万人。“十五”教育信息化建设实现了中国科学院系统内跨地域、跨学科的远程双向交互教学，促进了优质教育资源的积累与共享。

“十五”后期，为了适应两段式研究生培养模式的需要，教育主管部门和研究生培养单位急需实现管理流程的协同和规范化，逐步建立了多个基于互联网的管理信息系统，但由于系统之间基础数据缺乏关联，所以形成了众多信息孤岛。进入“十一五”（2006—2010 年），中国科学院大学将原有分散的、局部的、非标准的网络化教育管理系统改造成了逻辑上强聚类、物理上松耦合的高可用、高性能的集群体系结构，构建了服务于全院学生和教职工的研究生教育业务管理平台、继续教育培训平台和协同学习服务平台，初步形成了集成各类教育资源的知识共享和共建社区，并进行了管理流程的优化和运行机制的探索，更好地满足了人才培养对网络资源的需求。截至 2010 年年底，平台用户超过 12 万人，总访问量达到 818 万人次。

随着信息技术的网络化、智能化发展，传统教育形式和学习方式发生重大变革，教育的个性化特点更加突出。同时，随着用户规模和教育资源容量的持续增长，需要加强信息化基础设施的支撑能力。因此，“十二五”期间（2011—2015 年），中国科学院切合“科教融合，协同发展，突出特色，引领示范”的教育发展方针，建成了“中国科学院教育云”（以下简称“教育云”）。“教育云”基于“科教融合、自主学习、教育创新”的发展目标，在“十一五”教育信息化基础上，采用云技术实现基础运行环境虚拟化、管理和学习数据资源池化，形成覆盖教育全生命周期的一体化平台，为全院学生、教师、科研管理人员提供一站式学习和教育管理服务。截至 2015 年年底，平台累计用户已经达到 18 万人，总访问量达到 2 600 万人次。“教育云”的建设和应用，有效地提升了系统的快速部署和可靠服务能力、科教资源融合共享和自主学习服务能力，充分发挥了教育信息化在中国科学院教育改革和发展中的支撑作用。

随着三校科教融合教育格局的形成，整合三校教育基础数据和基于教育大数据开展教育质量监控，成为当前需要迫切解决的问题。因此，“十三五”期间中国科学院将着力打造基于“互联网+”、服务于科教融合的、开放共享的智慧教育平台，实现中国科学院高等教育资源的全面共享和教育管理的智慧化。主要工作包括整合全院各教育机构和研究院所的教育资源，实现中国科学院高等教育基础数据融合汇聚；在现有教育应用服务基础上，建立全院贯通的教育管理和数字教育资源共享服务；利用大数据分析和可视化技术，实现教育质量监控，提供智能决策分析，进而优化教育资源的配置和调控模式；利用数据挖掘技术进行深度分析并建立模型，对未来情境进行部分预测。目前相关的工作已经启动实施。

总之，通过十余年的发展，中国科学院的教育信息化切实实现了“从内部开发到开放集成、从资源短期建设到持续积累、从业务过程电子化到机制创新和服务优化、从单纯的信息管理到全面支持自主学习、从发现需求到增值服务”五个转变，成为中国科学院教育体系的重要支撑。

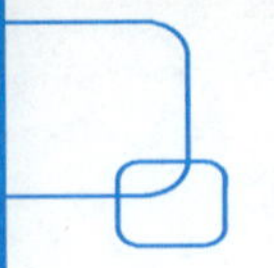

5.2 教育信息化建设成效

在建设实施层面，“教育云”由中国科学院大学牵头，中国科学技术大学和部分研究院所共同参与。“教育云”覆盖京内 4 个校区、京外 5 个教育基地和分布全国的 120 余个研究院所，进一步提升了科教资源融合共享、自主学习服务和教育决策支持能力，促进了科教资源、信息挖掘技术与教育的深度融合。

5.2.1 科教资源融合提升共享能力

“教育云”基于云技术，实现了基础环境虚拟化。借助统一数据平台，建构了优质数据环境。通过教育业务接入平台，整合了各类应用服务。

1. 基础设施实现物理资源快速部署，提升安全保障能力

“教育云”基础设施平台是“教育云”体系正常运行的基本保障。平台内置 28 台计算节点，配备 42TB 高速共享存储，采用成熟的开源虚拟化技术 KVM，实现对基础设施的虚拟化，应用 cServer Manager 虚拟化管理系统实现对物理和虚拟资源的调度、控制与管理。同时，通过光纤接入各校区，实现了资源的灵活整合、动态调配、快速部署、持续集成，并将计算与存储资源池融合，提升了应用系统的可靠性和服务的连续性。基础设施平台可提供 200 余台虚拟服务器的应用支撑环境，目前已经有 140 多台虚拟服务器。自 2013 年 12 月建成以来，平均故障时间小于 5 小时 /年，可靠性大于 99.9%，支持峰值在线用户 5 万人、峰值并发用户 5 000 人，有效地支持了大规模集中选课、学位申报等紧急、突发性服务及激增型并发请求。“教育云”基础环境建成后，极大地提升了中国科学院教育业务快速部署和可靠服务能力，为中国科学院教育管理、教学活动提供全方位的信息化支撑环境。

2. 统一数据平台构建统一规范的优质数据环境

数据是应用系统的生命线，数据不完全互通共享将会造成数据信息大量冗余和不一致，无法满足高端信息服务和决策分析的需求。“教育云”统一数据平台是科教资源共享和存储的中心，实现了教育资源规划的规范化、系统化、一体化，并提供统一的数据访问手段。该平台建立了数据资源服务目录和共享数据的教育信息技术分类标准框架，共享库共包括 17 个大类、515 张共享表、235 个视图接口、9 949 个共享数据字段，并建立了以教育要素为索引的数据字典。该

平台为系统集成和数据共享提供服务，有效地保证了数据的及时性、完整性和一致性。

如图 5-1 所示为统一数据平台架构。

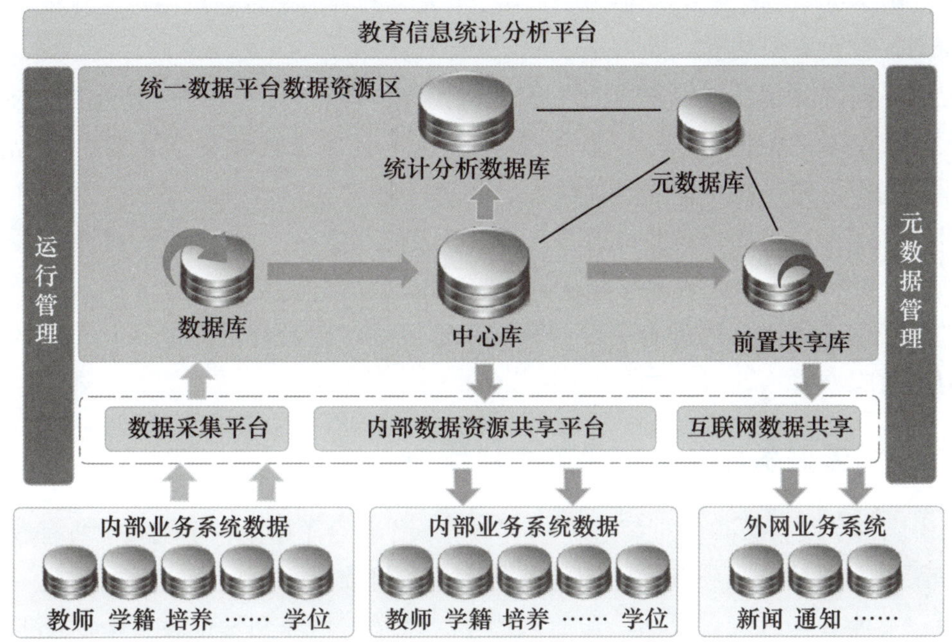

图 5-1　统一数据平台架构

3. 教育业务接入平台提供个性化、模块化的应用服务

教育业务接入平台通过统一用户认证、授权管理、应用管理等，将各应用系统有机地连接到云平台中，为全院学生和教职工提供基于用户权限的个性化工作空间、学习空间和互联互通的基础环境及统一通信资源服务，为各种服务和资源的云端实现提供了技术支撑。该平台实现了与中国科学院统一认证系统、中国科学技术大学“科教融合的资源中心及接入平台”的用户互认证，用户只需一次登录即可访问所有系统 / 平台。该平台可以进行多级授权、自主服务、多语言跨平台用户认证，截至 2017 年 12 月，已经接入 100 余个系统。

4. 资源的建设和积累推动中国科学院科教融合不断深化

资源建设是教育信息化建设的重要内容，科教资源的共建共享是中国科学院科教结合、校所融合人才培养模式的核心工作。“教育云”全面梳理和整合了现有的科教资源，整理教育业务管理系统管理数据约 2.2 亿条，服务决策分

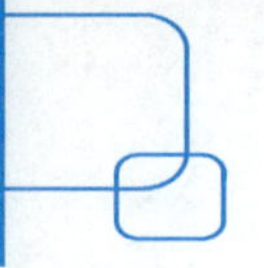

析。面向师生和职工提供课堂教学、系列讲座、公开课程等各类学习资源，其中，中国科学院大学提供视频课程 1 300 余门次、培训课程 1 200 余门次，建立课程站点 1.9 万个，资源总量达到 158TB；中国科学技术大学提供课程 2 500 门次，视频 12 000 小时。“教育云”与中国科学技术大学的资源平台通过用户互认证机制，实现了教育资源共享。

为了促进资源建设和积累的良性循环，中国科学院 24 个研究院所和中国科学院大学 9 个学院相关的学科专业领域的 200 余名专家及教师参与了 52 门精品数字课程制作。精品数字课程涵盖数学、物理、化学等 13 个一级学科，共制作电子讲义 264 个、多媒体课件 723 个、题库案例 1 356 个、电子教材 47 本、授课音频视频资料 484 个，资源总量达到 1 211GB，总时长达到 1 122 小时，有效地促进了中国科学院优秀教育资源的积淀，形成了优秀教育资源建设和转化的示范带动效应。

5.2.2 云服务提升教育决策支持能力

在中国科学院科教融合的大背景下，“教育云”整合了中国科学院大学所有教育业务系统，并基于业务流程的变化不断优化，目前已经形成底层数据规范一致，用户及业务接入配置灵活，覆盖从招生、教学、培养到学位教育全周期的一体化应用体系。同时，积极开展教育大数据分析，为教育决策提供数据支持。

1. 核心教育业务系统跟进教育改革和业务流程优化

基于中国科学院科教融合的教育特点，以及伴随教育改革产生的教育业务流程不断调整优化，“教育云”工程在实施过程中，将“十一五”期间建设的招生、学籍、学位等 30 余个教育业务管理系统进行了升级整合，引入新的数据共享机制，对核心教育业务系统进行重构，实现了教育业务云服务化模式，并使系统的兼容性更加强大。同时，为了满足不同类别用户群组的不同业务需求，建立了统一权限模型，对用户群组和应用服务权限进行细化管理，实现了覆盖教育生命周期的全方位服务，提升了业务整合能力和个性化服务能力。“教育云”面向全院学生提供招生报名、报到注册、学籍登记、网上选课、网上学习、英语四六级报名、奖学金和助学金申请、开题中期、论文答辩、学位申请、就业派遣、心理咨询预约、校友互动等全方位服务。面向全院教师提供信息备案、导师 / 招生资格申请、教师资格证申请，以及与课程教学、培养环节相关的工作的支持服务。面向领导、各研究所管理者提供从招生到就业整个学生培养阶段的全过程管理和教育智能分析服务，具体包括学科建设、教师管理、招生管理、学籍管理、学工管理、教务管理、培养管理、学位管理、就业管理、优博论文、校友管理和教育智能分析等。“教育云”的应用服务经过不断完善，已经成为保证全院教育培养工作正常开展的基础平台。

2. 教育智能分析系统充分挖掘中国科学院教育大数据的价值

“教育云”教育智能分析系统主要对教育过程中各类教育业务活动和教育要素产生的海量数据进行汇总、关联、分类，并以报表、图形、表格等多种模式进行全景展现，以便满足教育业务管理部门的日常管理、决策咨询等需要，为各级领导和主管部门了解教育动态、制定相关的措施，寻找差距、诊断问题等提供数据支持。该系统通过对教育活动和教育主体的分析，形成了学生、教师、课程、学科、研究所、招生、教学、培养、学位、就业等 10 个主题、200 多项报表，系统展现教育场景，并初步开展了研究生学业风险分析、研究生导师评价分析等的数据挖掘，利用大数据探索教育规律，为教育决策提供有效的依据。

如图 5-2 所示为在读学生的分布。

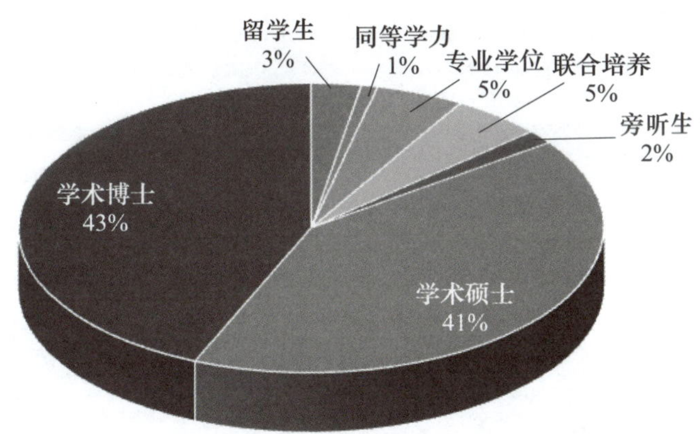

图 5-2　在读学生的分布

5.2.3　教育服务环境提升创新型人才培养能力

“教育云”通过不断地整合资源，为学生、科研人员提供了各类学习服务，将科研活动和学习活动有效地进行融合，促进了教学和科研的良性循环。

1. 自主学习空间助力以学习者为核心的教育模式变革

借助“教育云”特有的业务服务、内容资源及基于用户活动而产生的行为数据资料，“教育云”工程搭建了自主学习空间，旨在以学习者为核心，以学习资源为载体，通过自动聚焦用户关注的领域，推送最新的领域动态，为用户提供全方位、个性化、一站式的学习空间。其支持不同用户方便地获取与自身学习或工作相关的服务、工具，并利用大数据技术挖掘学习资源，通过分析用户的行为和用户的个性特征，主动向学习者推荐与其兴趣相关的科教资源，帮助学习者更有效地获取信息，扩展资源渠道。

2. 实景课堂通过高质量视频资源点播服务提高教学效果

“教育云”实景课堂系统是在“十一五”期间建设的“空中课堂”及视频云平台的基础上，针对教育活动中存在的重教学轻科研、教学形式单一、交互性不强、欠缺个性化等问题，对已有的和将要录制的课程视频资源进行加工处理，建立支持自主交互的视频点播学习系统。该系统可以提高以视频为核心的科教资源的应用效果，使学习者有身临其境的学习感受，从而达到通过教育提高学生科研能力的目的。截至 2017 年 12 月，实景课堂发布视频资源 3.4 万个，引入 250 多个国际和国内知名大学的开放课程视频 9 800 个，涉及 1 583 门课程和各类学术前沿讲座、学生活动，资源总量为 17.6TB。

如图 5-3 所示为实景课堂。

图 5-3　实景课堂

3. 借助新媒体推动学习新模式

随着科技的发展，新媒体对社会、政治、经济和文化产生了深刻影响，在教育领域也引发了一场前所未有的变革。中国科学院大学在这场变革中，紧跟时代步伐，先后推出了掌上校园“爱果壳”App 和“中国科学院大学”微信公众号。“爱果壳”App 具有新闻热点、通知公告、校园风采、生活信息、消息推送、办事指南、电子杂志、讲座签到、视频学习、问卷调查、教室 / 课程 / 成绩查询等功能，满足师生多渠道服务、碎片化学习的需求。在“中国科学院大学”微信公众号中开通了中国科学院大学微官网，师生可一键享受全方位的校园服务。

如图 5-4 所示为“爱果壳”App。如图 5-5 所示为中国科学院大学微官网。

图 5-4　“爱果壳”App

图 5-5　中国科学院大学微官网

在“十二五”期间，通过“教育云”建设及全面推广应用，完成了中国科学院教育信息化从管理到服务的全面转型，提升了教育管理决策支持能力。通过建设以学习者为中心的教育服务环境，提升了创新型人才培养能力。通过精品数字课程建设、中国科学院大学与中国科学技术大学及国家科学图书馆的资

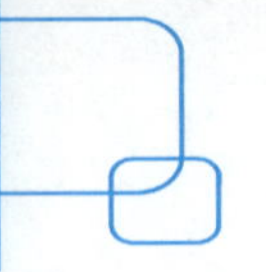

源合作、引入国外公开课等方式，探索全院乃至院外资源的整合和共享模式，提升了科教资源融合共享能力。

5.2.4 继续教育信息化提升管理和学习效率

21 世纪初，许多学科的知识更新周期已经缩短至 2 ～ 3 年。随着知识更新周期的不断缩短，“终身教育应该是学校教育和学生毕业以后教育及训练的统和”（E. 捷尔比）。

继续教育与学历教育有明显的区别。学历教育重在知识储备，一般以集中的课堂讲授为主，以教为中心，以教师、教材、课堂教学为中心；继续教育主要以解决实际问题为主，以学为中心，以工作、任务、问题为中心，形式多样。

中国科学院作为中国自然科学最高学术机构、科学技术最高咨询机构、自然科学与高技术综合研究发展中心，目前拥有正式职工 6.8 万余人。“大众创业、万众创新”对于终身学习提出了更高的要求。

基于中国科学院既面向国家重大需求做出创新贡献，又面向世界科技前沿追求学术卓越，实现“四个率先”的目标，中国科学院继续教育工作重点以组织需求（组织的目标和战略）、岗位需求（特定岗位的任务及完成任务所需要的技能标准）、个人需求（个人的知识能力水平与岗位需求的差距，以及与个人未来发展目标的差距）为核心，针对 6.8 万余名正式职工，组织开展科技创新人才的继续教育与培训工作。

为了进一步推进继续教育与培训工作，在“十二五”期间，中国科学院提出深入实施“中国科学院全员能力提升计划”。为了充分应用信息技术提升继续教育与培训工作的效率和效果，中国科学院继续教育网（www.casmooc.cn）于 2015 年 10 月上线，面向中国科学院 150 余个院属单位试运行。2016 年 4 月正式上线，面向中国科学院各院所单位运行服务，整体运行和使用效果良好。

2016 年 3 月，中国科学院印发《中国科学院继续教育与培训学时登记管理办法》，规定职工的继续教育与培训学时登记采用网络登记的方法，通过中国科学院继续教育网（www.casmooc.cn）进行审核和记录，进而实现了中国科学院继续教育与培训工作的全方位信息化。2017 年 3 月，中国科学院印发《中国科学院人事局关于加强和改进继续教育与培训工作的指导意见》，强调要大力推进培训服务平台的建设工作。

1. 构建继续教育信息化体系提升管理和学习效率

中国科学院继续教育网全面支撑中国科学院继续教育与培训体系，实现全院各类培训资源共享，支持院属机构的继续教育与培训全业务流程管理，打造用户个人学习空间。

1）成为继续教育与培训体系的组成部分

中国科学院继续教育与培训体系包括制度体系、实施体系、项目体系、评估体系、资源体系和保障体系，形成了以需求为导向，管理规范化、形式多样化、投资多元化的继续教育格局。

随着信息化技术对上述六个体系工作的支撑的不断强化，中国科学院继续教育网成为中国科学院继续教育与培训体系的组成部分——信息化支撑体系。中国科学院继续教育网支撑制度的发布与贯彻，支撑培训项目实施的各级信息化管理，支撑各类培训项目的实施，提取数据支持评估工作，实现资源网络发布，在培训师资、教材等方面为保障体系提供在线支持。

如图 5-6 所示为中国科学院继续教育与培训体系。

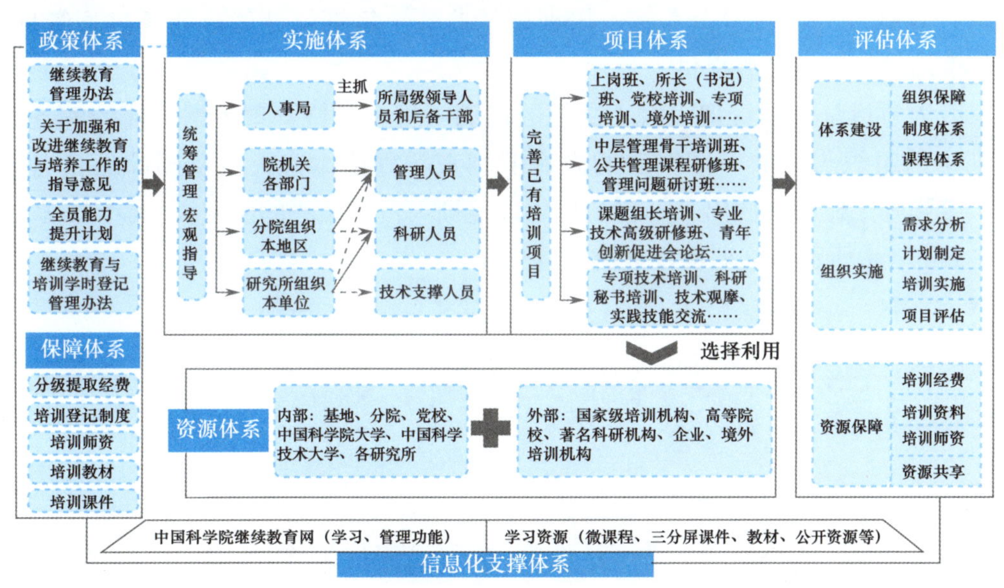

图 5-6　中国科学院继续教育与培训体系

2）实现全院 167 个机构资源共享

中国科学院继续教育网支持全院层面的资源共享。系统支持研究所之间资源共享，可以共享的资源包括培训课件、培训项目和培训教师。研究所自主设置资源共享范围（部门、研究所、全院），院职工可以在研究所设置的共享范围内，选学课件和报名培训班。

支持院属机构自定义培训项目共享范围，既可以在部门内共享，也可以在所级共享，还可以全院共享，接受全院职工报名。

支持院属机构自定义培训课件共享范围，既可以在部门内共享，也可以在所级共享，还可以全院共享，接受全院职工查看或选学。

支持院属机构自定义培训教师共享范围，既可以在部门内共享，也可以在所级共享，还可以全院共享，供各所培训主管查询，供职工查看。

3）支撑研究所继续教育与培训全业务流程管理

（1）支持研究所与分院填报计划及审核。支持研究所/分院的部门填报计划，所级审核流程，支持研究所上报计划到分院和院层级。

（2）支持培训业务和培训项目全链条管理。依据相关的质量管理体系标准，中国科学院继续教育网实现了两个全方位的管理，即培训业务全过程管理和培训项目全流程管理。

培训业务全过程管理：对于宏观的培训业务，支持管理者从培训需求调查—培训计划制定—培训组织实施—培训评估监督—培训统计的全业务过程管理，为年度培训工作的开展提供工具。

培训项目全流程管理：对于微观的培训项目，支持管理者培训前的筹备—培训中的组织与考试—培训后的满意度调查与宣传，将人员从琐碎的报名统计、签到等工作中解放出来，自动积累以培训项目为核心的所有资源。

如图 5-7 所示为培训项目全流程管理。

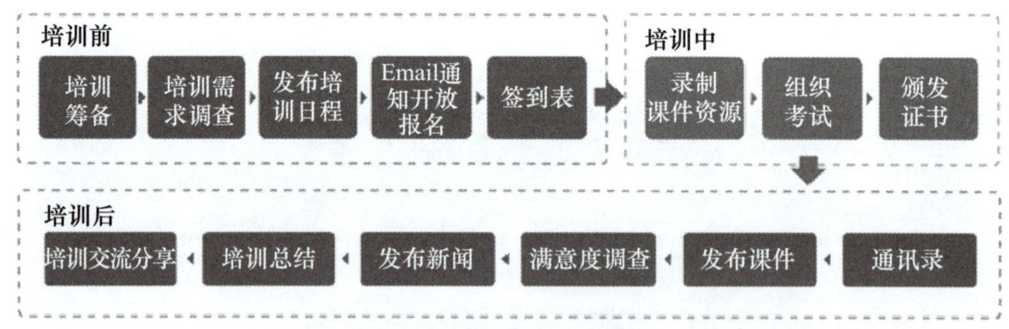

图 5-7 培训项目全流程管理

（3）支持查看全院培训统计数据。系统支持查看全院培训统计数据，包括培训项目实施统计、培训课件学习统计、机构培训时间统计表、职工学习档案。

4）打造个人学习空间

中国科学院继续教育网针对用户多种学习形式需求和资源分类需求，打造出个性化学习空间。

（1）优先推送用户所属单位资源。依据用户所在的部门，优先为用户推送本单位举办的培训项目、培训课件资源（微课、精品）、新闻动态、政策及通知公告，并为用户推送本单位的学习排行榜。

（2）支持用户自主选学资源。为了解决职工继续教育的“工学矛盾”，依据职工学习特点，中国科学院继续教育网支持职工随时随地按需自主学习，包括“自主选学课件”和“自主报名培训班”。职工登录平台后，拥有自己的学习空间，可以自主选学感兴趣的课件。学完课件后，进行课程自测，通过自测发现不足，以考促学。职工可以依据自己的工作时间安排和需求，报名参加培训班。参加培训班后，可以登录平台，下载相应的资料或者在线查看，可以参加培训班考试，检查学习效果。

中国科学院继续教育网是一个交互的平台，包括职工之间的交互、职工与继续教育管理者之间的交互，以及各级继续教育管理员之间的交互。交互能够提升满意度，促进更好的学习氛围的建立。

围绕培训课件、培训班，职工之间可以进行交流与评分，这有助于交流学习心得，并客观了解培训班的满意度情况。参加培训班后，职工还可以通过撰写培训总结，与其他职工交流。为了进一步满足继续教育需求，提高针对性，职工可以通过平台向管理员提交个人需求和计划，管理员进行审批答复。管理员可以在制定培训计划之前，以需求调查方式，了解职工需求。各级管理员可以通过平台进行培训计划的交互，以避免重复建设资源。职工可以管理个人学习数据，年底导出个人年度学习档案。

2. 汇集优质课件资源，促进“人人皆学”

中国科学院继续教育网自 2016 年 3 月 1 日上线以来，截至 2017 年 12 月 31 日，运行基本状况：为 65 777 人提供服务，在线学时为 36 万小时，线下学时为 170 万小时，总学时超过 200 万小时。

如表 5-1 所示为十大热门课件。

表 5-1　十大热门课件

Top	课程名称	学习总人数	来源
1	宇宙的边疆	8 095	国家天文台
2	明代王子朱载堉及其科学成就	6 743	自然科学史所
3	大数据背景现状与趋势预测	6 243	计算所

续表

Top	课程名称	学习总人数	来源
4	实验室安全——危险化学品	5 758	宁波材料技术与工程研究所
5	我们的征途是星辰大海（2）	4 556	国家天文台
6	日常财务报销规范与防控	4 409	南京分院
7	我们的征途是星辰大海（1）	4 176	国家天文台
8	红色名录与生物多样性保护	4 087	植物所
9	计算机安全那点“懒”的学问	4 069	电工所
10	腹式呼吸技术	3 805	心理所

3. 研发多类培训源满足场景化学习需求

为了丰富课件资源，满足职工多样化的学习需求，如碎片化学习、专业化学习、在线课堂等，中国科学院继续教育网推出了多种类型的课件，主要包括微课件、精品课件、开放课件和电子阅读，共有 15 大类：哲学、经济学、法学、教育学、文学、历史学、理学、工学、医学、管理学、军事学、艺术学、农学、党建、其他。

截至 2017 年 12 月 31 日，中国科学院继续教育网积累 2 866 个培训资源，其中微课件 128 个，精品课件 1 461 个，开放课件 640 个（含“走近科学系列视频”），电子阅读资源 632 个。

课件资源的来源主要是各研究所自主上传，并决定课件公开范围。全院顶层建设主要通过培训项目并行积累，共享外部公开课，专门录制课件等方式建设。

1）微课程

微课程主要是满足碎片化学习的需求，其选题主要聚焦科研或管理过程中出现的问题，以解决热点、难点问题为导向，时长 10 ～ 20 分钟，包括视频、音频、图片（视需要添加动画、三维等）、片头片尾和字幕。

微课程开发共有 7 个步骤，即选题与知识点、课程设计及脚本初稿、面对镜头的讲课培训、拍摄与剪辑、微课脚本与字幕、设计和动画、特效制作成品（见图 5-8）。

2）精品课件

精品课程的时长为 1 ～ 3 小时，形式以三分屏为主，其优点是能够快速定位，制作时间较短，用户容易查看，手机可以兼容播放。

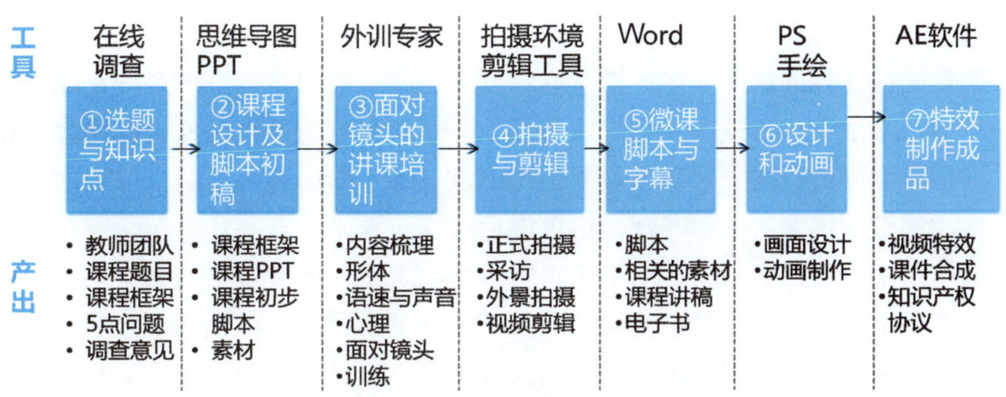

图 5-8　微课程开发的 7 个步骤

5.3　教育信息化应用案例

中国科学院在全院范围统筹教育信息化建设，满足了绝大部分研究所管理学生的基本需求。为了进一步提升师生的满意度，中国科学技术大学、中国科学院大学、上海科技大学均结合本校的管理制度和工作机制，进行了特色化的探索。

5.3.1　中国科学院大学提供一站式服务

中国科学院大学基于“教育云”、中科院 ARP、国家科学图书馆等平台与资源，为全校师生员工提供一站式服务，并提供个性化服务。

1. 一站式网络服务大厅

“综合信息网”（http://onestop.ucas.ac.cn）是全校师生学习工作生活的一站式服务窗口，分为“学生”和“教师”两个入口，分别提供学生和教师所需要的全部服务（包括教育服务、校务服务、后勤服务、IT 服务等信息化服务，以及各类规章制度和重要通知公告），支持统一认证登录，登录后将根据不同角色和权限，访问相应的信息系统。

2. 学生服务

一站式网络服务大厅为学生提供从报名、报到注册、课程学习到论文答辩、学位授予、就业分配的全方位服务。已经被中国科学院大学录取的学生在报到前，可以通过迎新服务网了解学校规章制度、校园生活环境、英语分级考试等信息，为入学做准备；另外，每个学年都需要在学籍管理系统填写或更新

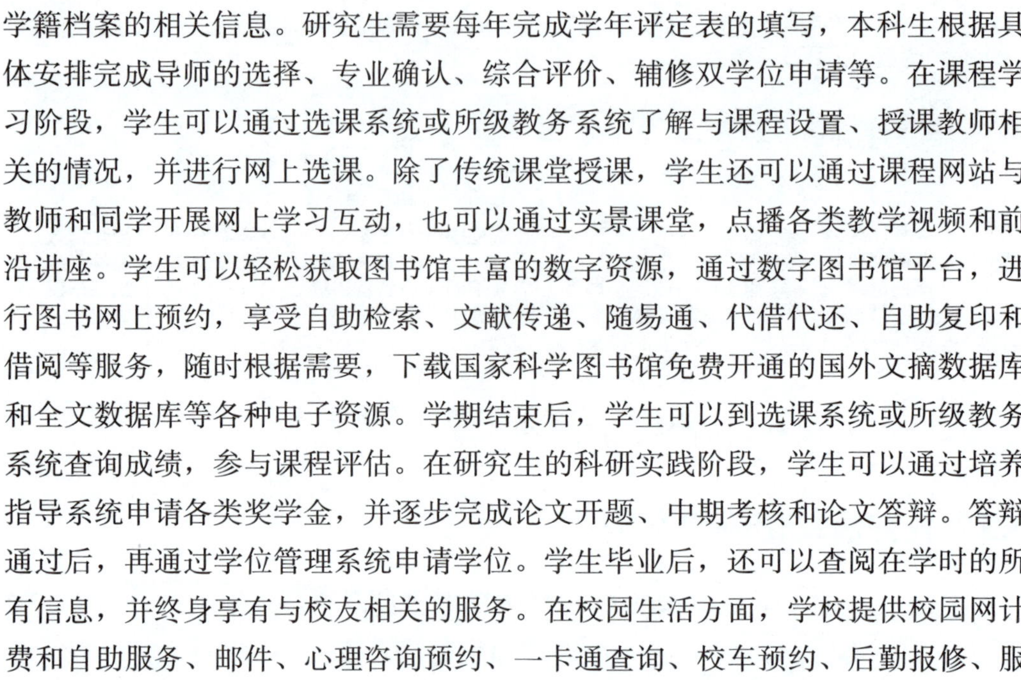

学籍档案的相关信息。研究生需要每年完成学年评定表的填写，本科生根据具体安排完成导师的选择、专业确认、综合评价、辅修双学位申请等。在课程学习阶段，学生可以通过选课系统或所级教务系统了解与课程设置、授课教师相关的情况，并进行网上选课。除了传统课堂授课，学生还可以通过课程网站与教师和同学开展网上学习互动，也可以通过实景课堂，点播各类教学视频和前沿讲座。学生可以轻松获取图书馆丰富的数字资源，通过数字图书馆平台，进行图书网上预约，享受自助检索、文献传递、随易通、代借代还、自助复印和借阅等服务，随时根据需要，下载国家科学图书馆免费开通的国外文摘数据库和全文数据库等各种电子资源。学期结束后，学生可以到选课系统或所级教务系统查询成绩，参与课程评估。在研究生的科研实践阶段，学生可以通过培养指导系统申请各类奖学金，并逐步完成论文开题、中期考核和论文答辩。答辩通过后，再通过学位管理系统申请学位。学生毕业后，还可以查阅在学时的所有信息，并终身享有与校友相关的服务。在校园生活方面，学校提供校园网计费和自助服务、邮件、心理咨询预约、一卡通查询、校车预约、后勤报修、服务监督、临时住宿申请、临时占用教室申请、学生缴费查询等服务。

3. 教师服务

一站式网络服务大厅为教师提供教师信息维护、导师 / 招生资格申请，以及与教学活动、培养环节相关工作的支持服务。教师可以维护个人的基本信息、科研项目和科研成果，自动生成个人主页，在线完成导师资格和招生资格的审批备案流程。教师可以在开课前进入教务管理系统查看选课情况，获取选课学生名单。在授课过程中，可以通过课程网站实现与学生的互动，利用教学资源、作业、讨论区、答疑室等功能模块实现网上教学。也可以在实景课堂中发布教学视频，检索、浏览共享的系列讲座、课程、学术资源等。教师（导师）还可以在指导培养系统中就培养的各环节，如培养计划、论文开题、中期考核、论文答辩等，与学生展开互动，及时了解学生的培养情况，审核学生提交的培养环节的资料；同时，还可以对学生申请的奖项进行推荐。教师可以通过数字图书馆平台进行图书网上预约，享受自助检索、文献传递、随易通、代借代还、自助复印和借阅等服务，随时根据需要下载国家科学图书馆免费开通的国外文摘数据库和全文数据库等各种电子资源。此外，教职工可以借助内部办公系统，及时接收学校的通知、公文，完成岗位竞聘和晋升申请，申请占用会议室和教室（公开的会议信息将自动发布在学校日历中供全校师生了解参与），并通过中

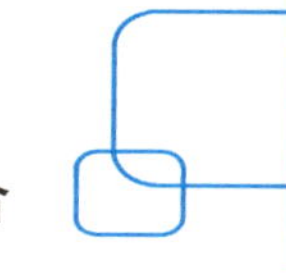

科院 ARP 完成正式公文审批，还可查询个人工资、科研经费情况。

4. 管理者服务

一站式网络服务大厅面向教育管理者提供从学科管理、教师管理、招生管理、学生管理、教务管理、培养管理、学位管理、就业管理、决策支持等教育全过程的管理与服务，主要包括培养点申报与评审，重点学科评选，学科增列点评估；导师信息动态管理，数据自动与招生、培养和学位系统对接；招生业务全流程管理、信息交互及数据统计等网络化服务；学生集中报到、学籍管理、奖学金和助学金管理；课程管理、选课管理、课程评估、成绩管理、教学资源配置及相关的统计服务；学生培养全过程的管理服务；学位信息申报及学位信息评审工作的相关服务；毕业生就业信息的采集和上报服务；学生入住、调宿、退宿等申请服务；院系网站群与学校新闻网、官网的新闻推送服务；校友信息的收集、整理、维护，活动发布等服务。同时，可以通过内部办公系统和网站群系统，及时发布学校的通知、公文，并通过中科院 ARP 完成人力资源管理、综合财务管理、科研项目管理、科研条件管理、基本建设管理、知识产权管理、国际合作管理、院地合作管理、公文管理。此外，还可以对实时自动采集的校园各个房间、单位等用电量，学生公寓各房间的用水、用电量，进行统计、分析，并进行有效的管理控制。

中国科学院大学一站式服务大厅面向学生、教师、管理人员等人群，整合了教学、科研、管理、学习和生活等各方面的信息化服务，使用户登录平台后能够轻松获取相应服务。一站式服务大厅既提高了校园服务质量和服务效率，又提高了广大师生的满意率。未来，中国科学院大学将不断丰富一站式服务大厅的服务类型，为开创智慧校园奠定基础。

5.3.2　中国科学技术大学建设智慧校园

中国科学技术大学面向世界前沿科学领域、国家重大需求和国民经济主战场，不断地凝练科学目标，努力提高学术研究水平和科研创新能力及科研竞争力，汇聚了一大批能力卓著的高层次科研人才，取得了一批具有世界领先水平的原创性科技成果。坚持“全院办校、所系结合”的办学方针，弘扬“红专并进，理实交融”的校风，形成了不断开拓创新的优良传统，以及教学与科研相结合、理论与实践相结合的鲜明特色，培养了一大批德才兼备的高层次优秀人才。

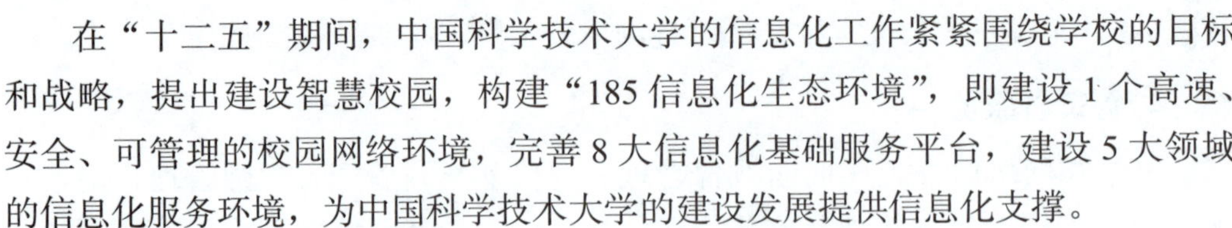

在“十二五”期间，中国科学技术大学的信息化工作紧紧围绕学校的目标和战略，提出建设智慧校园，构建“185 信息化生态环境”，即建设 1 个高速、安全、可管理的校园网络环境，完善 8 大信息化基础服务平台，建设 5 大领域的信息化服务环境，为中国科学技术大学的建设发展提供信息化支撑。

面向“十三五”，中国科学技术大学进行智慧校园建设，全局整合现有的信息化成果，通过信息技术高度融合，信息化应用深度整合，信息终端广泛感知，集科研、教学、管理和生活服务为一体，实现更加便利和高效的科研、教学、管理及校园生活的综合化和智慧化信息服务。

1. 安全可靠的校园网提供高速网络服务

中国科学技术大学校园网络于 1993 年开始规划建设，1994 年底建成并提供网络服务。在创建一流研究型大学的总目标下，经过 20 年的建设，中国科学技术大学的校园网覆盖所有教学、科研、办公区域，实现万兆主干网络，万兆 / 千兆到楼，千兆 / 百兆到桌面。公共区域实现无线覆盖。自 2005 年起，全网（含 VPN 用户）双栈支持 IPv4/IPv6 协议。

中国科学技术大学校园网具有丰富的网络资源，拥有独立的自治域号 AS45081，拥有 IPv4 497C+38 IP 地址（人均超过 6 个 IPv4 地址），拥有 IPv6 2400: b600: : /32 和 2401: 1E00: : /32 地址段，具备充足的扩展和发展空间。

中国科学技术大学校园网具有高速的对外出口链路，对外 IPv4 链路有教育网 CERNET 10G、中国电信 1.2G、中国联通 2G、中国移动 3G、中国科技网 1G，合计 17.2G，对外 IPv6 链路有 CERNET2 10G。目前这些链路实际使用带宽约为 9Gbps。

中国科学技术大学校园网具有灵活的对外访问策略，校内用户可以自主选择使用上述各家网络出口的组合，随时切换，充分满足各类用户的需求。这项功能由学校自己开发的“网络通”系统实现，为国内唯一一家。

中国科学技术大学校园网采取开放的接入策略，无线网络开放了多个 SSID，中国电信、中国移动的 WLAN 用户均可在校内接入使用。作为国内高校第一家，全面加入国际无线网络 eduroam 漫游联盟，eduroam 联盟的用户均可在校内无缝使用网络。

校园网还具有丰富的网络应用，集中建设的高性能存储和云存储超过 500TB，虚拟化和云计算服务器100余台，运行各类虚拟机1 000余台；校园网联网计算机35 000余台，校内用户2万余人。校园网作为“智慧校园”基础设施，

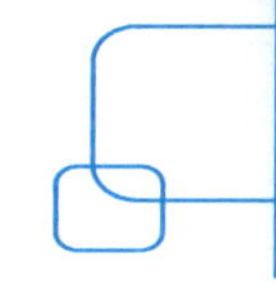

为全校的教学、科研和管理工作提供先进的网络环境与服务。

中国科学技术大学校园网安全性强，网内设置了多种安全措施。除了传统的防火墙、WAF 等，还设置有蜜罐、自动 IP 黑名单、BGP 自动引流系统、出口日志分析、网络行为分析等系统，能对各类故障、各种安全事件进行快速响应和处理。

中国科学技术大学校园网自主性强，网络中的关键系统和设备，如用户管理、认证控制、策略路由、portal 登录、BGP 引流、网络管理、故障监控等系统，全部由学校自主开发，不受任何厂家牵制。

中国科学技术大学校园网作为中国教育和科研网主干网（CERNET）38 个主节点之一的合肥主节点、中国下一代互联网示范网 CERNET2 合肥主节点及安徽省教育和科研计算机网的中心节点，负责安徽省教育和科研计算机网的主干建设运行维护工作。

2. 信息化基础服务平台提升公共服务能力

中国科学技术大学的统一信息标准、统一身份认证、个性信息门户、云数据中心和共享数据平台、即时通信平台、IT 环境支持平台、统一信息发布平台、统一安全监控与运行维护平台八大信息化基础服务平台为全校公共信息化资源，服务学校各应用系统，提供集成手段，保证数据的共享和利用，实现信息化对教学、科研和管理的支持。

1）统一信息标准

统一信息标准的建立，为学校建设信息化系统、数据积累与共享提供了保障。通过信息标准管理系统，管理维护学校信息化建设中涉及的各类资源标准，包括校定及引用标准、教学类标准、科研类标准、人事类标准、学生工作类标准、资产财务类及其他标准。

2）统一身份认证

统一身份认证系统引入了学校全局人员编码系统（Global Identification，GID），实现师生在学校期间本科、硕士、博士及教职工等各种身份下信息资源的衔接与贯通。提供所有与学校相关的人员在应用系统中的身份认证服务，实现单点登录；提供接口供校内各应用系统接入，支持不同系统的用户互认。

3）个性信息门户

个性信息门户为用户提供了一个集成化、个性化的信息系统入口，实现信

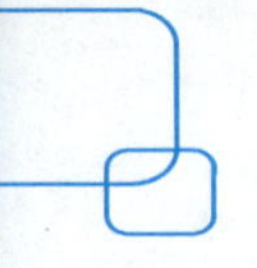

息资源的整合汇聚，实现应用系统和常用工具的集成，为师生员工提供信息共享服务平台。

4）云数据中心与共享数据平台

云数据中心采用虚拟化技术，将服务器集群、存储、网络组合起来。基于思科统一计算系统（Unified Computing System，UCS），率先在国内高校搭建了大型虚拟化技术的云数据中心，为全校各部门提供 300 ～ 400 台高可靠性虚拟服务器。

共享数据平台建有全局数据共享库，通过数据抽取工具，将学校其他业务系统的数据抽取到共享数据平台，实现对业务数据的备份工作，对全校的数据进行集中管理，保障学校业务的数据安全。同时，根据学校的数据模型，对这些业务系统的数据进行清洗整理及标准化，形成全校范围的共享数据。各业务系统根据授权，通过共享数据中心的数据接口，实现数据共享和交换。

5）即时通信平台

即时通信平台整合了中国科学技术大学的电子邮件系统、互动短信平台、桌面会议系统及微信等系统，形成可即时、多途径传递信息的平台。

6）IT 环境支持平台

IT 环境支持平台包括“瀚海星云”云环境支持平台（云计算平台和云存储平台）、大数据处理平台、全数字网络视频监控服务平台、专业的机房管理和保障及软件正版化支持，开创了新的教学、科研信息化的支撑模式。

中国科学技术大学“瀚海星云”云计算平台基于服务器虚拟化技术，提供大规模的、可靠的、可伸缩的计算环境，是一个可以按需使用，基于弹性云计算技术、虚拟开发环境的平台。用户可以随意按需定制所需的基础设施、软件环境或搭建集群，包括网络环境、服务器、操作系统、数据库等基础软、硬件平台，甚至可以定制自己的网络拓扑。支持用户个性化资源配置，系统一键式部署，为弹性计算云中的虚拟机提供可以定义大小的永久性存储，为虚拟机提供快照功能，保存虚拟机状态，提供恢复机制。应用范围涉及并行计算课程、服务器、3DsMax 渲染、Matlab 仿真等。通过“瀚海星云”云计算平台，提供虚拟教学实验室和个人高性能计算平台等服务，可以非常方便地实现虚拟教学实验室的部署，通过定制含有实验环境的镜像文件，以及用户自定义集群规模和节点类型，就可以自动开设所需的虚拟环境，实现系统一键式自动部署。每个学生的虚拟实验环境都是独享的，可以让学生进行个性化的配置，满足其探索的需求，从而更好地完成和理解实验，对提高学生的学习质量和动手能力有很大的帮助。同样，对于需要个人高性能计算资源的同学，可以通过向计算云申请不同规模的计算、网络和存储资源，来实现不同规模的、独享的高性能计算平台，进行科研实验活动。中国科学技术大学“瀚海星云”云存储平台提供大容量存储服务，目前存储能力为 1PB，应用于学校邮箱服务、科教融合的资源中心（睿客网），为学校师生提供大容量文件的存储、在线查看、公开分享和私密分享，以及课程发布和群组管理等功能。

大数据存储与处理平台是基于分布式文件系统（Hadoop Distributed File System，HDFS）和MapReduce的日志存储计算平台，存储了包括学校网络出口流量监控日志、超级计算平台日志及校园一卡通日志信息等，为用户提供大规模计算服务；进行深入挖掘，发现有价值的信息，为学校网络拓扑、高效利用超级计算资源等提供指导性建议。全数字校园网络视频监控服务平台采用纯IP的接入方案，校园内只要有校园网覆盖的地方，直接接入IP摄像头，就可以接入视频监控网络，可以实现对摄像头及摄像资料的权限分配和管理，应用于科研、教学、办公、宿舍通道及公共场所的安全防范监控。学校开辟托管机房空间，为全校应用系统的服务器提供托管运行维护服务，实现专业化的管理，提高系统的稳定性和安全性。采购微软操作系统、Office办公软件、Nod32杀毒、福昕PDF、开源软件、高斯软件、LS-DYNA等高性能软件，为校内用户提供软件正版化服务。

7）统一信息发布平台

统一信息发布平台包括网站群系统与公共信息发布系统。网站群系统统一管理网站 230 多个。另外，提供虚拟空间用于发布各单位自行开发的个性化网站 150 余个。公共信息发布系统用于发布学校学术会议、学生活动、通知公告、重要新闻等信息，布置公共区域信息点约 40 个，同时支持网站、手机终端、微信、App 等多渠道的显示和查询。

8）统一安全监控与运行维护平台

统一安全监控与运行维护平台包括网络运行监控平台和服务器与应用系统运行监控平台。网络运行监控平台监控校园网接入层与核心层交换机的状态、流量，监控信息接入点的实时运行情况，保障校园网络的稳定运行。服务器与应用系统运行监控平台监控各应用服务器的运行状态、负载、I/O 等情况，即时了解各应用系统的运行情况，保证各业务系统及服务的服务器正常工作。

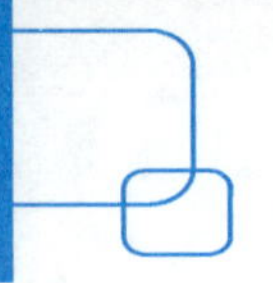

3. 信息化服务环境提升教学科研服务能力

基于基础服务平台，建设服务人才教学培养、科学研究、管理服务、生活服务及社会服务的信息化环境。

1）教学培养环境信息化

教学信息化的本质就是以学生为中心，充分、合理地利用现代信息技术和信息资源，对教学内容、教学方法、教学过程、教学评价等教学环节进行管理，更好地促进学习者的学习。在大学的环境中，自主学习和终身学习的需求强烈，所以应该进一步推进教学环境的信息化建设。利用网络、多媒体等技术实现高质量教学资源、信息资源和智力资源的共享与传播，同时促进高效率的师生互动，促进主动式、协作式、研究型的学习，从而形成开放、高效的教学模式，更好地培养学生的基本素养及创新能力，提高学校的整体办学水平和核心竞争力，培养适应信息社会需要的创新型人才。教学培养环境的信息化包括教学管理的信息化和教学活动的信息化两部分。

（1）教学管理的信息化

本科教学管理对学生从入学到毕业整个过程的各环节都有信息系统支持，对学生的教育、教学全过程实现了精细化、个性化的管理，以培养过程为主线，采用学分制、弹性学制、个性化培养方案等实现教育培养模式创新，不断对管理流程进行优化。招生管理、培养计划、课程编排与调度、考务管理、成绩管理、学籍管理、实践实验管理、教学质量与评估等教学教务管理系统，学生工作、就业管理及校友管理系统均遵循学校统一的信息标准，数据接入学校共享数据中心，实现了数据和用户的集成，并纳入学校统一的安全保障体系。

研究生教育管理通过建立研究生信息平台、研究生导师系统、研究生教育信息化平台等，推动研究生的培养管理从“有形”向“无形”转变。研究生信息平台包含迎新服务系统、学籍与奖学金和助学金系统、培养过程管理系统、学位论文查阅与网上评阅系统、学位申请系统、离校服务系统等，实现了研究生培养全流程管理支持和一站式服务。研究生导师系统为导师提供一站式信息查询服务，完成招生宣传、课堂教学、指导学生、发表论文、科研管理等工作；同时，通过数据分析，使导师从生源质量、课程评价、引文分析、论文评阅等方面了解自己与本院系及学校整体水平之间的差距，进行自我学术定位，推动柔性自我管理。研究生教育信息化平台涉及从招生、培养到毕业离校的各环节，基于每位导师、研究生和各级管理人员的不同需求，提供全方位的个性

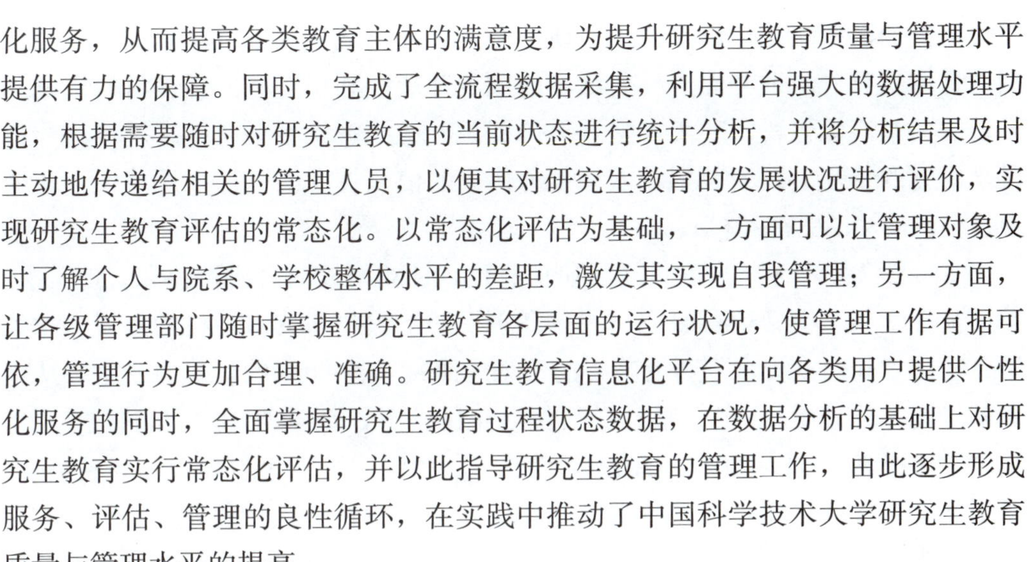

化服务，从而提高各类教育主体的满意度，为提升研究生教育质量与管理水平提供有力的保障。同时，完成了全流程数据采集，利用平台强大的数据处理功能，根据需要随时对研究生教育的当前状态进行统计分析，并将分析结果及时主动地传递给相关的管理人员，以便其对研究生教育的发展状况进行评价，实现研究生教育评估的常态化。以常态化评估为基础，一方面可以让管理对象及时了解个人与院系、学校整体水平的差距，激发其实现自我管理；另一方面，让各级管理部门随时掌握研究生教育各层面的运行状况，使管理工作有据可依，管理行为更加合理、准确。研究生教育信息化平台在向各类用户提供个性化服务的同时，全面掌握研究生教育过程状态数据，在数据分析的基础上对研究生教育实行常态化评估，并以此指导研究生教育的管理工作，由此逐步形成服务、评估、管理的良性循环，在实践中推动了中国科学技术大学研究生教育质量与管理水平的提高。

（2）教学活动的信息化

实现教与学的全过程信息化支持，是中国科学技术大学教育信息化建设的核心内容。目前已经广泛采用网络教学平台，与现有的学习方式结合，将线上、线下、面授、网络学习无缝整合，教师可以通过平台实现课程教学，完成学生的培养指导。学校网络教学平台帮助教师在一定的程度上实现所授课程的教学内容数字化、师生交流网络化、课堂管理职能化。创建自主开发的数字化学习环境，促进学生积极主动地参与学习过程，协助教师开展持续、深层次的教学交流和互动。网络教学平台支持教学大纲、课程文档、教材与参考书、教学录像、文献调研、试卷及参考答案等课程内容建设，实现学生选课、班级管理、课堂讨论、作业提交与批改等教学互动及师生交流，支持移动学习。中国科学技术大学本科生网络教学平台的活跃课程数为 470 门左右，课程用户数为 11 000 多人。研究生网络课堂已经录制并发布了 1 万多课时的视频资源，平均每月都有 100 多课时的新增教学资源。

2）科研环境信息化

科研信息化是推动科研方法和手段变革，保持竞争能力和抢占科学技术领先地位的关键驱动力量。科学研究的内容无一不是各领域和学科的复杂问题，不仅需要多学科之间综合、交叉，还需要各部门相互联合、相互配合、协同攻关。这些问题的研究和解决对图书文献情报、海量科学数据及其分析环境、高性能计算、协同科研及集成这些基础环境形成的应用平台均有着强烈的需求。

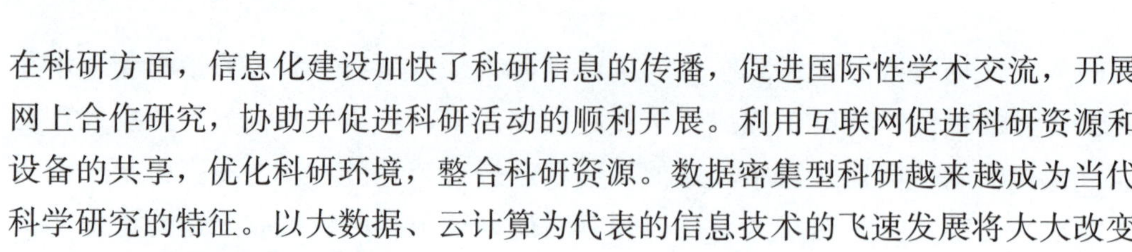

在科研方面，信息化建设加快了科研信息的传播，促进国际性学术交流，开展网上合作研究，协助并促进科研活动的顺利开展。利用互联网促进科研资源和设备的共享，优化科研环境，整合科研资源。数据密集型科研越来越成为当代科学研究的特征。以大数据、云计算为代表的信息技术的飞速发展将大大改变现代科研活动的方法和模式。

中国科学技术大学高度重视科研信息化，针对学校的科研特色和管理需求，重视基础学科、交叉学科研究，注重高水平的工程与高技术学科的发展。学校始终坚持“基础立校、创新为魂”的治学思路，全校 80% 的科研力量主要从事基础研究，物理等 10 多个基础学科位居全国前五，数学等 10 个学科进入 ESI 全球学科排名前 1%，2011—2013 年自然出版指数连续三年名列大陆高校第一，量子通信、铁基超导等基础研究成果屡次入选“世界科技十大进展”和“国内十大科技进展”。

中国科学技术大学正在实施“基础学科群争创一流计划”，重点加强数学物理学科群、化学材料学科群、生命科学学科群、地球空间学科群、医学学科群建设，这些基础前沿学科的发展对更高带宽的高速科研网络、更高速度的高性能计算能力及更大容量的海量科技数据存储共享能力都提出了新的需求。学校将继续根据国家中长期科技发展规划战略部署，结合本校学科优势和特色，瞄准理工学科前沿，优化基础与应用学科结构，促进学科交叉融合；打破学科壁垒，实现各类仪器设备、计算能力、知识内容、科学数据等科研资源的高度共享；依托信息化平台，大力建设公共实验中心、超级计算中心、数字图书馆和科学数据库等。

通过不断加大信息化基础设施建设投入、改善网络信息环境、建设公共实验中心信息管理平台、打造数字图书馆、发展云计算和超级计算等先进计算能力、建设各类科学数据库，实现仪器设备、知识内容、计算能力、科学数据等科研资源的共享，提高科研信息化的保障能力和应用水平等全方位的信息化建设，充分发挥了科研信息化对中国科学技术大学科研教学活动的支持作用。学校不断地深化信息化管理体制机制，稳步推进和集成学校的信息化平台与资源，拓展并提升科研信息化平台的功能和服务能力。

科研工作主体在科研活动过程中，利用科研管理平台进行项目的管理，利用信息化平台进行科研资源建设与积累，建立科学数据库、文献资料库，利用科研活动交流平台，开展科研互动。加强科研实验环境信息化，通过公共实验中心信息平台，实现各类大中型仪器装备的共享，并开展教学实践工作。

科研管理信息化、精细化。通过科研管理系统对日常科研工作进行管理，使日常的科研管理工作更加规范化、科学化，优化科研的工作流程。系统涵盖科研信息发布、项目管理、经费管理、成果管理、学术活动管理和科研考核等多项管理职能。借助平台，院系领导可以及时了解、掌握本单位的教师的科研情况，科研秘书可以方便地完成有关的科研管理任务，如成果发表、项目申报等工作。系统管理全校科研项目、科研论文、科研著作、学术活动、工作量统计和科研考核结果，对各种数据进行汇总分析，既能提供教师科研水平的评估依据，又能满足学校对科研活动的宏观掌控与决策的需要。管理人员及教师可以方便地进行分工协作，学校可以便利地进行监督管理。

科研资源持续建设与积累。通过各类科研信息系统和数据库，将多年科研工作过程中产生和积累的、具有科学和应用价值的数据资源，结合多年科研工作经验和专业知识进行收集整理，建成不同专业的科学数据库，形成科研工作的基础信息支持，成为未来相关专业领域科学研究必不可少的数据资源。中国科学技术大学的科学数据库建设主力为各科研团队，在科学院科学数据库项目的支持和引导下，合肥光源运行数据库、太阳及行星际卫星资料数据库、蛋白质结晶条件预测 CryGA 数据库、蛋白质网络比较分析 NerAlign 数据库、基于分子置换法的自动化蛋白质结构解析 CSDS 数据库、基于基因表达谱的 microRNA 活性推测数据库、200K 以下低温数据的化学热力学数据库、人类生殖疾病数据库等科学数据库建设都有较大的进展。

科研实验环境信息化建设。公共实验支撑服务系统、大型仪器共享平台、远程视频会议系统、网上仿真实验平台、云计算服务平台、数字化图书馆等信息系统的建立，为科研人员提供一个信息化的科研环境，大大促进了科研活动的范围与效率。

中国科学技术大学公共实验中心于 2000 年始建，按照“集中投入、统一管理、开放公用、资源共享”的原则，逐步建立起条件优良、功能配套、管理规范、先进高效的公共实验支撑服务系统，完善优质资源公用系统和共享机制，形成了理化科学实验中心、生命科学实验中心、工程与材料科学试验中心、信息科学实验中心、超级计算中心和微纳研究与制造中心 6 个公共实验分中心，拥有各类大中型仪器装备（10 万元以上）200 余台（套），装备总值达到 2.03 亿元，为培养创新人才和开展高水平科研工作提供支撑与保障。同时，为了提高分散在各实验室或研究组的仪器设备的使用效率，学校于 2015 年 1 月正式成立了综合科研仪器共享中心，通过建立网络共享平台对分散在各实验或研究组的

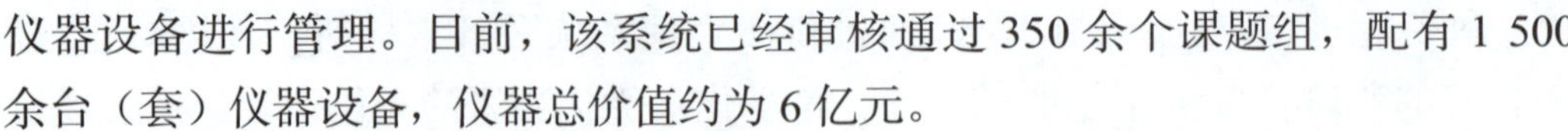

仪器设备进行管理。目前，该系统已经审核通过 350 余个课题组，配有 1 500 余台（套）仪器设备，仪器总价值约为 6 亿元。

中国科学技术大学公共实验中学加入了“中国科学院合肥战略能源与物质科学大型仪器区域中心”，充分利用公共实验中心的资源，建立了公共实验中心，共享系统与实验平台，并成立了实训中心，为培养研究生和高年级本科生实验动手能力提供了必要的实验条件，从根本上弥补了研究生实验动手机会不足的缺陷，提高学生的创新能力和培养质量，为创新人才的培养、创新教育模式探索新路。

开放式公共实验平台的信息化建设，充分发挥中国科学技术大学公共实验中心的资源优势，提高大型仪器设备的使用率，有利于提高师生创新思维与实践能力，更好地培养出高素质的复合型人才。公共实验中心为研究生开设实验课程，并为研究生提供测试服务，支持研究生进行高水平研究，有效地提升了研究生的科研动手能力，彻底打破了传统的学科条块分割的格局，推动了学科交叉，更激发了研究生科研创新的兴趣和热情。大型仪器自动化管理具有网上预约、IC 卡控制仪器、自动记录使用信息、测试费自动化管理、网上培训与考试、实时显示仪器状态、网上交流及实验信息统计等功能。经过培训并获得操作资格授权的用户才能开启仪器，保证了仪器资源得到正确利用，大大降低了仪器的故障率，提高了平台的管理水平和仪器的使用效率。

合肥光源加入中国科学院重大科技基础设施共享服务平台，围绕“设施共享、数据共享、成果共享”进行功能模块设置，并加入信息推送、科普宣传等功能。为我国材料科学、凝聚态物理学、化学、能源环境科学等领域的研究提供了一个优良的实验平台，取得了一系列重要的研究成果。

中国科学技术大学超级计算中心于 2002 年成立，是学校六大公共实验中心之一，面向校内院系、实验室、教师和学生提供高性能计算和服务器托管等服务，并向校外提供一定的资源服务及技术支持，主要服务凝聚态物理、量化计算、材料科学、生物科学、能源科学、地学和核科学等多个学科。超级计算中心还是中国科学院超级计算环境合肥分中心（与中国科学院合肥物质科学研究院共建）和 GPU 分中心、国家超级计算天津中心中国科学技术大学分中心、中国教育与科研网格项目中国科学技术大学子节点、中国国家网格合肥分中心及超级计算创新联盟理事单位等。

加强数字文献资源建设与共享。文献信息资源是高校教学科研保障体系中的重要部分，对于中国科学技术大学建设世界一流大学具有举足轻重的意义，图书馆一直很重视各类资源的引进和基于此的各种服务工作。中国科学技术大学图书馆是国家科技图书文献中心资源镜像站点、国家科学图书馆特色分馆、国家“211 工程”中国高等学校文献保障体系项目 CALIS 安徽省中心，已经成为我国高校文献保障体系的一个重要文献服务单位和大范围馆际协作网络的重要节点。图书馆还面向安徽省建立了区域化数字资源体系和三大公共服务平台。

图书馆依托在教学与科研领域文献资源建设的长期积累，联合其他重点高校，目前已经集成建设了国内一流的学术文献资源保障体系。图书馆目前纸本馆藏中外文书刊 220 万册（含院系资料室），包括 4 万多册的特藏、再造善本等，年均新增图书 4 万余册，订购中外期刊将近 1 000 种，同时提供数量更多的数字化资源。共引进和共享 138 个中外文数据库（平台），包含中文电子图书 240 万种、外文电子图书 45 万种、中外文电子期刊近 4 万种、国内硕士和博士学位论文 620 万份、国际硕士和博士学位论文 60 万份，以及大量的会议论文、专利文献、科技报告、多媒体学习资源等，镜像数字资源约为 300TB，主流科研文献保障率达到 99%。

图书馆还在优质文献资源基础上提供专业的文献信息服务，在本科教学、科研选题分析、文献调研、学术成果发表、科研成果转化、项目基金申请、人才引进评估、学校学科评估、学生人文素质教育等环节，都提供了信息化文献资源的强力支撑，有力地保障了学校教学科研活动，并在辅助决策评估、建设高校智库等方面发挥重要支撑作用。此外，还将服务延伸到政府、科研机构和企业，提供文献分析、学术评估、人才引进评估、决策依据分析、专利信息分析、知识产权评估、成果转化分析等深度信息服务。

中国科学技术大学承担的“科教融合的资源中心及接入平台”项目，作为科学院“教育云”的有机组成部分，配合“教育云”的总体规划，其目标是通过资源中心和互动环境的建设，经过科研和教学的过程积累，利用合适的资源创建工具和平台，把适当的科研资源转化为教育资源，汇聚成中国科学技术大学各类教育科研资源，实现科研教学活动和资源的记录与积累。通过用户之间的互动和系统知识体系的推荐，促进资源的共享和利用，实现科研与教学（学习）的融合，达到终身学习和提高科研创新能力的目标。

3）管理服务环境信息化

管理与服务的信息化是学校信息化建设的重要内容之一。对学校管理与服务涉及的人、财、物及各种活动，加快学校管理信息化建设，是加强学校科学管理的需要，是规范建立现代学校制度的重要内容，是不断深化管理体制机制改革的有力支撑。

建立人力资源服务体系网络系统，实现更加优化的人力资源管理流程，实现人力资源管理全面信息化。人力资源管理的信息化建设，是通过标准化的系统框架，不断地整合规范各项人事管理业务，最大限度地实现了数据资源共享和服务，促进了人事管理模式、工作方法、技术手段和服务理念等的综合提升，有助于学校迅速、有效地收集各种信息，加强内部沟通，加强对全系统人力资源管理的实时监控，提高了人事管理工作的效率和质量。运用一些人力资源模型，对学校的人力资源管理进行优化控制和战略分析，从而为学校管理和决策提供支持。人力资源管理包括教职工人事信息管理、专业技术职务和岗位等级聘用、职员岗位聘用、人才招聘管理、年度和聘期考核、考勤管理、合同管理、医疗补助查询、新进人员报到等十余项人事管理业务，多个相关的子系统已经实现个人填报或查询、单位审核汇总、学校集中处理等完整的业务流程管理功能。

综合财务管理系统的建设和完善是规范建立现代化财务管理制度，加强资金管理和利用的有效途径。经费预算管理服务学校对经费的预算，根据事先确定的拨付经费的计算公式，自动生成经费的预算信息，供上级领导使用或财政管理部门数据共享。所有的支出费用都可以通过网上报销系统签批电子单据，自动生成记账凭证，通过网上银行自动付款，实现数据的共享和集成，提高学校各部门的办事效率。和网上银行及银行柜面系统衔接，财务管理部门能实时处理，师生和员工可以很方便地通过网络收缴各种费用。

学生（本科生和研究生）综合管理系统实现对学生在校全过程的管理，涵盖目前学校绝大部分的学生管理工作，有机地集成学校内现有的各类应用系统，具备较高的集成性和可管理性。

协同办公系统实现工作人员网上日常办公，包括公文流转、会议管理、日程管理及通过邮件、短信、即时通信工具实现实时的交流。优化办公流程，大大提高了办公效率，提升了管理水平。

资产综合管理系统结合资产价值管理与资产实物管理的核心需求，实现对资产的全流程动态化管理；满足管理部门各单位资产日常管理的需要，对学校内各下属单位的资产实施宏观管理；全面、准确、动态地反映资产的总量、构成、分布、变动等信息，对整个资产的完整生命周期进行跟踪管理；为学校资产优化配置等提供决策支持，最大限度地实现资源共享；为各级行政部门提供切实可行、动态、高效的资产管理方案。

4）生活服务环境信息化

建设信息化的生活服务环境，方便师生的校园生活。校园一卡通可以提供学生日常消费和校园身份认证服务，提供相关的数据共享服务。电子商务、生活娱乐服务可以让师生的日常生活更加便利快捷，这些领域的信息化大大提高了校园的生活服务能力，提升了管理水平。

校园一卡通系统作为中国科学技术大学智慧校园的基础应用，具有校园消费和身份识别两个功能。校园消费功能支持使用一卡通在校园各食堂、超市、浴室等校内各商业网点进行付款消费，通过一卡通系统进行规范结算。完善的银联跨行圈存、支付宝充值、和包充值等功能，以及大量自助类的设备和应用，使师生可以方便地使用一卡通。

身份识别和认证是为了充分发挥一卡通的信息采集功能，为师生提供更好的服务。人行通道系统及楼门通道、体育场馆和实验室门禁等系统作为校园一卡通身份认证类应用拓展，是“感知校园”应用的有机组成部分，实现对教室、实验室、馆所等公共场所的出入管理，能够更好地加强校园管理，维护安全平静的校园环境。

5）社会服务环境信息化

优质资源全方位对社会共享。大学作为教学中心和科研中心，理应充分利用优质资源为社会提供全方位的高水平服务。中国科学技术大学除了在高素质人才培养、高水平科学研究主要战线上服务社会，也在资源共享、科技知识推广、决策咨询等方面直接服务社会。公共实验中心、大型仪器设备都对社会开放，实现资源共享，提高设备运行效率和利用率，扩大服务范围，提升服务品质。

基于校地合作和创新创业发展带来的实际需求，图书馆提供社会化的专利分析、知识成果转化、知识产权分析等服务，与此相关的数字化资源、工具、服务平台也是图书馆建设服务工作的重要内容。主导安徽省高校数字图书馆建设，整合学术文献 6.9 亿篇、中文图书 2 826 万种、中文期刊 9 480 万篇、外文期刊 3.2 亿篇、中文报纸 1.5 亿篇、中文学位论文 834 万篇、会议论文 2.3 亿篇、优质自建特色库资源 11 万条，以及覆盖齐全的中外文二次文献数据和事实型数据库等数字资源，平均每天以 20 万条索引的速度更新。安徽省高校数字图书馆拥有的网络访问资源超过 100TB。建设安徽高校资源共享服务平台，联合省内各高校，整合 260 多个数据库，实现知识共知、资源共建、服务共享，可以弥补单个图书馆资源的不足，提高各图书馆的服务保障能力。自 2011 年以来，安徽省内高校申请全文传递共计 1 062 370 篇（其中 2011 年 55 659 篇，2012 年 125 759 篇，2013 年 184 873 篇，2014 年 237 168 篇，2015 年 244 814 篇；2016 年 1—10 月 214 097 篇），平均每天传递 578.6 篇，传递成功率为 99.94%。

科学普及积极实践与探索。中国科学技术大学积极利用网络新媒体手段开展科普内容的创作，在科学普及中做了大量有益的实践及探索，并且取得了许多有价值的成果。科普信息化引入新媒体手段，以其独特的优势在科学普及中发挥着越来越重要的作用。利用网络媒体进行科普内容的创作，充分发挥网络科普传播覆盖面广、互动性强、信息量大、多媒体形式丰富等优势，创作了大量新颖独特的科普新媒体内容。例如，“从粒子到宇宙”专业科普网站（http://www.particle2cosmos.com/），以“10 的 *n* 次方”构想为主线，将从粒子层级到宇宙层级之间 40 多个层级的科学现象、科学知识及科学原理巧妙地贯穿起来，并充分应用各类网络新媒体技术进行开发，大大提高了科普内容的趣味性。该网站获得 2013 年度中国科学院优秀科普网站奖。将一些新媒体前沿技术手段应用于科普传播，是学校科普工作中另一项独具特色的创新突破。《“掌”握科学——增强现实虚拟互动科普读物》将虚拟现实及增强现实技术的研究应用于科普作品的创作，这种令人耳目一新的新媒体前沿技术手段，将原本抽象及深奥的科学过程原理采用 3D 互动的方式叠加到现实世界中，通过动画、音频、图像、文字、模型等讲解展示约 70 个前沿科技知识点，内容涵盖物理、大型科学工程、新能源、天文、航天、化学、生物、机械等领域。该作品先后获得安徽省科普大赛特等奖、安徽省优秀科普作品奖、全国优秀科普作品奖等多项奖项。

5.3.3　上海科技大学建设智能化信息系统

上海科技大学是由上海市人民政府与中国科学院共同创办、共同建设，由上海市人民政府主管的全日制普通高校，致力于成为一所小规模、高水平、国际化的创新型大学，秉承“服务国家发展、培养创新创业人才”的办学使命，积极整合中国科学院的科研人才优势、上海市的高等教育优势和区域新兴产业经济的创新创业优势，努力实现科技与教育的融合、科教与产业的融合、科教与创业的融合，创建一所为国家和区域经济社会发展提供不竭知识源泉、优秀人力资源和开发实践平台的创新型大学。上海科技大学满员运转时，约有 4 000 名本科生，6 000 名研究生，2 000 名教职员工，200 名行政人员。由于行政人员比例较低，所以科研需求与国际交流又高于一般高校，必须通过高水平的信息化系统建设，来构建一个精练、高效的治理管理体系，为资源的合理化配置和辅助领导决策提供有力支撑。

上海科技大学智能化信息系统建设项目可行性研究报告于 2014 年 9 月 26 日获得上海市发展和改革委员会批复，主要内容为信息化基础设施、智能化校园服务、行政管理系统、信息化教学平台。2015 年年底正式开始启动软、硬件系统项目建设工作。至 2016 年 10 月，硬件基础设施部分的核心机房、校园网络、云计算中心已经初步建成并投入运行，软件业务系统中的统一认证、数据共享、服务大厅、学生工作、在线办公、文献集成检索、图书馆自动化等重要系统已经投入实际使用，一卡通、远程视频教学、互动教学平台等也开始支撑教学科研办公及校园生活的方方面面，预计将于 2019 年年初开始项目的整体验收工作。

上海科技大学智能化信息系统建设，从满足学校办学实际诉求出发，以科研教学成果产出为导向，不断推进信息技术与教学资源、科研资源、各类合作资源的深度融合，搭建起一套以人为本、技术领先的创新性信息化生态环境，构建起产学研一体化的信息化支撑服务平台，充分支撑起管理体系、人才培养和科教的创新发展，并不断地促进资源的持续优化整合，努力将上海科技大学建成一个小规模、高水平、国际化的创新型、研究型大学。

1. 面向科研教学的信息化基础设施环境

1）高密集型核心机房

上海科技大学张江校区共建有 2 个机房面积达到 550m^2、辅助用房达到 400m^2 的核心机房。按照国内最高标准级别的 A 类数据中心规范进行规划建设，采用容错性系统配置，保证在信息系统运行期间，数据中心可以在一次意外事件发生时或单系统设备维护检修时仍能正常运行。同时，在岳阳路校区建有 1 个异地灾备中心，以确保在意外灾难发生时，学校重要业务系统的数据依然安全有效。机房建设以满足学校各类 IT 系统硬件设备的部署为需求目标，较好地支撑了上海科技大学的核心业务系统，并为支撑科研活动的 IT 设备提供了安全稳定、节能高效的物理环境。机房建设在技术上达到“国内领先、国际先进”的水准，结合未来信息技术的发展趋势，具有标准、稳定、先进的特性，可以根据实际需求进行调整及适度扩展，成为既能满足现在，又能适应未来技术发展的节能、环保、减排的“绿色”数据中心。

机房共规划有供配电系统、UPS 及空调系统、机房机柜系统、综合布线系统、机房智能监控系统、监控中心系统共 6 个子系统。建设标准均从学校实际需求出发。例如，在供配电系统中，为了更好地适应上海科技大学科研运算密集、设备多为刀片集群和 GPU 服务器的高功耗密度特点，多数封闭通道机柜均使用了 63A 智能 PDU 作为电力保障，以便保证单个机柜双路最大可支撑用电量 24kW 以上设备的运行。在上端引入 2 路分别来自不同变电站的 1 250A 的母线作

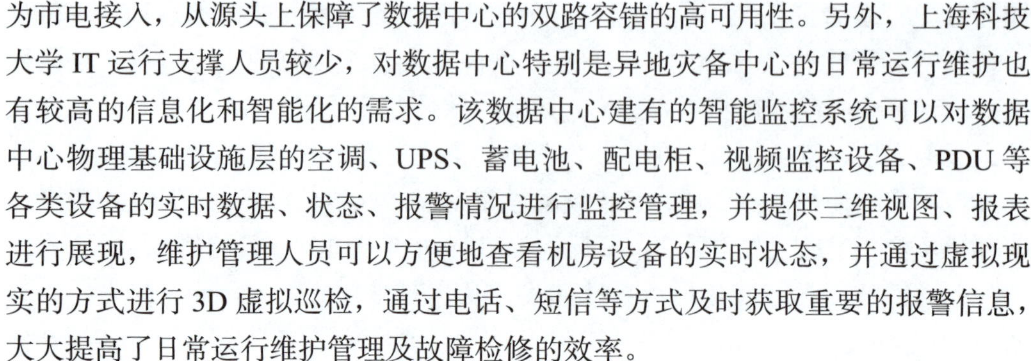

为市电接入，从源头上保障了数据中心的双路容错的高可用性。另外，上海科技大学 IT 运行支撑人员较少，对数据中心特别是异地灾备中心的日常运行维护也有较高的信息化和智能化的需求。该数据中心建有的智能监控系统可以对数据中心物理基础设施层的空调、UPS、蓄电池、配电柜、视频监控设备、PDU 等各类设备的实时数据、状态、报警情况进行监控管理，并提供三维视图、报表进行展现，维护管理人员可以方便地查看机房设备的实时状态，并通过虚拟现实的方式进行 3D 虚拟巡检，通过电话、短信等方式及时获取重要的报警信息，大大提高了日常运行维护管理及故障检修的效率。

2）高可靠全覆盖的高速校园网

上海科技大学在校园网络建设过程中不断引入成熟、先进的技术和思想，并充分发挥网络对现有各类软、硬件系统及智能化设备互联互通的能力，以期实现在高水平网络支撑下的办公现代化、信息资源化、传输网络化和决策科学化。当前，网络技术发展日新月异，既要满足新校园初步投入使用时用户的基础需求情况，又要充分考虑未来校园发展尤其是科研与大型科学装置对网络的要求，打造一个兼具实用性和扩展性的先进网络。

上海科技大学网络包于 2016 年 10 月基本全面建成开通，具有主干 40Gbps、楼宇 10Gbps、桌面 1Gbps 的交换接入能力，并与数据中心之间进行互联。网络包共有接入交换机 626 台、汇聚和核心设备 54 台，目前已经开通无线点位 6 600 余个，有线点位 7 500 余个。已经完成全校 25 个区域部署，并实现了无线网络的全校无缝覆盖。同时，学校拥有科技、教育和电信带宽各 1Gbps 总共 3Gbps 的出口流量，并采用链路负载均衡设备，动态进行出口带宽分配优化。借助上海科技大学的地理位置及机房基础设施条件，目前上海科技大学也已经成为教育网和科技网的骨干节点，所有核心设备采用双路冗余保障，为全校乃至浦东张江地区的网络用户提供更加优质稳定的网络使用体验和科研数据传输保障。

当前信息化技术发展日新月异。传统的各类基础设施建设技术也不断地朝着云化、移动化、智能化、软件定义化的方向快速发展。上海科技大学的校园网作为一个承载了科研教学创新的网络体系，自身也应该具有一定的前沿性和创新性，具备逐步进化的架构和能力。对于校园网而言，软件定义网络（SDN）技术也较好地契合了用户对网络日益增长的新需求。终端和网络管理人员对网络的需求正在发生从关注设备技术到关注用户体验、从单点管理到整网协同、

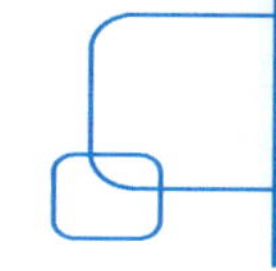

从手工配置到自动部署、从硬件设置到软件定义的转变。软件定义网络的控制与转发分离的架构是未来网络发展的一个趋势，也是解决以上问题并达到理想目标的最佳实现方法。上海科技大学目前正在进行部分院所的 SDN 网络实验床建设，并拟在后期校园网增补建设乃至与上级网络服务提供商的对接过程中，广泛应用 SDN 技术，以期具备平滑演进、动态感知、智能运行维护的网络运行能力。

3）云数据中心与高性能计算公共服务平台

如图 5-9 所示为上海科技大学智能化信息系统（云计算中心）的总体架构。

上海科技大学云计算中心以高效、集约、可弹性扩展为建设原则，以为用户提供全方位的基础设施虚拟化服务为目标，已经建设完成包括云主机、云服务平台、物理主机、云桌面主机、高性能计算集群、结构化存储、云盘存储、非结构化海量存储、综合管理平台等诸多子系统。通过云计算中心的实施，实现了计算存储网络的虚拟化，具备了资源共享、灵活分配的能力，实现了各类服务器的集中管理及统筹调配，以适应上海科技大学快速发展的业务系统发展的需求。云计算中心建成后，数据中心 80% 的服务以云的方式提供给用户，在通过云计算的高可用性、动态迁移等技术保障业务系统稳定运行的同时，也大大降低了运行维护管理和资产持有的成本。

云计算中心的云主机虚拟机初期大约可以支撑 175 台中载服务虚拟机，其中约有 75 台用来部署适合虚拟化的校级核心业务应用，100 台预留分配给各院所的重要核心应用。云桌面主机服务器有 33 台物理服务器，其中 13 台使用了本地分布式 VSAN 存储技术并提供 vGPU 桌面能力，可以实现资源的横向扩展。云服务平台在数据中心内部实现了小范围的 SDN 能力，使用该云服务平台，用户可以自助申请及管理 150 台以上的虚拟机资源，并可以通过 SDN 技术自助管理虚拟交换机、路由器、防火墙等网络设备，还可以实现标准三层架构环境的一键快速搭建。云盘存储由软件及分布式云存储硬件系统组成，共配置 840TB 的裸存储容量，支持超过 1.5 万个用户，配置 1.5 万个用户授权，满足全校用户的云盘文档数据存储交流需求。高性能计算公共服务平台初期由 20 块刀片服务器及 2 台大内存服务器作为计算资源池，共提供了 25.7TFlops 的计算能力。其采用了 100G EDR IB 进行计算节点之间的高速低延迟互连，采用分布式并行存储实现最高 30GB/s 以上的数据传输能力，并配置 GridView 集群调度管理系统，方便集群设备的统一管理使用。

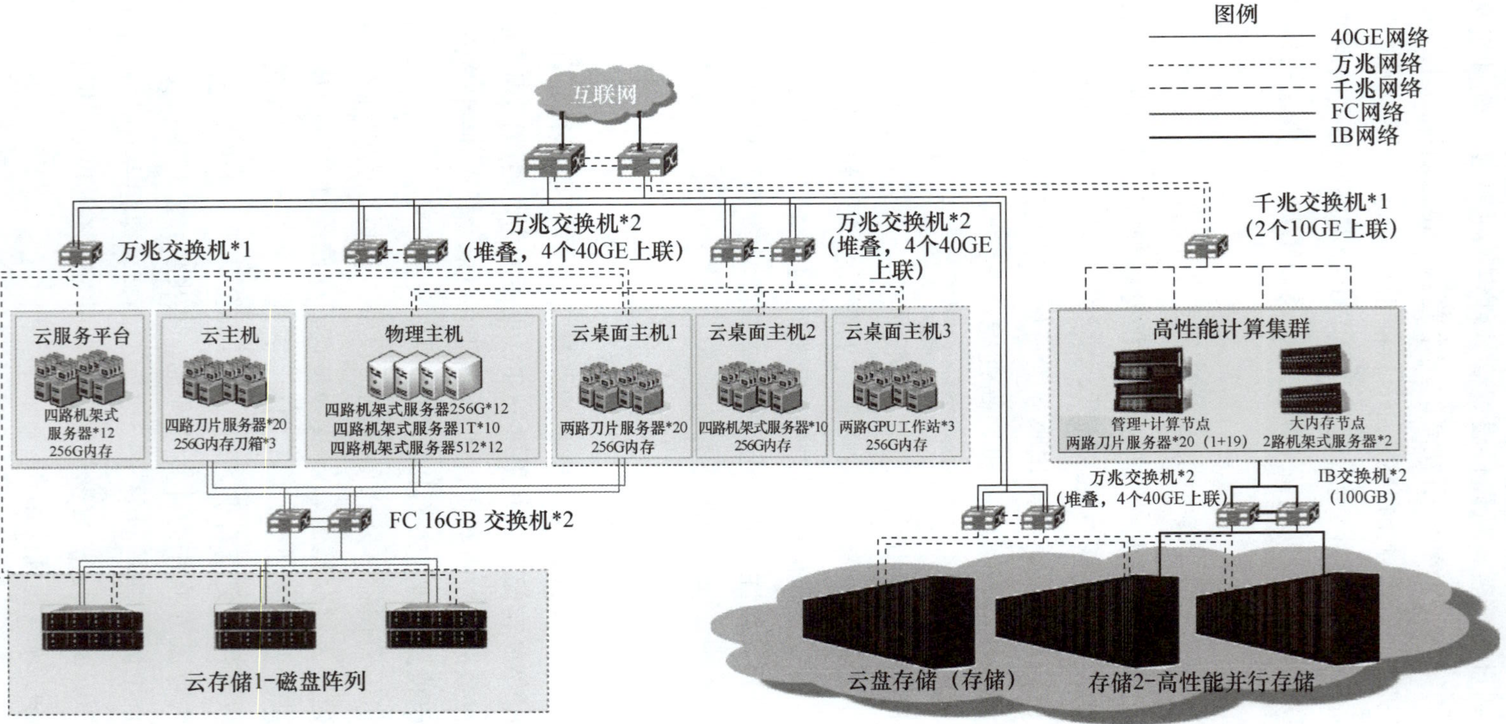

图 5-9　上海科技大学智能化信息系统（云计算中心）的总体架构

在上海科技大学信息化系统建设的过程中，始终贯穿着技术服务化、服务成效化的理念，以用户实际体验与获得感为最终衡量建设成效的标准。云桌面实训教室作为云技术的实践落地，结合了多媒体互动、云计算、GPU 虚拟化等技术，给广大师生提供了优质的数字化互动教学体验。它既可以实现传统的电子化教育功能，又可以与科研计算或 IT 类教学环境紧密融合。它通过云技术实现了动手教学环境的快速部署和标准交付。教学环境智能高效，课件更新快速及时，深受广大师生好评。云桌面技术本身的广泛化访问特性，带来了更好的推广性，已经承载了欧洲太空局—科技部“龙计划”高级大气遥感国际培训会议及 ihuman workshop、计算生物学、计算物理学等多类型的教学实践培训活动。

4）网络信息安全

上海科技大学在信息化系统建设过程中，始终坚持网络信息安全保障体系与信息系统建设同步进行的工作准则。同时，随着各类业务系统的不断上线及网络安全监测能力的提升，也在校园网内侦测到了一些信息安全隐患事件（如弱密码泄露、服务器入侵、安全漏洞等问题）。当前，网络信息安全工作已经成为单位和个人信息化生活的重要组成部分。如何在抵御日趋严峻的网络信息安全威胁的同时，保障信息化核心业务系统的稳定运行，已经成为亟需解决的问题。而在关键时期更为严格的网络信息安全保障要求下，上海科技大学从安全责任体系、管理制度、技术处置、应急措施等多个方面着手，积极开展行动，并在全校贯彻普及网络信息安全意识，顺利完成了信息安全与运行稳定的双保障任务。

基于现有的信息化网络安全设备，已经建立起一定的安全防范体系。例如，网络设备的安全访问防护，网络防火墙开启安全区域隔离、攻击防范、IPS 防护措施，部署网站防御系统及防病毒系统，部署堡垒机对管理员操作进行监控及对关键业务系统定期进行漏洞扫描并严格把控新版本上线等。同时，在网络信息安全工作方面，学校也始终坚持管理先行、技术支撑的原则，采取了一系列措施。在重要时期，由学校相关的负责领导牵头，及时召开专题会议，落实保障工作，明确以学校负责领导牵头、党委及图书信息中心落实、各院所部处配合的安全责任体系，并建立网络信息安全协调小组及工作小组的常态化工作管理机制。

2017 年 1—8 月，网络出口防火墙共拦截 200 余万次攻击事件，数据中心防火墙共拦截 20 万次攻击。数据中心 IPS 系统共拦截超过 10 万次攻击，网站应用入侵防御系统 WAF 日均拦截攻击 3 000 余次。起较好地防范了网络攻击。通

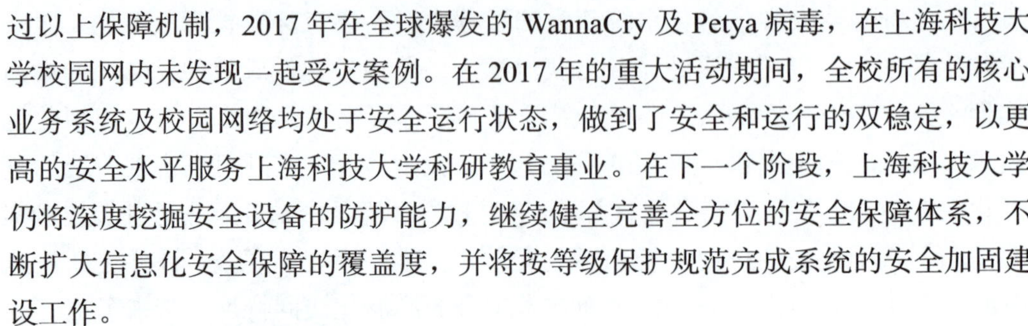

过以上保障机制，2017 年在全球爆发的 WannaCry 及 Petya 病毒，在上海科技大学校园网内未发现一起受灾案例。在 2017 年的重大活动期间，全校所有的核心业务系统及校园网络均处于安全运行状态，做到了安全和运行的双稳定，以更高的安全水平服务上海科技大学科研教育事业。在下一个阶段，上海科技大学仍将深度挖掘安全设备的防护能力，继续健全完善全方位的安全保障体系，不断扩大信息化安全保障的覆盖度，并将按等级保护规范完成系统的安全加固建设工作。

2. Egate 一站式校园服务平台

Egate 一站式校园服务平台（http://egate.shanghaitech.edu.cn）是向全校师生开放的网上服务和办事窗口，紧密围绕学校的日常教学、科研和生活等，按照碎片化的服务理念，采用开放的设计架构，以统一身份认证为桥梁，以服务总线系统为引擎，以主数据库为基础，以各类业务系统为支撑，通过开发和集成的实现方式，汇聚了多种类型、不同业务的服务，为师生提供各类查询和事务办理服务，优化了管理者的管理工作，提高了办事效率。Egate 服务平台可以按照本科生、研究生、教师等不同的身份，访问或使用不同的信息和服务。同时，服务平台是学校各业务系统的统一入口，在登录平台以后，全校师生可以在各个信息系统之间无缝切换。另外，服务平台提供了中、英文版本，为学校师生提供了双语和便捷的服务。

Egate 服务平台包括个人中心、服务中心和任务中心。

个人中心以卡片栏目的形式，将与个人相关的信息、数据，如待办任务、个人日程、课表等展现给用户。

服务中心从服务角色和业务类别的角度，对接了协同办公系统、学生工作系统、人事系统、SAP系统、教务系统、研究生系统、易表通流程平台等各业务系统和平台，并以业务系统为依托，集成和开发了大量面向师生用户、面向管理者的服务应用，包括行政办公、公共服务、财务服务、教学教务、设备采购、学生事务、IT服务、国际交流、人力资源、空间预定、快速入口共11个服务大类。各类服务实现的方式不尽相同，例如印章使用、备忘录、行政发文、会议纪要等服务采用链接的方式；迎新、离校、奖学金评定、人事考核等学生工作和人事服务，通过UI开发规范，以模块化的方式接入；设备采购申请、耗材采购申请、证照申请以流程和表单的自定义配置形式接入。服务中心不但为师生提供单体的业务，例如印章使用申请、设备采购申请、课表查询、日程查询等，也为管理者提供了独立的模板化应用，例如迎新系统、奖学金系统、心理咨询系统、人事考核系统等。另外，服务中心开发了多维度应用查找、应用定位、服务反馈与评价、Google Material Design设计、应用访问数据统计分析等功能，以更好地提供服务。

任务中心以办理事务为主体，将个人的办理任务以待办、已办、办结、跟踪等不同的状态集成展现，便于个人及时处理事务。任务中心在服务平台中以独立应用的方式开发及运行，通过开放的接入规范和标准接口，以业务系统的事务为主体，目前集成了易表通平台开发的流程事务，协同办公系统的流程事务，以及人事系统、学生工作系统、SAP 系统的审批事务等。

Egate 服务平台充分考虑了系统架构的开放性，设计了一系列的接入规范，包括应用管理平台集成规范、服务总线集成规范、任务中心集成规范、统一身份认证集成规范、数据集成规范、UI 设计规范、移动客户端 UI 设计规范、中英文接入规范。通过这些规范，使各类服务以各种形式接入到系统中，从而为用户提供更人性化的体验。

3. 基于 SAP 套装软件的综合管理系统

上海科技大学综合管理系统以 SAP 套装软件系统为内核，以 BPM 系统为用户界面进行建设，覆盖了上海科技大学的财务管理、资产管理、采购管理、项目管理等业务范围，有机地串联了各项业务与部门之间的协同。整个系统结合了 BPM 系统友善的用户界面、可配置的流程管理与 SAP 套装软件系统强大的内核逻辑、完整的业务解决方案，使系统同时兼顾了用户的使用体验与业务的高效管理。

如图 5-10 所示为上海科技大学综合管理系统。

1）以系统建设为契机梳理业务流程与跨部门的协同合作

上海科技大学作为一个年轻的大学，秉承小规模、高水平、国际化的办学与管理理念，在办学与管理上有多种创新举措，但较短的成立时间也让学校管理的理念与落实之间存在一定的差距。综合管理系统的实施建设正是一个良好的契机，可以借助较广的实施范围对学校的业务流程进行梳理，并更好地协调跨部门的协同合作。在系统建设的蓝图设计过程中，共梳理了 100 余条业务流程，讨论了 50 余个跨部门协同的问题，为学校的创新管理理念落实打下了良好的基础。

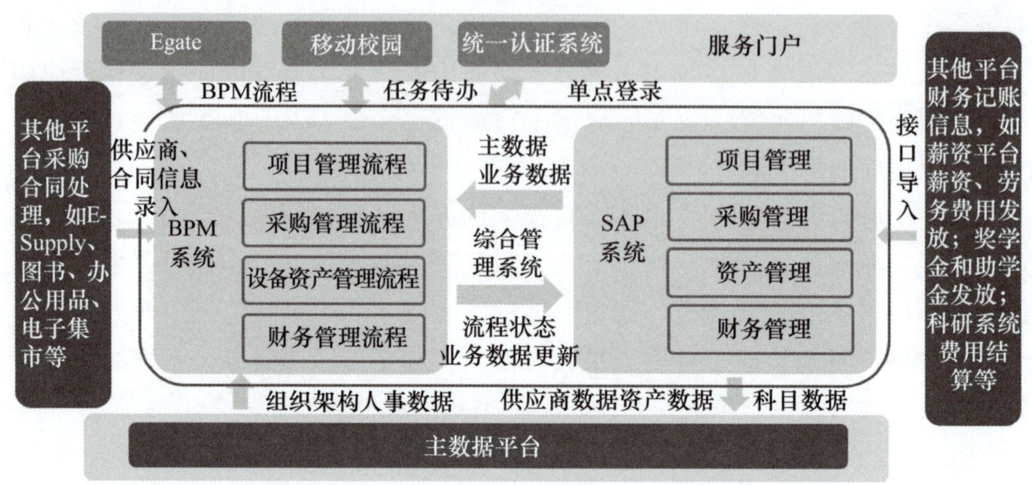

图 5-10　上海科技大学综合管理系统

2）业务与财务的一体化简化了工作，带来了更好的使用体验

综合管理系统依托 SAP 套装软件强大的内核逻辑、完整的业务解决方案，以业务流程为驱动，将各业务部门的工作有机结合在一起。系统涵盖了预算核算及业务执行两条线，并将各业务流程节点进行有机的结合，实现了业务与财务的一体化。将预算的事前、事中管控及不同业务所对应的财务核算规则交由系统自动管控，简化了日常工作。同时提供相关的数据报表，满足业务部门不同维度的查询与分析需求。

3）与其他系统的有机结合及数据共享

综合管理系统通过单点登录的方式与学校的服务门户整合，同时与学校的主数据平台和学校其他专业系统通过接口的方式实现了流程的贯通及数据的共享，为学校下一步大数据的提取与分析应用提供了数据基础。

4. 大型仪器共享平台

大型仪器共享平台是为学校广大师生、校外研究人员提供大型仪器预约、送样服务的专业管理平台。随着学校不断地创新发展，科研和教学对科研仪器的需求迅速增长，同时学校的科学仪器规模也持续扩大。如何贯彻落实《国务院关于国家重大科研基础设施和大型科研仪器向社会开放的意见》，解决好日益增长的使用需求与使用不便捷、不充分的矛盾，克服部分科研仪器部门化、个人化、封闭性使用的倾向，提高全校师生共享科研仪器的方便性和设备资源利用效率，成为学校领导和师生关心的重要问题，而该平台的出现恰好能够

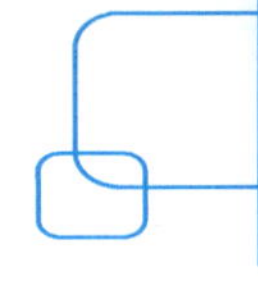

解决这些问题。

2017 年 11 月 6 日，该系统正式上线运行，目前已经开放 22 台大型仪器供广大师生预约使用，包括激光共聚焦显微镜、倒置激光共聚焦扫描显微镜、流式细胞仪、X 射线粉末衍射仪、X 射线光电子能谱仪、傅立叶变换红外 / 拉曼光谱仪、高通量高内涵细胞分析仪等。系统首期功能涵盖了仪器共享、预约使用、培训授权、状态监控、计费、成员管理等。系统从 2018 年 7 月开始试运行以来，使用次数已经有 1 418 次，使用测样达到 4 046 个，使用机时超过 16 000 小时。

目前，该系统主要包含了仪器预约、仪器送样、预约授权、黑名单管理、基表管理、成果展示管理、维修管理等功能模块。为广大用户提供更为友好的操作界面，为仪器设施管理人员提供高效的管理工具。仪器负责人发现，系统有效地帮助他们解决了手工管理的困难，可以高效地管理仪器可用时间，协调学生上机使用，也方便了师生提前掌握仪器状态并进行预约。仪器负责人可以对用户进行筛选和培训，课题组负责人可以从总量上对课题组成员的上机时间进行统筹，系统可以对不良用户进行处置。

5. 教学辅助系统

1）互动教学平台

网络化互动教学平台自2016年秋季学期开始建设，功能包括课程建设、资源建设、教学活动、学习评价、移动学习和系统管理，旨在构建一个数字化、智能化的教学环境，实现以学生为主体、以教师为主导，传统面授与在线教学活动有机结合的混合式教学，以丰富的内容和多样化的形式支持教师开展网络化、交互化、富媒体化的教学，培养学生适应网络时代要求的自学能力，促进教学和学习方式创新。在系统建设方面，实现了与学校多个业务系统之间的功能和数据对接。例如，与学校Egate平台和统一身份认证系统对接，实现了一站式服务和单点登录；与学校主数据库对接，实现了人员信息的同步；与学校教务系统对接，实现了排、选课和成绩数据的同步；与学校文献集成发现系统对接，实现了文献资源与教学资源的整合。在使用推广方面，自互动教学平台建成后，通过平台使用介绍、组织定期答疑与交流、组织示范课经验交流、组织助教使用培训、及时提供在线支持等方式，向全校教师及助教提供支持和帮助。在社会共享方面，学校的教学课件是对社会具有高度价值的宝贵资源，鼓励教师在合理保护知识产权的情况下，将优质教育资源对社会公众开放。截至2017年年末，平台教师开课127门，其中活跃课程数114门，活跃用户数1 118，

教师/指导员用户数125，每日平均页面查看量47 433。

2）远程教学与会议系统

上海科技大学依托中国科学院计算机网络信息中心建设的中国科学院桌面会议系统，建设了远程教学与会议系统，为教师远程授课、课题组远程讨论、项目建设远程讨论和学校重要活动提供了数据共享的支撑和保障，有利于汇集优秀师资力量和提高沟通效率。

6. 多媒体制作中心

为了更好地适应教学信息化、多元化的需求，上海科技大学图书馆多媒体制作与演练中心应运而生。该项目用于支持上海科技大学师生个人和群组根据课程、科研项目、创新创意活动、社团活动等的需要，制作多媒体、富媒体、融媒体和智慧媒体内容，演练排练展示内容和宣传展示过程，成为师生公共的“内容创新工场”。中心共设有三个区域：录播区、多媒体制作编辑区及演练排练区。区域的功能主要有以下几方面。

1）录播区（含录音室）

录播区包括3个演播景别：1个用于综合节目的主景、1个虚拟蓝箱演播景和1个访谈类演播景。音频内容采集区域支持1组播音室。整体录播区制播系统全部构建在数字电视技术平台上，可以用于各类播报、MOOC制作、网络课程直播、访谈、虚拟演播及音频编辑等多种形式的多媒体内容的制作和输出。

2）多媒体制作编辑区

配置高端硬件和 Adobe 全套软件及部分音、视频专门制作软件，支持个人或群组进行后期制作，可编辑复杂的多媒体内容。多媒体制作编辑区可以进行多种形式的音、视频后期处理，包括 3D 建模、特效设计、剪辑及调色等。

3）演练排练区

该区域提供 150 寸 16∶9 的专业透声幕布和投影设备，经过专业声学设计，通过吸声隔声与扩散结构，控制室内混响，最大化提升各区域的聆听均匀度与清晰度。该区提供可以容纳 30 人左右的多媒体内容的演练、排练及交流互动活动。

上海科技大学多媒体制作与演练中心项目的建设，将进一步推进信息化技术在教学、科研过程中的深入应用和有机整合，实现教学内容的多元化、网络化、趣味化，促进学生的群组学习方式及师生互动教学模式的新变革，促进数

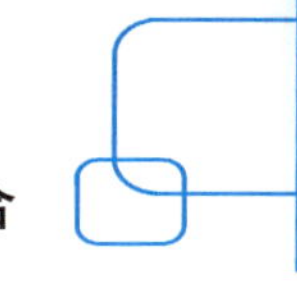

字化教学资源的产出、共享与传播。有利于推进信息技术在学生创新创意活动过程中的深入应用，提高学生的信息素养及创新能力，培养并提升学生个性化、自主化、协作性学习能力，培养适应信息社会的创新型人才。上海科技大学通过建设多媒体制作与演练中心，将大学办学体制和运行机制创新的理念、互动教学设计和实施方案转化成全校教师、专职科研人员、学生和行政人员日常使用的多媒体实训系统和服务平台，从而为上海科技大学推进高等教育体制机制改革和建设创新型大学发挥显著的保障与推动作用。

第 6 章

科学传播信息化服务科技创新

科技创新、科学普及是实现创新发展的两翼。作为我国科技大师的荟萃之地，中国科学院不仅致力于发挥好科技领军作用，努力把握科技革命新方向，而且对科学传播工作高度重视，切实履行好作为国家战略科技力量的科普职能。

6.1 科学传播信息化发展历程

中国科学院科学传播信息化最早起步于 1999 年，中国科学院官方网站（www.cas.cn）开通，面向社会公众和业界同行传播中国科学院的工作动态与科技进展。同年，中国科普博览虚拟博物馆群（www.kepu.cn）开通，面向社会公众分享科学知识和科学思想。2007 年，科学网（www.sciencenet.cn）开通，面向科技同行构建网上社区。随着技术的发展和业务的变迁，在上述三个网站的基础上，发展出科学院科学传播信息化的三个平台——中国科学院网站群、中国科学院科普云和科学网学术交流平台。

6.2 科学传播信息化建设成效

6.2.1 信息化助力科学技术创新与科学普及

2015—2017 年，面对移动互联网的迅猛发展，内容生产和传播业态快速变化，中国科学院科普云服务平台进一步夯实科普云的内容聚合优势，同时积极探索和应用新媒体技术，支撑科研团队创新科普应用与服务，集成特色、高端的科普资源，打造有影响力的网络科普信息服务，架起科研团队与社会公众便捷交流互动的渠道，提升公众科普体验深度和满意度，在融合创作与传播方面

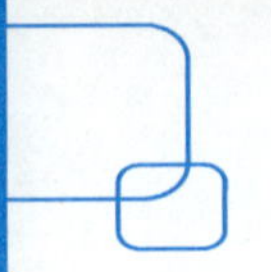

开创和引领我国网络科普的新格局。

1. 科学传播平台优化结构，提升服务能力

依托管理云基础设施，科普云平台面向院内外科普创作者和科普工作者实现了从科普云主机到科普网站、科普专题、科普专栏、活动组织、视频分享、科普培训、项目申报等一系列科普应用，并支撑了院内各研究所的科普空间、云门户中国科普博览、科学院科普工作网明智科普网的运行。目前，科普云平台注册用户数接近 31 000 人，其中，2015 年至 2017 年新增 23 000 人，院内机构用户数 2 800 个，已经覆盖中国科学院所有的研究院所。

在此期间，科普云门户中国科普博览内容结构进一步优化，联合科研团队，紧密跟踪社会热点和科技前沿，利用融合创作专栏，结合社会热点，持续传播领域知识；利用“科学大院”专栏原创文章传播中国科学院最新科研成果和尖端科技；利用图文专题对重大科研进展和发现进行深入解读。利用视频揭示深奥的科学原理；利用 SELF 格致论道讲坛重点打造“科学明星”，充分展示科学家的魅力风采。各个栏目保持日更新或周更新，首页焦点文和焦点图每日更新，重大科技热点和专题滚屏播放，使科普内容更加生动。2015—2017 年，共新增科学前沿和热点解读专题 36 期、科学微视频 250 部、原创科普文章 625 篇。内容获得网友广泛好评，被腾讯网、新华网、网易、今日头条等网络媒体和人民日报、央视新闻、紫光阁、共青团、知识分子等 90 家主流媒体和自媒体号广泛转载，总访问量达到 3.5 亿，社会效益突出。

2. 移动科普高效传播，持续发展

随着移动互联网逐渐发展成为人们获取信息的第一渠道，中国科学院下属的部分研究所陆续推出了各自的科普微博和微信账号，其中物理研究所、西双版纳热带植物园、中国科学院大学、武汉植物园、国家空间科学中心、上海天文台、高能物理研究所、微生物研究所等的科普效果都很好。

为了进一步促进这些优质内容在移动客户端的高效传播，在对全院微博和微信账号进行全面梳理、资源整合的基础上，以中国科普博览的微博和微信为聚散地，汇聚了中国科学院高端科研科普资源，以传媒和教育视角提供高端前沿、热点解读的新媒体科普服务。在“微时代”背景下，科普博览微信和微博迅速积聚了一大批爱好科学、勇于探索、乐于分享的粉丝。从 2016 年起，科普博览不断地探索新媒体形式下的运营方式，每周一至周六更新，每天下午五点准时推送。截至 2017 年年底，科普博览微信号共推送科普文章 982 多篇，不

仅在长征五号、天宫二号发射等重大科技新闻上始终保证第一时间推送，也在南方暴雨、北方雾霾、奥运会等热点事件期间积极推送科普知识，获得粉丝的一致好评。

同时，打造中国科学院官方科普微信公众号“科学大院”，致力于提供前沿、权威、既有趣又有料的原创科普内容。自 2016 年 5 月 4 日上线运营以来，“科学大院”既传播具有权威性的科学知识，也提供科学史、科学人物等科学文化内容，并上线了调动受众互动参与的科学猜图栏目。在工作日早上 7 点，“科学大院”准时为近十余万人提供科学早餐，截至 2017 年年底，共推送原创、独家科普内容 500 多期，在量子科学实验卫星发射、天宫二号、神舟十一号、长征五号等我国重大航天前沿科学事件期间，在暴雨、转基因等应急热点事件期间，“科学大院”均发布了原创科普内容，得到了媒体和公众的一致好评。在 2018 年 5 月份的全院公众科学日及中国科学院科技周和 8 月份的创新成果年度巡展期间，“科学大院”作为中国科学院官方科普微信号均进行了非常好的宣传和支持，从预告到内容全过程展示中国科学院线下科普活动内容，形成了科普在线上新媒体与线下实体展之间的良好互动。2017 年底，“科学大院”公众号以“最新成果深度解读、热点事件科学发声”的突出特色，荣获“2017 典赞科普中国”的“十大科普自媒体号”。

如图 6-1 所示为“科学大院”微信平台的相关界面。

图 6-1　“科学大院”微信平台的相关界面

此外，科普云推出一款“科学秀”的 H5 创作工具和发布平台，方便用户轻松创建和发布科学类移动阅读作品。通过可视化编辑工具和拖放式排版操作，用户可以轻松完成文本、图片、视频、音频等元素的排版，设置多种动画效果，快速发布成 H5 轻应用和独立 App，支持微信分享、Web 浏览和 App 下载阅读，适应多种业务场景。目前，已经注册的创作者和创作团队数达到 612 个，已经创作发布作品 167 期，总下载、阅读量接近 30 万人次。西双版纳植物园创作的“雨林好声音”、武汉植物园创作的“水果之王——猕猴桃”、北京植物研究所创作的“一叶知秋”等作品因新颖丰富的科普表现创意和内容获得好评。

如图 6-2 所示为微信科普示例，扫描二维码，即可看到右侧的科普内容。

图 6-2　微信科普示例

3. 科普信息化持续创新，锐意进取

随着信息技术的发展，不断有更适合科学传播的信息化手段和技术逐渐发展成型，被广泛应用而在互联网流行，这为网络科普的发展带来很大的机遇。

以下是中国科学院在科普信息化方面所做的一些创新性尝试。

1）研发科普影视技术与产品

2015—2017 年，院内领域研究机构和创作团队纷纷策划打造富有科学内涵的科普影视作品。其中，科学纪录片《青色的海》依托国务院新闻办公室在 15 个国家的 40 个电视机构播出。通过每年一度的科普微视频大赛牵引和技术培训带动，全院平均年出品前沿科学微视频 100 余个，《北京正负电子对撞机》《天舟一号太空补给排头兵》等多个微视频获得科技部科普微视频大赛优秀作品奖和中国科协“典赞科普中国”的“十大网络科普作品”。探索市场化机制，与上海科技馆合作研制的 4D 影片《海洋传奇》已经杀青，于 2017 年 5 月 14 日正式上映。与中国大百科全书出版社合作，以“形象化理解、可视化记忆”为出发点，围绕网络版大百科词条的科学原理进行三维可视化展示，利用多媒体让百科词条形象和生动的工作正在推进实施。

2）探索 VR/AR 科普应用，丰富科普信息化手段

随着新一代信息技术的迅猛发展，科学传播的信息化手段和渠道也在不断地创新和丰富，虚拟现实（VR）与增强现实（AR）以强烈的沉浸感、友好的人机交互性为科普工作打开了新局面。2015 年，计算机网络信息中心联合古脊椎动物与古人类研究所，推出了“中国古动物馆导览”App，综合应用智能终端技术、移动互联网技术和增强现实（AR）技术，以古脊椎动物演化的关键节点为基本内容脉络，以现存实物化石为依托，是一套能够支持移动智能终端访问的，融实物和化石展品、图文展板、电子标签（NFC 和二维码）及云端数字多媒体展品于一体的混合式常设互动展览，已经进行实地部署并试运行。该 App 自运行以来，累计为 10.5 万人次提供了移动导览的服务，受到广泛好评。

如图 6-3 所示为“中国古动物馆导览”App 增强现实应用示例。

图 6-3　“中国古动物馆导览”App 增强现实应用示例

2016 年，“人体探秘之细胞城堡”VR 互动科普展品在全国科普日主场亮相，将人体细胞的微观环境通过 VR 技术呈现，打破空间、时间的限制，帮助学生了解人体不同的细胞种类、形态、功能及工作方式。“人体探秘之细胞城堡”包含 11 个 360° 3D 场景，介绍了神经元细胞、心脏、小肠绒毛细胞、细胞核、细

胞质及 DNA 转录翻译的整个过程，为中小学生提供了沉浸式、交互式和体验式的虚拟化科普教育内容。目前该展品已经参加过 5 所北京中小学的科技实践日，12 次科普进社区活动，以特色的资源优势和逼真的制作效果累计吸引了 2.5 万人次体验学习。

3）提升“SELF 格致论道”讲坛的影响力

科普演讲是在学校、社区开展科普活动的一种常见科普形式，但是传统的科普演讲一般比较冗长，动辄一两个小时，形式较为呆板，以从上至下的宣传讲解为主，内容偏知识性，缺少思想的启发。在国外广受世界民众欢迎的 TED 演讲的启发下，计算机网络信息中心在中国科学院科学传播局的支持和指导下，推出了“SELF 格致论道”讲坛。每月举办一次公益演讲大会，以“时长 18 ～ 20 分钟”“舞台艺术氛围”“思想的分享”等为关键把控点，以充满文化艺术气息的科技思想分享形式激发公众理解科学、参与科学的兴趣。

从成立到 2017 年年底，“SELF 格致论道”已经举办了包括“互联网时代的大融合”“与自然的互动”“逐梦之旅”“预见 • 未来”“HERSELF• 别样魅力”“生命 • 延续”“自然 • 本心”“未来 • 已来”“创时代”“理性之美”“深度未来”等 22 期主题式的演讲活动，邀请了近 142 名来自科学、教育、艺术、经济等领域的嘉宾分享他们的思想和观点，其中包括中国科学院院士裴钢、中国工程院院士李建刚、著名的量子科学家中国科学技术大学教授陈宇翱及蛟龙号副总设计师朱敏、著名天文学家硬 X 射线卫星首席科学家张双南等。

如图 6-4 所示为“SELF 格致论道”部分主题活动。

图 6-4 “SELF 格致论道”部分主题活动

现场的演讲活动可以充分调动演讲者的积极性和热情，在与现场观众的互动过程中进行思想交流。而同时需要充分利用信息化手段，对演讲活动进行前期宣传以便扩大影响。在演讲过程中进行专业的视频拍摄并进行后期制作，同时拓展传播的渠道，使其可以在互联网上服务更多人。演讲视频在腾讯精品课、优酷教育、凤凰视频、今日头条等平台上进行广泛传播，总计访问量超过 2 亿次。其中，据不完全统计，导航科学家徐颖的《来自星星的灯塔》在各平台的访问量累计超过 2 500 万人次，仅在腾讯视频上就达到 602 万人次的访问量。

2016 年 7 月 17 日，“SELF 格致论道”第一次走出北京，与墨子沙龙和浦东图书馆联合，在上海举办了“SELF 格致论道 2016 创新大会”，以“未来·已来”为主题，邀请了同济大学校长裴钢院士、中国科学院等离子体研究所李建刚院士、阿里巴巴技术委员会主席王坚博士、中国科学院上海微系统所张晓林研究员、上海交通大学教授贾金锋研究员、中国科学技术大学陈宇翱教授等嘉宾就干细胞、新能源、大数据、机器人、基础前沿领域的发展进行了分享，现场 680 人的座席爆满。活动通过澎湃新闻、腾讯企鹅平台、网易等渠道进行直播，在线收看人数超过 50 万，取得了良好的传播效果。

4）构建融合创作与矩阵式传播

要提升科普信息的权威性和影响力，难点之一是如何充分发挥科学家作为科普信息源头的重要作用，难点之二则是在移动互联网环境下，如何让科普信息流行起来。长久以来，在科研资源向科普受众转化的过程中，科学家团队、科普创作团队与媒体渠道这三个科普信息生产和传播的相关主体未能积极参与，也未能很好地协作，导致参与科普创作与传播的门槛都较高而收效又偏低。

2015—2017 年，中国科学院网络科普联盟利用计算机网络信息中心成功中标国家科普信息化融合创作专项的契机，打造连接器，投入大量人力，密切联系科学家团队、创作团队与媒体，构建科普融合创作的微生态系统，利用更大的传播影响、更多的科学资源和经费、更高品质的作品，切中相关利益方宣传自身工作成果、发展团队业务实力和拓展优质内容的痛点，使其自愿打开各自的界面和接口，在科普作品的选题策划、资源采集、设计制作和传播评估等各环节有机融合，显著地提升了作品的质量和传播效果。特别是在针对性作品的科学性把关和科学资源采集方面，提供了充足的科学资源投入，为入围团队的科普创作提供科学咨询，有效地保证了作品的权威性。

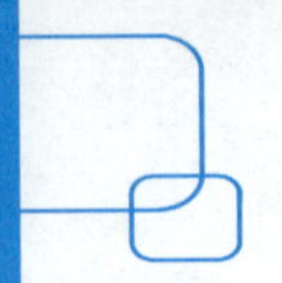

特别是在 2016 年，科普重大选题融合创作与传播项目更加聚焦重大选题的规划和组织实施，不仅研究制定了《科普重大选题融合创作与传播选题指南》，于 2016 年 6 月，面向社会公开发布并进行选题作品的广泛征集，而且还制定了选题的按周实施计划，有预判地从国家战略布局、科技发展前沿和社会生活热点三个层面，快速响应，灵活且科学有效地组织科学家、科普创意与制作人员和渠道传播人员共同开展有战略高度、科学深度、传播维度的科普融合创作，形成一批有重大影响力、形式多样、适合移动客户端互联网传播的科普作品。

截至 2017 年年底，科普重大选题融合创作项目共新增团队 310 个，已经发布入围作品 1 052 个，作品发布后首周的累计作品浏览量为 7.5 亿次。其中，单个作品的首周作品浏览量最高为 4 748 万次，首周浏览量超过 100 万次的作品有 175 个，占作品总数的 1/6；128 个作品上了各大主流媒体客户端头条、主流媒体首页首屏。作品质量和传播效果在同期项目中处于领先地位。

项目所研究制定的后资助激励机制，吸引社会团队以传播效果倒逼科普选题创作与传播，初步探索出一条以科学资源为核心，将科普创作团队与传播渠道无缝对接的融合创作和传播之路，打造出一支科普融合创作的轻骑兵突击队，取得了优异的创作与传播效果。不仅创作作品品质有保证，创作团队的培育颇见成效，媒体渠道合作传播成效显著，形成了科普中国融合创作旗舰方阵和传播方阵，而且创新迭代迅速，为科普信息化的机制创新提供了鲜活的案例。

6.2.2 融合新媒体打造一体化多渠道科学传播体系

按照“集中建站、分级管理、资源整合、制度约束、服务保障”的原则，2009 年，建设上线中国科学院网络化信息发布平台，初步形成以中国科学院网站为主站、中国科学院领导、中国科学院机关各部门及中国科学院属各单位中、英文门户网站为子站的科学院网站群体系。在“十二五”期间，平台进一步扩充，建设网络化信息发布平台 2.0 版、运行数据分析平台 2.0 版，建设“中国科学院在线”平台、中国科学院资源导航服务平台，建设支持“中科院之声”多渠道传播功能，推进站群建设及应用，支持院属单位二级子站建设。

2015—2017 年年底，中国科学院网站群进一步拓展和完善网络化信息发布能力，促进新媒体应用。按照国家信息系统安全等级保护三级的要求，加强平台的建设管理；对照国家对政府网站的普查标准，进行自查整改；构建同城

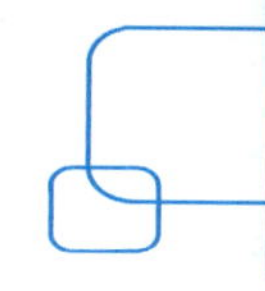

异地的应急环境，引入错别字检测系统，调整架构提升发布性能，形成满足中国科学院网络宣传日常工作需要的基础环境和工作平台，支撑 140 个单位（部门）共 300 个门户（机构）网站的稳定运行和日常更新，支持院属单位共 600 多个二级子站的开通建设。网站内容日趋丰富，运行日趋稳定，网站安全性得到保障。中国科学院对外宣传的整体形象在互联网上集中呈现，影响力显著提升。

1. 科学院主站内容推陈出新

2015—2017 年，中国科学院中文主站及时报道了国家涉及科教的重大事件和会议、中国科学院党组的重大举措和会议、中国科学院领导的重要活动，尤其开设了“国家”频道，关注习近平主席、李克强总理等国家领导人的重要活动、国家领导到中国科学院的视察活动和全院重大科研进展及科研成果。发布了省部级领导对中国科学院的重要视察活动、学部的重大活动、中央级媒体对中国科学院的重要报道、新闻办公室对外发布的新闻和指定发布的信息等。

伴随着中国科学院机关科研管理改革工作，中国科学院中、英文主站在第一时间对网站中的“院机关”等相关的栏目进行调整，并积极配合各局完成了新建子站的上线工作，同时对院领导在子站中的相关静态信息进行了更新。两年来，根据相关的要求，对学部工作局、发展规划局网站进行了改版，在监督与审计局和中央纪律检查委员会驻中国科学院纪律检查组成立后，新建了各自的站点。

2016—2017 年，中国科学院中文主站密切配合全院的重要宣传工作，共制作专题 40 余个，主要包括“十八大”以来中国科学院创新成果展、中国科学院年度工作会议、国家科技奖励大会、全国两会、清明节纪念、公众科学日、诺贝尔奖、院士大会、缅怀南仁东先生、谢家麟院士和严东生同志、暗物质卫星工程、院十二五标志性重大科技进展、“两学一做”学习教育、实践十号卫星、量子科学实验卫星、探索一号深潜科学考察、FAST 工程等，较好地扩展了报道的深度和广度。

中国科学院英文主站面向国际化受众，重点传播科研进展与国际合作等内容，着力促进国际交流与人才培养，得到了国际同行的充分肯定。2016 年开辟了与美国科学促进会的合作，拓展了传播渠道和影响面，对国外媒体的影响明显提升。

2.“中科院之声”品牌发展壮大

由中国科学院科学传播局策划的“中科院之声”官方微博于 2013 年 5 月 31

日上线，邀请社会公众一起以科学的眼光看世界，以全球的思维论科学。同名微信公众号于同年 6 月 4 日上线，致力于传播科学，服务大众。2013 年年底，“中科院之声”开通手机报，以彩信形式向中国科学院副处、副高及以上科研管理骨干及部分离退休干部发送中国科学院重要新闻、工作动态、科研进展、科学新知等内容，服务院内信息的“上情下达”，为各局工作服务。2015 年 5 月，“中科院之声”电子杂志开始每周以邮件形式向中国科学院全体干部职工和学生推送中国科学院重要新闻、工作动态、科研进展、招生招聘、会议信息等信息，围绕中心大局，基于服务需求，打造面向全院干部职工的政务信息传播和服务性信息流通平台。

如图 6-5 所示为“中科院之声”的多渠道科学传播体系。

图 6-5 “中科院之声”的多渠道科学传播体系

从 2015 年下半年至 2017 年底，“中科院之声”陆续进驻“今日头条”“一点资讯”“网易新闻”等新闻客户端。2016 年 8 月，“中科院之声”入驻“知乎”。目前“中科院之声”已经成为涵盖微博、微信、客户端、手机报、电子杂志的新媒体传播品牌。至此，以官方网站为基础，微博、微信、手机报、电子杂志、客户端等多渠道的科学传播体系逐步形成，协同共建，统一发声，多渠道传播。

随着“中科院之声”品牌初步形成，院属各单位（部门、实验室等）也陆续推出了官方微博、微信公众号。截至 2017 年年底，已经有近 60 家单位开设了 100 多个微博账号，约 100 家单位开设了超过 200 个微信公众号，拓宽了传播渠道，提升了中国科学院的影响力。

“中科院之声”品牌的定位是面向公众，树立中国科学院正面形象。因此在内容方面，主要选取重要的、与公众有关联的科研进展信息，目的是向公众介绍中国科学院的最新科研成果，同时根据网络热点辅以科普、媒体报道及机构的重大事项公布等。在遇到重大舆情时，兼顾回应社会关切的功能。

在内容来源上，为了确保中国科学院的良好机构形象，确保中国科学院代表的学术群体的严肃性和权威性，对内容的准确性和真实性有较高的要求。主要以中国科学院官方网站、院属媒体内容和中央媒体采访中国科学院专家的内容为主。

在传播手段上，力求风格化运营，树立中国科学院严谨、科学的正面形象。同时采用人格化运营模式，在语言上力求贴近公众，符合新媒体的传播习惯。

在特色栏目方面，“中科院之声”与新浪合作，开设了“科学史”栏目，每日更新科学历史上的重大突破或重要人物。

3. 信息安全管理全面符合国家要求

党中央和国务院对政府网站建设有一系列的要求，先后下发多个通知和规章，如《党政机关、事业单位和国有企业互联网网站安全专项整治行动方案》(公信安〔2015〕2562 号）和《国务院办公厅关于加强政府网站信息内容建设的意见》(国办发〔2014〕57 号)，强调安全防范和内容质量。中国科学院网站群发挥集约化的优势，统一加强安全防护，形成符合国家对政府网站管理要求的信息发布运行环境，采取有力的措施进行自查整改，进一步优化架构和提升性能。

1）按照国家信息系统安全等级保护三级标准加强安全防护

国家强调互联网网站安全防范，作为国家级重点网站，截至 2014 年年底，中国科学院网站群系统安全保护等级确定为第三级。2015 年、2016 年、2017 年连续三年顺利通过公安部的国家信息系统安全等级保护检查，并按照相关的评测依据和技术标准进一步整改与加固。

综合应用多项网站安全防护措施。网站群系统应用包括五套内容管理系统及流量分析、全文检索、视频直播、新媒体管理、错别字监测等系统。网站群系统平台部署了防火墙、IPS、漏洞扫描、网页防篡改等各类网络安全防护设备。在技术上，采用页面静态化、Web 动静态资源分离、数据库读写分离方式，实现站群前台页面与后台编辑系统逻辑隔离。网络划分 Web 发布区、内容管理

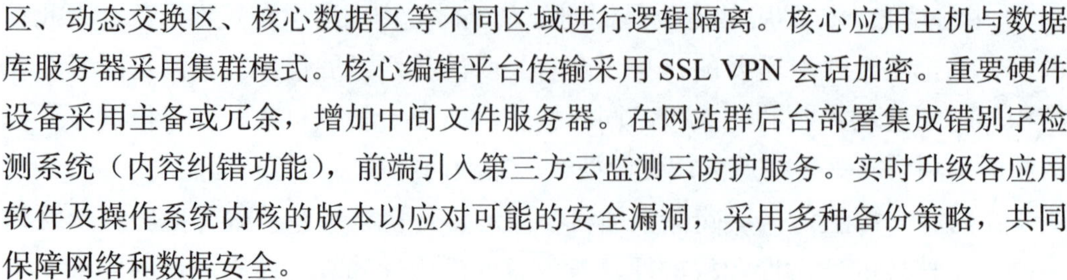

区、动态交换区、核心数据区等不同区域进行逻辑隔离。核心应用主机与数据库服务器采用集群模式。核心编辑平台传输采用 SSL VPN 会话加密。重要硬件设备采用主备或冗余，增加中间文件服务器。在网站群后台部署集成错别字检测系统（内容纠错功能），前端引入第三方云监测云防护服务。实时升级各应用软件及操作系统内核的版本以应对可能的安全漏洞，采用多种备份策略，共同保障网络和数据安全。

2）坚持按照国家对政府网站的要求进行自查整改

（1）落实党政机关和事业单位网站统一标识工作。依据中央网络安全和信息化领导小组办公室的《关于加强党政机关网站安全管理的通知》和中央机构编制委员会办公室发布的《党政机关、事业单位和社会组织网上名称管理暂行办法》《党政机关网站开办审核、资格复核和网站标识管理办法》文件要求，中国科学院网站群于 2014 年年底，部署了推进“科学院网站及院属单位网站的网站标识”申请与管理工作。在规定的时间内，中国科学院网站群中共有 96 个单位（部门）的机构网站添加了网站认证标识。

（2）新增“信息公开”频道。落实国务院办公厅关于印发 2015 年政府信息公开工作要点的通知精神，中国科学院主站和院属各单位网站增加“信息公开”频道。2017 年，为解决院属各单位网站“信息公开”频道建设风格不统一、公开内容参差不齐等问题，中国科学院启动了“院属单位网站信息公开频道规范化调整工作项目”，按照国家及中国科学院要求，制定标准规范，重新梳理栏目结构，设计标准模板，开发功能。截至 2017 年年底，已在全院 120 多家院属单位部署应用，极大提升了中国科学院信息公开水平，充分发挥了网站平台的渠道作用，注重用户体验和信息需求，扩大信息公共发布传播范围，提高信息到达率。按要求为中国政府网相关的栏目报送院内信息稿件材料并得到大量采用。

（3）参与国家对政府网站普查工作并对院所网站提供监管自查服务。2015 年，国务院办公厅开展全国政府网站普查工作，对网站的访问可用性、内容更新情况、严重错误等提出了具体要求。中国科学院的 33 个院级网站被纳入此次普查中。经过深入细致的检查和对照整改，至 2015 年年底均全部达标。2016 年、2017 年，继续按照国务院办公厅要求，按季度组织落实相关的网站抽查工作，均达标。

2016 年，中国科学院网站群进一步建立常态化监管机制，结合云监管服务，为全院 130 多个单位（部门）网站提供实时错别字、错断链、僵尸栏目等健康状况检测功能，使各单位能及时发现和解决存在的问题，并采取措施进行整改。

2017年，在上述服务基础上，又增加了“中科院之声”“科学大院”“中国科普博览”等官方微信的监测功能，多渠道监管，进一步提升中国科学院信息宣传和科学传播的规范性和权威性。

3）优化的架构及功能，提升站群的稳定性和可用性

中国科学院网站群平台在建设之初即采用了集中式架构，运用一个数据库存放所有的数据。“十二五”后期，针对站点和数据量不断增加后的性能瓶颈问题，采取了一系列措施进行系统优化。

（1）调整网页分发部署方式，解决后台发布瓶颈问题。当各所信息员多人同时在线编辑、修改模板或更新资源库后再进行全站发布时，经常出现系统慢或不响应的情况。经过调整网络结构和网页分发方式，增加中转文件服务器，在不降低安全性的前提下，有效地提高了页面分发效率和后台稳定性。

（2）研究了对站群系统进行水平拆分，缓解数据库性能瓶颈的方法。已经成功分开了院主站与院属单位网站的后台系统，主站运行效率明显提升。搭建了同城异地的应急环境，保证了网站群对外访问服务不中断。

（3）在内容管理平台中引入了“内容纠错”功能。网站健康程度已经成为政府网站评估的重要指标。中国科学院网站群增加了在信息发布前发现和提醒文章中错别字的功能。中国科学院网站群还根据业务需要定制并完善功能，增加“责任编辑”属性，支持稿件首发负责制。实现一键排版自定义设置，方便英文编辑。实现网页按特定格式进行打印。增加稿件推送时的保密审查提醒功能，提醒各部门、单位向院主站推送稿件时认真做好保密审查，优化完善检索功能。建成“添加代码”方式的网站群流量分析功能，可以对网站的访问情况进行实时分析，并与网站群流量统计平台集成，用于弥补日志分析中存在数据处理延迟、访问者信息获取不充分等缺陷，并与现有的功能互补整合。

4）根据平台环境，将分级建设专用环境并进行分类管理

在“十三五”期间，中国科学院网站群的基础运行环境将调整站群架构，为不同类别的站点按不同的信息系统安全等级要求分别建设专用运行环境。

（1）网站群站点分类管理与水平拆分。进行站群的水平拆分，部署多套内容管理系统，进行站点分类，分别迁移到相应的系统。各套内容管理系统的相关功能及硬件环境相对完整和独立。系统之间采用松耦合，重新设计和开发站点之间的文档推送、评分、跟踪、绩效评估等个性功能，支持分布式管理。

（2）重新构建网络环境和系统服务。按照不同的安全保护级别要求，分别构建网络环境，部署系统和相关的服务。例如，针对纳入“政府网站”监管的

网站，建设等级保护三级运行环境；针对院属各单位门户网站和院其他重要网站；建设等级保护二级运行环境；针对其他网站，建设相应级别的等级保护运行环境，进行分级管理。

（3）重构网络信息发布平台的应用架构。结合站群的水平拆分和不同安全等级专有环境建设，调整网络信息发布平台的应用架构，主要从现有的集群方式向缓存方式发展，采用读写分离、水平分割、垂直分割的分布式数据库和文件分布式系统、分布式缓存等分布式服务体系框架和消息方式实现，实现各系统之间的松耦合，实现站点之间文档推送、评分、操作日志分析等功能的高可用性。

4. 网站群规模影响力进一步提升

1）网站群平台稳定运行，信息发布量稳步增长

截至 2017 年年底，平台运行稳定，网站前台正常服务率超过 99.99%，网站系统后台的安全服务率超过 99.9%。网站群上运行的站点数从上线最初的 200 多个增加到 930 多个，规模不断扩大。信息发布数量和质量均稳步增加和提高，2016—2017 年新增文档 24 万个，图片库新增图片 3 000 多张，视频库新增视频 600 余个。访问量稳定上升，中文网站群页面浏览量超过 39 亿次，英文网站群页面浏览量超过 7 400 万次，网站群呈良好的发展态势。

2）顺应移动互联发展，重点宣传科研进展

网站群在支撑院网站、院机关、院属单位网站稳定运行的同时，重点支持了各网站的日常建设应用及改版工作。

在支持院网站建设应用方面，配合中国科学院的重大科研成果宣传的需要，策划并建设中文专题 40 余个，英文专题 2 个，除了院年度工作会议、中国科学院暑期记者行等专题，更多的是针对国家或中国科学院重大科研进展成果的专题，如中国科学院“十二五”标志性重大进展、实践十号科学实验卫星、500 米口径球面射电望远镜（FAST）工程等专题。配合中国科学院宣传工作的需要，及时调整中国科学院中文网站 200 余次，中国科学院英文网站百余次，实现中国科学院网站 RSS 订阅功能，同时及时调整中国科学院领导子站。顺应移动互联发展的趋势，对中国科学院中文网站移动版进行改版。全面支持科学院机关各厅局网站的建设工作，完成离退休干部工作局网站改版。建设人事局机关先锋园地“清风正气传家远”专题和北京分院的“信息公开”专栏。完成其他各厅局网站的调整。

在做好中国科学院网站支持工作的同时，进一步加强对中国科学院属单位网站建设的支持。从 2015 年开始，完成了自动化研究所、高能物理研究所、上海分院等 20 多家单位中、英文网站的全面改版。根据中国科学院属单位的调整情况，进行西北生态环境资源研究院（筹）、科技战略咨询研究院、信息工程研究所等单位的中、英文网站建设。继续支持院属单位个性应用及下级网站的建设，包括建设理化技术研究所杭州研究院、南京天文仪器有限公司等单位网站。定制开发光电技术研究所“建言献策”专栏，实现研究所内用户在线提交意见和建议的功能。建设生物物理研究所生物大分子国家重点实验室等二级子站。在做好院属单位网站建设的同时，协助遥感与数字地球研究所、过程工程研究所等单位定制开发研究所电子杂志。

网站群日常支持保障工作有条不紊地进行，两年来为各子站共提供技术支持近万次，同时根据需求进行了多次现场指导或交流工作。相关的工作获得了离退休干部工作局、西北高原研究所、新疆天文台、昆明植物研究所等多家单位的来信表扬或感谢。

3）拥抱前沿技术，探索站群发展新思路，进一步提升服务能力

随着移动互联网的快速发展，网站开发技术，尤其是 Web 前端技术得到了迅猛发展，采用 HTML5+CSS3 标准设计的 Web 应用如雨后春笋般不断增长。新的标准、新的设计方式使各类网站、应用的展现形式发生了翻天覆地的变化，它们能自适应 PC、PAD、手机等不同终端访问，同时兼容 IE、火狐、Chrome、360 等各类主流浏览器，为用户提供了更舒适的界面和更好的体验。网站群顺势而为，积极拥抱最新技术和设计理念，探索管理新方法、新思路，制定网页设计、站点建设、应用支持、系统运行维护等新的规范，进一步提升了网站群的服务能力，为网络化科学传播工作的开展提供强有力的保障。

2016—2017 年，采用响应式布局设计，为计算机网络信息中心、北京分院、西北生态环境资源研究院、自动化研究所、国家天文台、兰州分院等十几个单位建设了新版网站，一套代码多屏响应，不必担心 PC 版、移动版、App 相互分散流量，进一步提升了网站的舒适性、友好性、影响力。

同时，利用前期采用响应式布局批量设计的网页，初步形成了站点建设通用模板库，截至 2017 年年底，共整理了 20 多套不同风格的模板。导入各类模板后，进行基本配置和修改即可发布使用，大大减少了建站时间，提升了效率，后续将持续增加模板的数量，使之能够适应院内外不同领域各类网站建设

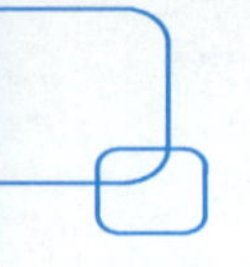

的需要。

除模板外，在网站建设过程中，还整理了一定数量的各类前端插件，形成了初具规模的通用插件库，包括 font-awesome、select2、textillate、日期、点赞、浏览量、分页、编辑器等，在建设站点时，直接引入，无须在本站点下进行上传，节省了站群空间，同时调用方便，丰富了页面的渲染效果。

4）提升中国科学院网站影响力，走在政府机构网站建设的前列

自 2009 年起，中国科学院中文主站连续多年获得工业和信息化部电子科学技术情报研究所评估发布的“快速发展型政务网站”“管理创新型政务平台”“中国政务网站优秀奖”，英文主站多次获得“中国政府网站外文版国际化程度优秀奖”，同时院属单位网站，包括中国科学院大连化学物理研究所、中国科学院心理研究所、紫金山天文台等网站也多次获得“中国政务网站优秀奖”。2017 年，中国科学院门户网站再次荣获“中国政务网站优秀奖”“中国政务网站领先奖”。

多次受邀参加中国政府网站发展论坛。中国科学院网站群开发的新媒体传播应用平台在第五届中国政府门户网站发展论坛上获评“2015 政府网站新技术应用优秀案例”。

5.“中科院之声”传播影响力不断扩大

在建设发展传统网站的同时，中国科学院着重打造多位一体的宣传手段。中国科学院官方微博、微信“中科院之声”自 2013 年开通以来，在中国科学院宣传工作中起到了重要作用，并取得了显著成效。截至 2017 年年底，官方微博“中科院之声”累计更新近 1.8 万余条内容，微博粉丝接近 300 万，微信更新 1 700 余期，超过 18 万用户关注，制作专题近 60 多个。仅 2017 年就有 4 篇微信阅读量超过 10 万 +，手机报发送近 533 期，电子杂志发送 132 期（受众超过 26 万人），“今日头条”“网易”“一点资讯”客户端累计阅读量 2 000 多万，“知乎”机构账号累计更新知乎文章 205 篇，回答问题 27 个，累计关注人数超过 9 万人，累计被点赞超过 8 万次。

官方微博“中科院之声”获得 2013 年度全国政务微博影响力飞跃奖。2015 年 1 月，官方微博“中科院之声”在人民日报政务指数排行榜（1 月 20 日）排名第一。2015 年 4 月，在人民日报联合新浪公布了《2015 年一季度人民日报政务指数微博影响力报告》，该报告盘点了各政府机构开设的新媒体运营情况，在全国十大国家及中央机构微博排名中，“中科院之声”排名第 4，在全国政务微博总排名中居第 22 位。2016 年一季度部委排行第 3 位，总排行第 18 位，2016

年上半年在“全国二十大中央机构微博”排行中排名第 5，总排行中排名第 27。2016 年、2017 年，在中国信息化研究与促进网联合中央权威机构发布的中国优秀政务平台推荐及综合影响力评估结果中，“中科院之声”微博微信连续获得“2016 年度中国最具影响力政务新媒体”“2017 年度中国优秀政务新媒体”。“知乎”机构账号 2017 年 4 月、5 月、6 月、7 月连续获得“知乎影响力机构账号”称号。

近几年，在微博、微信的运营过程中，积极采用新媒体传播手段，结合中国科学院的最新科研成果和重大事件，制作诸如《FAST 能看多远》《寻找暗物质》《今天聊聊“1”》等长微博、视频专题，开设“原创”栏目，鼓励一线科研人员在科研之余发挥专业优势，对热点和专业知识进行解读，发表原创文章 60 余篇，被“央视新闻”“紫光阁”“人民日报”“环球时报”“共青团中央”等微博、微信平台大量转发和转载，受到广泛好评。2017 年，“中科院之声”官方微博发布《或许，你正在见证“物理课本”的改写丨暗物质粒子探测卫星“悟空”成果发布》专题，在微博上被转发超过 22 000 余次，累计阅读量超过 4 000 万人次，相关的微信专题在“微信政务文教榜”上排名第 2，获得广泛关注。

6. 集约化、规范化发展态势强劲

网站群平台向更广泛的集约化、规范化发展。为了进一步加强政府网站管理，引领各级政府网站创新发展，深入推进互联网政务信息数据和便民服务平台建设，提升政府网上服务能力，按照党中央、国务院关于全面推进政务公开和“互联网 + 政务服务”的要求，结合各地区、各部门政府网站工作实际，2017 年 5 月国务院办公厅制订了《政府网站发展指引》，指出各级政府网站需要打破信息壁垒，推动政务信息资源共享，不断地提升政府网上履行职责能力和服务水平，以信息化推进国家治理体系和治理能力现代化，让亿万人民在共享互联网发展成果上有更多的获得感。应该适应互联网发展变化，推进集约共享，持续开拓创新，到 2020 年，将政府网站打造成更加全面的政务公开平台、更加权威的政策发布解读和舆论引导平台、更加优质的回应关切和便民服务平台，以中国政府网为龙头，以部门和地方各级政府网站为支撑，建设整体联动、高效惠民的网上政府。政府网站应该按照分级分类、问题导向、利企便民、开放创新、集约节约的基本原则，划定网站类别，分类指导，规范建设，完善体制机制，深化分工协作，推进政务公开，优化政务服务，提升用户体验，充分利

用大数据、云计算、人工智能等技术，探索构建可以灵活扩展的网站架构，创新服务模式，加强统筹规划和顶层设计，优化技术、资金、人员等要素配置，避免重复建设，以集中共享的资源库为基础，以安全可控的云平台为依托，打造协同联动、规范高效的智慧型政府网站群。

集成和拓展新媒体信息发布能力，打造“院—所—实验室”三级网站集约化模式，全面推进中国科学院网站群的建设。按“集中建站、分级管理、资源整合、制度约束、服务保障”原则，2009 年中国科学院建成中国科学院网络化信息发布平台，初步建成以院网站为主站，以院领导、院机关各部门及院属各单位中英文门户网站为子站的院网站群。随着互联网的迅速发展，尤其是移动互联技术的广泛发展，自媒体信息呈现爆炸性的发展，重大科技成果、重要进展需要通过多渠道进行广泛传播，当前的“院 + 所门户”网站群体系已经不能满足院属各单位及广大社会公众的需求，打造各单位“所 + 实验室（部门、中心）”的新媒体子站群体系已经迫在眉睫。在“十三五”期间，中国科学院将继续集成和拓展新媒体信息发布能力，通过扩建、重构和升级院网站群核心软件系统和相关的应用服务，大幅提升中国科学院网络化信息发布平台的承载能力，彻底消除应用程序的安全隐患，有效引入信息采、编、发的新功能、新特性，逐步解决一些现有系统长期积累的深层次问题，保障平台高效率、更稳定地运行，全面满足国家对政府网站的管理要求和未来几年中国科学院网络宣传的工作需求，全面支撑院属各单位子站群建设，形成“院 + 所 + 实验室”三级网站群模式，提升整个网站群及中国科学院的影响力。

6.2.3　科学网构建全球华人科学社区

经过 10 年的发展，科学网现在已经拥有 200 多万名来自海内外科教界的博主和用户，在他们的热情参与下，科学网已经成为全球最大的华人科学社区。科学网新闻频道是海内外科教界新闻、资讯、论文重要的传播平台。科学网博客频道不仅是华人科学界讨论热点话题、进行学术交流和社交活动的重要平台，还成为科学界思想火花碰撞的舞台，争鸣创新的原创发源地，更成为凝聚共识、影响中国科技体制变革的助推剂。

10 年来，科学网紧跟新闻热点，引领新闻舆论，为科教界提供了及时有用的信息和资讯；科学网博客已经成为上百家新闻媒体，特别是国内严肃媒体和境外主流媒体的新闻源泉，大大促进了科学传播；科学网博主分享了大量的精彩博文，谈学术、做科普，已经有多部博主精华博文集萃作品出版面世。多个国内外主流科教机构成为我们的合作伙伴，共谋发展与进步。

在中国科学院“十二五”信息化项目期间，科学网经过一系列平台基础设施的升级改造，成功上线了一批针对性更强的服务功能模块，使平台整体服务功能更加全面和专业化，将“为科教界专业人士服务”这个目标进行深入落实。科学网紧紧抓住这个发展机遇，倾力打造了一系列独具特色的专业信息服务功能，为我国科教界专业人群提供了更加高效、便捷的信息服务工具。

统计数据显示，科学网现有注册用户 200 多万名，其中实名博主 10 多万名，原创博文量 80 余万篇。此外，科学网每周发送的电子杂志订阅量已经达到 100 万封。科学网在 Alexa 的世界排名从 2012 年的 8 000 多名提升至 4 000 多名，国内排名 500 多。

为了迎接信息传播及互联网新技术领域的重大变革，科学网在微博、微信等新媒体平台的发展建设全面加强。科学网在新浪开通了官方微博，粉丝数量达到 15 万，微信公众号关注量达到了 18 万。科学网拥有除自身平台以外多种渠道的推广手段，极大地增强了科学网的信息传播与推广能力。

在中国科学院“十二五”信息化项目期间，科学网上线了一批新功能模块，包括“学术名片”“学术谱系”“文献求助”“微访谈”“移动应用”“视频讲座”“基金频道”等，使平台在面向学术领域的网络服务功能上更加完善。与此同时，充分利用了项目建成后平台所拥有的多种功能，对科学家交流的内容进行多元化的引导和全媒体推广。在上述新功能上线的同时，科学网对平台整体也进行了全面的升级改造，新平台以 SNS 社区平台架构为主体，社区中的用户可以通过微博、博客、论坛等 SNS 社区模块，以及在线学术报告、期刊点评等学术功能插件进行无障碍的沟通交流。

1.“学术名片”打造学术信息展示窗口

“学术名片”的应用将推动创建首个华人科教工作者动态信息库，该信息库可以凭借其规模和全面完整的信息资料，为华人科学群体提供一个便捷的交流方式及广阔的合作平台。随着数据库的不断充实，人们将发现，找同行变得不再那么困难。该系统主要为科教界用户提供个人学术信息的展示窗口，每个用户在申请开通个人学术名片后，可以将自己的个人资料、教育背景、研究经历、研究领域、科研项目、科研成果、科研团队、招生方向等信息补充到自己的主页中，自主更新管理，自动生成简历。互联网用户也可以通过对关键字、学科

领域的检索，快速地找到相关的专家学者。

2.“学术谱系”传承学术脉络

“学术谱系”以科学家为中心，以学术传承为纽带，通过用户在线填写修订、系统自动关联的方式，将特定的科学群体中的学术传承关系通过在线自动生成的图形和表格展现出来。该系统与国际上主要学术交流网站同类功能对比，在谱系绘制、用户关联方面有了很大的创新和提升，在国内科技类网站中独具特色。

3.“微访谈”专业解读社会热点话题

“微访谈”是建立在社区网站基础上的访谈模块，针对与科学相关的社会热点话题，邀请嘉宾与社区内的网友以问答方式进行互动交流。该模式使嘉宾在进行访谈时，无须到特定的访谈室，只要身边有一台联网的电脑就可以方便地与网友交流。这样一方面可以使采访对象更容易接受邀请，另一方面也省去传统媒体采访的多项成本支出，还极大地增加了传播能力。截至 2017 年年末，科学网已经结合社会及科教领域热点事件推出微访谈 47 期。这种新技术的应用，打破了以往媒体采访及传统网络访谈的诸多局限性，在最大程度上为组织方、受访者及访谈本身提供了便捷。简便的操作流程使组织方无须经受车马劳顿，受访者也可以节省大量时间。

随着新平台和新功能模块的上线应用，科学网的话题讨论能力进一步增强，共策划制作了 47 次在线访谈，其中包括《清华解聘教师争议》《中国最惨博士后》《聚焦科研经费》《师生夜话》《科普“乱象”》《逃离科研》《解析温州动车追尾事故》《“蜱虫疫情防治”专家访谈》等，受到了社会广泛关注。

4. 科学网大讲堂“视频讲座”开启教学新模式

科学网大讲堂是科学网推出的基于视频会议平台的专家视频讲座，除了邀请专家通过视频在线直播及录播的方式开展讲座，科学网还与中国科技馆合作，推出了“中国科技馆‘科学讲坛’专区”，将中国科技馆定期举办的专家现场科普讲座视频在科学网上发布，供公众免费观看，一方面对科普工作产生促进作用，另一方面在很大的程度上对社会较为稀缺的科普专家资源进行了有效利用。视频讲座平台基于一套在线视频交流系统，主讲人通过一台笔记本电脑，在家或办公室即可进行直播。系统目前可以支持上百人同时在线收看直播并进行互动交流，讲座现场直播结束后所有的科学网用户均可收

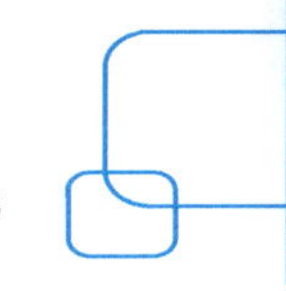

看讲座录播视频。该系统的成功应用，与微访谈一起，在这个全新的网络信息时代具有很强的代表性，完整地体现了新媒体的重要特性。

5. 科研辅助服务平台扩展专业服务能力

专业化是科学网在“构建全球华人科学社区”这个口号的引领下所持之以恒追求的目标，为了更好地服务专业化用户群体，只能在专业化服务能力上不断地改进。中国科学院在“十二五”信息化项目期间，通过文献求助系统、基金频道及刚刚上线的论文投稿系统，使一线科研人员的核心需求得到了进一步满足，也是科学网在专业化服务方面的一个方向性进展。

其中，新上线发布的论文投稿系统，是科学网在科技新闻报道领域的一项重要尝试，旨在满足科研工作者对所获得的成果及研究进展进行新闻报道的强烈需求，同时扩充相关的新闻信息的稿源和稿件量，提升媒体和公众对科研工作的关注，最终对科研工作的进展产生推动作用。

科学研究追求的是严谨务实，而新闻报道追求的是通俗易懂，在严格遵循国际论文发表规则的基础上，科学网致力于将以往“高冷”的科研工作用“接地气”的方式进行传播，而这两点的结合正是国内极度缺乏的，科技新闻报道的意义也正在于此。

科学网推出的“文献求助”和“基金频道”，进一步满足了广大用户的实际需求，使科学网从原有的信息传播和在线交流平台成为了集信息传播、在线交流和实用工具等功能于一体的综合性网络服务平台。

6. 专业话题聚焦社会热点

近年来，科教界一次又一次地成为社会舆论关注的焦点，如“985、211”“论文造假”“博士生导师诱奸”等，当然也有一些正面的“走红”词，如“布鞋院士”“高考改革”等。如此之多的社会热点事件所折射出的是社会对科教界前所未有的关注，纵观以往，此种现象何尝不是一件好事。

社会越来越关注科教界，各领域的专家正变得炙手可热，各个事件的专业解读在各大媒体的重要位置刊登，社会正在变得更加理性，社会与科学相容的今天，作为科教界的重要媒介，科学网自然承担着重要的传播责任。

科学网对所发生的社会热点事件均在第一时间进行了专业解读，并通过整合各方面信息资源及科教专家群体在科学网上的相关讨论，迅速形成了一系列专题报道。其中《聚焦高考改革》《“8 • 3”云南鲁甸 6.5 级地震》《“8 • 2”昆山

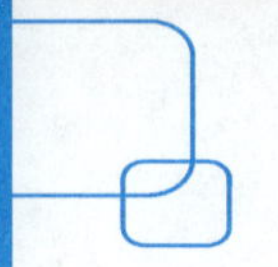

粉尘爆炸事故》《PX 项目透视》《H7N9 禽流感来袭》《关注“雾霾”天气》等因为事件本身引起了社会各界的极大关注，所以使有关这些事件的专业化解读和相关的报道的重要性尤为凸显。在这些事件中，当国内绝大部分主流媒体还停留在对事件本身情况进行介绍时，科学网已率先利用所拥有的众多专家资源及强大的信息整合优势，从专业角度对事件的成因、影响及后续工作等进行了分析解读，受到了社会广泛关注并得到一致好评。

7. 运行保障能力持续加强

在“十二五”信息化项目的支持下，科学网基础设施、访问性能、扩展能力、安全防护能力等均得到了充分增强。

科学网还自行加强了运行保障能力。网站基础设施分布于中国科技云中心、怀柔分中心、青岛联通数据中心，带宽总量达到 200Mbps，使一批新系统得以顺利上线并安全平稳运行。

长期以来，科学网饱受网络攻击的困扰。在“十二五”信息化项目的支持和促进下，网络安全措施得到明显加强。

在“十二五”期间，科学网部署了多台安全设备，采购了多项安全服务。同时，制定发布了科学网信息安全工作总体方针和安全策略、科学网网络安全管理制度、科学网网络与信息安全事件应急预案、科学网系统安全管理制度、科学网信息系统建设管理规范、科学网系统变更和发布管理办法、科学网病毒检测和恶意代码检测制度、科学网存储介质安全保密管理制度、科学网数据备份和恢复管理办法、外部人员访问机房等重要区域审批管理规定等 10 余个网络安全制度文件，有效地净化了科学网系统运行环境，提高了科学网的网络安全防范等级。

8. 知名度稳步提升

为了促进用户交流及自身品牌建设，科学网不断举办各类品牌活动，这些活动均得到了广大科教界人士，尤其是青年科教工作者的广泛参与。例如，科学网成功举办了四届全国青年科学博客大赛，每一届都吸引了大批青年科教工作者及青年学子的热情参与。该活动还得到了共青团中央的亲切指导，由中国科学院团委联合国内数十家高校共同参与主办，其在青年科教群体以及海外留学人员中的影响力不断扩大。

多年来，科学网在坚持自身媒体属性的同时，注重打造一系列传播科学文

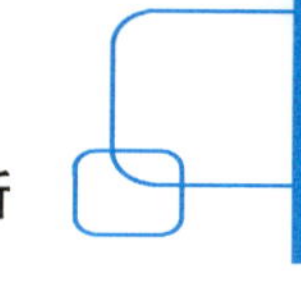

化、知识的品牌活动，用以进一步促进科教界群体的参与度，并使这个群体所发出的有益于科学研究及社会发展的声音产生更大的影响力，以此通过“传播科学知识，弘扬科学文化”这个主旨，向社会传播更多带有科学理性的“正能量”。基于此，科学网已经连续举办 7 届“中国科学年度新闻人物评选活动”，该活动旨在通过网络征集、网友投票、评委会评选等方式评选出当年的热点事件及重大科研进展中的最具有关注度和影响力的年度新闻人物，该活动现在已经成为科学网的重要品牌。

6.3　科学传播信息化发展展望

在“互联网 + 科学传播”的大背景下，为了进一步提升科学传播能力和水平，营造有利于中国科学院改革发展的舆论环境，研究制定《“十三五”科学传播信息化规划纲要》，部署“智慧中科院”建设推进工程。在“十三五”期间，中国科学院将适应新一代信息技术发展和传播方式变化，着力打造中国科学院科学传播阵地和品牌，构建面向院内外科学传播工作者、新闻媒体、社会公众等的新媒体化科学传播体系和传播平台，并将智慧化的科学传播服务体现在其中，促进新媒体科学传播环境的持续发展。主要发展方向包括以下几方面。

1. 多渠道融合的科学传播资源环境

用于形成适应移动互联时代下技术发展和传播模式变化的新型信息传播环境，为科研单位提供共性的传播解决方案和技术产品服务，成为新媒体环境下中国科学院科学传播的基础平台。通过集成建设社会化媒体融合、全媒体内容管理、全周期数据资产管理等核心管理服务，整合提升多终端发布、全文搜索、流媒体应用等共性传播服务，制定科学传播基础资源数据规范标准，构建科学传播基础资源数据库，建设面向科学传播核心人员的信息服务平台。建设科学文档信息资源三方流动系统、科技成果新闻服务交互系统、科学传播能力建设管理系统。构建统一的流量统计、传播效果分析、网站健康程度检测等运营支撑服务。

2.“互联网 + 信息宣传”应用与服务

用于在多渠道融合科学传播环境中，结合政务宣传的业务特点，构建高效率、高性能、高安全性的信息宣传应用与服务，支持院所两级官方信息的宣传发布，向公众及时传播中国科学院的科学成就和创新进展。工作内容包括进行

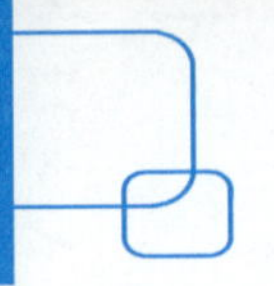

科学院网站群系统架构升级改造和应用安全加固，开发云模板云插件以支持中国科学院中文网站群的移动访问，研发新版系统进行中国科学院英文网站群的升级改造，重构多终端自适应和高效连接的中国科学院网站，实现网站资源和新媒体数据的集成导航。

3．“互联网 + 科普”应用与服务

在多终端融合科学传播环境中，结合科学普及的业务特点，构建科普融合创作应用，支撑科学家进行科普内容协同创作与传播分享，面向公众传播前沿知识，解读科技热点。主要内容包括进行“科普云”服务重构升级，研发科普融合创作与传播系统、O2O 科学实践服务系统、VR/AR 科学体验等特色应用与服务系统，开展“互联网 + 科普”示范应用，建设科学院网络科普品牌。

4．“科学家网络社区”移动应用

在多渠道融合科学传播环境中，结合科学家群体的行为特点，构建专业化、领域化的学术交流平台服务体系，支持科学家群体之间的畅通交流，全方位服务华人科学界与高等教育界。工作内容包括升级建设按学科领域划分的多终端学术交流平台体系，构建以科学家个体为中心的社会化网络结构，提供博客、微信圈、微博、论坛等交流服务功能，以及提供基金查询、科研互助等科研辅助功能。

第 7 章

网络安全保障科研环境安全

网络是人们了解社会、获取信息的最佳途径。网络安全管理是人们能够安全上网、绿色上网、健康上网的根本保证。随着网络安全和信息化在国家安全和发展中的地位不断提升，在客观上也要求把网络安全管理作为国家的重大战略，由党和国家最高领导亲自抓。世界上许多国家，也都将网络安全管理工作作为国家的“一把手工程”。中央网络安全与信息化领导小组的规格之高是前所未有的，这充分体现了党中央对网络安全管理工作的高度重视。

为贯彻落实国家网络安全相关要求，中国科学院制定了一系列网络安全管理的规章制度，构建了全方位的工作制度体系和技术支撑体系，保障中国科学院各研究所的网络安全管理，为全院的科研、教育与管理等工作提供稳定、可靠、安全的信息化环境。

为了做好中国科学院计算机网络和信息安全管理，中国科学院先后发布了《中国科学院计算机网络与信息安全工作管理办法》和《中国科学院网络安全事件与漏洞处理流程（试行）》等相关制度，对网络安全管理工作范围、组织机构、安全责任和流程等内容进行了明确，为中国科学院网络安全工作提供了制度依据。网络安全管理遵循“谁主管谁负责、谁使用谁负责、谁运行维护谁负责”的原则，实行统一领导、分级治理、定责到人。建立了全院网络安全工作的领导机构——中国科学院安全工作委员会（中国科学院计算机网络与信息安全管理领导小组），负责全院网络安全工作的总体规划、统筹协调及重大事项决策。参照国家有关信息系统安全保护等级划分标准，制定了信息系统的安全保护等级制度，强化了互联网信息服务的安全管理工作。对于网络安全责任事件的检查、处理和监督等形成了有效的管理机制。

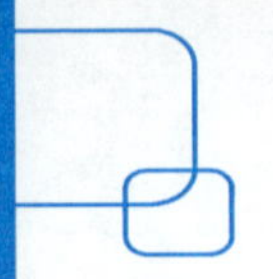

7.1 网络安全建设成效

近年来，中国科学院在网络空间安全基础设施及服务、应用安全、内容安全等各方面取得了明显成效，网络空间安全保障措施明显增强。在基础设施及服务方面，安全服务平台、安全通告预警与应急响应、主动防御安全保障、网络安全态势感知成果显著。在应用安全方面，按照国家等级保护标准加强安全防护，提升安全防护能力，优化架构及功能，信息安全管理整体符合国家要求。在内容安全方面，形成了“中科院之声”“科学大院”“中国科普博览”等一批有重要影响力、形式多样、适合移动客户端互联网传播的网络“正能量”作品。

7.1.1 提升网络安全基础设施及服务能力

随着信息化建设的不断深入，通过升级现有网络安全基础设施的处理能力与覆盖范围，中国科学院网络安全防护能力得到了进一步加强，现在已经具备较为完善的安全保障体系，具备网络设备安全漏洞发现能力、网络安全事件监控能力、网络安全事件处理能力、关键网络设备和系统的安全防御能力，为各科研院所提供安全的网络环境。

1. 安全服务平台

为了提高网络安全监控及应对新型网络安全风险的能力，中国科学院通过完善网络安全服务平台基础设施，以“云服务”的模式进行分级部署，对与网络安全相关的系统进行集中统一监控和管理，将分散的安全信息进行收集、汇聚和处理，以安全服务平台为基础，为中国科学院各科研院所提供网络安全监控与应急响应、安全风险评估、网络安全通报与预警等服务。中国科技网安全服务平台通过数据获取、数据处理、数据分析、服务接口及平台管理五个功能模块实现对安全服务的支撑。

中国科学院网络安全服务平台目前已经部署数据采集引擎，可以对全网安全态势、全网安全资产情况、全网安全探针运行情况、全球安全攻击分布情况及全院安全风险、漏洞分布情况进行集中展示。

2. 安全通告预警与应急响应

中国科学院通过制定应急预案，开展应急演练、实时安全监测、攻击抑制、系统恢复等手段，建立健全云计算环境下的应急响应工作流程和支撑体系。在

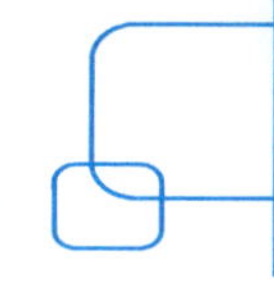

中国科技网安全服务平台的基础上，建设面向科研院所的安全应急服务技术支撑平台，在发生重大安全事件时做到及时发现、迅速分析，及时协调处理，降低事件造成的损失。

建立安全应急响应管理办法和协调机制，对安全事件根据影响范围和可能造成的损失进行分级，针对不同的事件级别采取不同的应急响应方案。每年进行应急响应演练并对应急响应预案进行修订。建设总中心、分中心、研究所的三级网络安全应急处理队伍。

3. 主动防御安全保障

为了充分保障中国科学院信息化基础设施的安全，维护信息化环境的正常运行，支撑科研、教育、管理工作的顺利开展，在已有网络安全保障措施的基础上，组织部署、实施了针对院所两级重要信息化设施的网络安全主动防御工作。该项工作的核心目标是转换网络安全保障思路，从攻击者逆向分析的角度入手，对院所两级信息化设施开展全面、深度的主动安全防御工作，采用正面评估、逆向测试和专项整改相结合的技术手段，完成面向中国科学院重要网络平台、数据库及业务系统的渗透测试、安全测评和安全加固，主动发现、排查和清除安全隐患，为中国科学院相关部门提供重要网络平台和业务系统安全建设及整改依据，同时结合覆盖全院的网络安全监控服务，提供重大网络安全事件的应急支援，从而提升中国科学院信息化基础设施的网络安全防御能力，减少目标系统面对真实攻击时可能受到的破坏，增强中国科学院网络环境对于网络威胁、恶意攻击的抵抗能力，全面提高中国科学院整体的信息安全保障水平。

4. 网络安全态势感知

中国科学院网络安全态势感知平台是网络空间感知、分析和控制的一体化平台，是对网络空间威胁进行快速发现、智能分析、报警处置、定位追踪、多层次精确网络防御的全生命周期安全管理业务系统，是面向全国范围的安全监管保障利器。该平台通过广泛采集云、网络、终端和关键系统的安全数据，形成网络空间内的保护对象、安全资源的电子地图。通过对数据、资源、态势、漏洞、威胁的融合分析和威胁建模，分析攻击者的行为逻辑，识别和判断合法用户与恶意攻击者的行为，快速发现和识别安全威胁，实现全方位、多层次网络安全态势感知。在实现感知的同时，支持对安全攻击和威胁的实时联动处置。

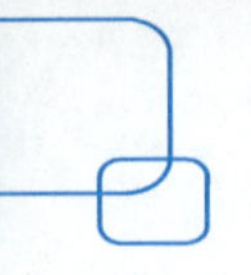

7.1.2 普及网络科学“正能量”

依托科学院的资源优势，开展有战略高度、科学深度、传播维度的科普融合创作，形成一批有重要影响力、形式多样、适合移动客户端传播的网络作品。

以“中科院之声”和“科学大院”为主的中国科学院各级机构的官方微信公众号，依托中国科学院强大的人才资源，致力于热点、前沿的科学普及，为“互联网 + 科普”提供了大量优质内容。其中，“科学大院”坚持高端定位，院士、一线科学家亲自为平台提供内容，原创比例超过 90%。坚持重大前沿科学成果的解读发声和应急热点的解疑释惑，在“天舟一号”、FAST、暗物质等重大科学成果以及狂犬病、大米镉含量、自闭症等热点事件期间，第一时间编发权威解读文章，引导了正确的科学舆论。

中国科学院科普云“中国科普博览”在新浪微博随时追踪微博热点，做好贴近受众生活的日常科普。同时紧盯重大事件和成果，第一时间发出科学声音，解读科学道理。辟谣专题就食品安全、运动健康等多方面内容进行持续的谣言澄清和回应，获得网友热烈回应，上线不到一个月浏览量就超过一亿。顺应网络“理科生”自嘲风潮，推送中国科学院大气所地震云相关作品时强调“理科生”“理性”“煞风景”“不浪漫”等关键词，引发网友热传及讨论。《环球时报》、中国气象台、中央气象台、科学探索等大 V 先后转发，阅读量超千万。

7.2 网络安全发展态势

互联网的开放性、互联性和共享性特点，使网络遭受入侵的风险日益严重，安全漏洞和安全事件不断增加。现有的网络安全防御体系以孤立的单点防御为主，彼此之间缺乏有效的协作。因此，网络安全技术从关注单个安全问题的解决发展到研究整个网络的安全状态及变化趋势。通过全面、集中的安全管理和智能、综合的事件分析，将不同领域的安全部件融合成一个无缝的安全体系已经成为下一代整个网络安全解决方案的发展趋势。

7.2.1 网络安全技术的发展态势

网络安全技术是一个非常复杂的技术体系。针对网络安全问题，素有“道高一尺、魔高一丈”的说法。网络安全态势感知技术，主要是将海量异构数据进行收集与融合、大数据分析、可视化分析，将机器学习及人工智能等先进技

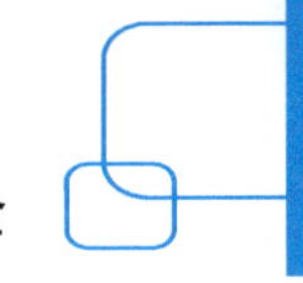

术应用于安全态势分析与评估，形成贯穿网络安全监控与防御体系的态势感知能力。该平台研发的核心技术是目前网络安全监控感知技术领域比较典型的代表。

1. 海量异构安全数据采集与融合

目前，中国科学院研发的网络监控感知平台收集了全院 200 多家科研院所主机信息、网站基本信息、运行状态、维护状态，各系统专有的安全防护设备日志等输出信息，骨干网、专网链路变化、延迟、丢包率、路由变化等网络环境数据，同时，还包括暗网、深网等隐藏网络异动信息。针对数据海量、异构的特性，采用多样化的采集引擎并构建统一的流程规范进行威胁风险识别与量化，形成统一可识别的威胁要素信息组。

2. 网络空间安全态势评估与应急响应

网络监控感知平台实现总中心到地方各节点、各区域多方位感知，网络空间出现异常状况时，能够第一时间发现并掌握异常信息，对事前、事中、事后全方位数据进行关联分析，结合应急演练、实时安全监测、攻击抑制、追踪溯源、系统恢复等手段，建立健全网络空间安全态势响应行动的指挥流程和支撑体系。

3. 网络空间资源地图测绘

网络监控感知平台绘制网络空间上所有进行信息交换的实体与终端基本状态及行为影响，呈现“运行态”和“威胁态”两个状态，其中运行态表示网络空间整体安全情况及其实体的机密性、完整性、可靠性；威胁态则描述实体存在被攻击和利用的可能性，以及受其影响和危害的覆盖面、波及程度等。

4. 网络安全事件的发现及威胁识别

目前，网络监控感知平台每天能够发现上千个有价值的安全事件，利用实时与非实时相结合的大数据分析技术，对安全事件进行关联，挖掘其中潜藏的规律，分析安全事件的影响和危害的覆盖面、波及程度，预测即将发生的安全事件，让威胁“浮出水面”。

5. 漏洞追踪与溯源

网络监控感知平台目前能识别常见漏洞上千余种，能够实时监控全网安全漏洞运行状况，从安全漏洞的数量、危害等级、影响产品等因素，结合资产的价值和重要性，评估安全漏洞的影响范围和危害程度，量化全网资产的安全状况，及时发现高危资产并做出预警。同时，支持安全漏洞的历史回溯，能够还

原安全漏洞从发现、处置、整改到最终修复每个重要节点的真实历史情况，实现安全漏洞可查机制。

态势感知是解决日益严重的网络安全威胁的有效手段，能够全面掌握当前的网络安全状态，实现全方位、全天候的网络安全态势监控。

7.2.2 网络传播的发展态势

中华人民共和国国民经济和社会发展第十三个五年规划（以下简称“十三五”规划）纲要提出“丰富文化产品和服务，实施网络内容建设工程，丰富网络文化内涵，发展积极向上的网络文化”。作为我国科技大师的荟萃之地，中国科学院不仅致力于发挥好科技领军作用，努力把握科技革命新方向，而且一直致力于讲好科学和科学家的故事，建设、传播网络科学文化内容，为我国网络文化源源不断地输送优质内容。

尤其是 2015 年以来，为了充分利用信息网络，正确引导公众科学地理解国家战略布局，了解重大科技进展与突破，满足公众对新闻热点事件进行科学探知的需求，在中国科学院信息化专项和国家科普信息化专项支持下，中国科学院充分依托资源优势，创造性地以自身为连接器构建了集科学家团队、制作团队和媒体渠道于一体的科普创作与传播的微生态，凝聚一批核心团队，从国家战略布局、科技发展前沿和社会生活热点三个层面，开展有战略高度、科学深度、传播维度的科普融合创作，形成一批有重大影响力的网络作品。吸引聚拢包括新华网、百度、腾讯、网易、凤凰、今日头条在内的 90 家主流媒体及其客户端，以及知名自媒体、科学类微博、科学公众号广泛传播，所创作完成的 1 200 个选题作品，累计首周浏览量达到 6.5 亿次，极大地丰富了网络内容。以反映 FAST 望远镜和墨子号量子科学实验卫星等我国重大科技突破为主题的 5 个视频作品以高品质和浏览量过千万的传播影响力入选“典赞 • 2016 科普中国”的“十大网络科普作品”，显著提高了科学传播的品牌影响力。

随着国家一系列与信息安全相关的法律法规的颁布实施，中国科学院将面临更加严格的信息网络安全要求。同时，面对信息技术广泛应用和信息化的深入发展，中国科学院的网络安全和信息化建设工作将面临新的技术挑战，迫切需要进一步提升全院网络安全监管、预防和处理能力。面对网络安全技术、应用和内容的快速发展和演变，需要采取新的应对策略。

近年涌现的新技术，例如人工智能、“互联网 +”、物联网、云计算、大数据和区块链，都是以信息技术为引导和主导的，没有信息化就没有现代化。信息化实际上是一把双刃剑，在带来很多便利的同时，也存在很多隐患，因此其安全问题变得非常重要，可以说没有信息安全就没有国家安全。

中国科学院作为国家战略科技力量，必须以高度的使命感和紧迫感，进一步提高对网信工作重要性的认识，要把思想认识和行动统一到习近平总书记的系列重要讲话精神上来。全院上下要进一步增强网信工作自觉性，科学谋划、大力推进，主动把中国科学院网信工作纳入国家网信事业的大格局，服务好中国科学院的创新发展战略安排，支撑好国家网络强国战略实施；要加快科研信息化发展，为中国科学院“率先行动”计划的顺利实施和确保“三重大”产出奠定坚实基础，为国家实施创新驱动发展战略提供重要保障；要加强中国科学院网络安全建设，服务国家安全可控信息技术体系建设，为国家网络空间安全发挥重要支撑作用。

要紧密围绕建设网络强国战略目标，依据国家战略部署和《中国科学院“十三五”发展规划纲要》创新战略布局，一是要深入学习贯彻习近平总书记关于网信工作新理念、新思想、新战略，落实好国家网信规划，服务网络强国战略深入实施；二是要强化网络安全统筹协调，提高中国科学院网络安全保障能力；三是要加速信息化发展，有力支撑中国科学院“率先行动”计划实施和“三重大”成果产出。

7.3　网络安全建设发展展望

面对网络安全新问题、新情况，需要引入新的网络安全核心关键技术，提高民众的网络安全意识，加快培养网络安全专业技术人员，加快推进网络技术创新，增强网络空间安全防御能力。

7.3.1　发展核心关键技术

1. 在网络安全中应用人工智能技术

现在，人工智能技术已经越来越多地进入工业、生活等诸多领域并且取得了良好的实践效果。面对复杂多变的物理环境与网络安全空间，能够自主学习并具有强大的数据库分析能力的人工智能技术可以为网络安全提供更为多维、更加有效的解决方案。

首先，人工智能可以通过企业内网大数据系统，直接遥控消费者的使用终端；其次，人工智能技术可以应用于众多的安全场景。例如，监督学习是一个高效的多维度特征发现方法，适用于恶意程序、勒索病毒及垃圾邮件的防治，而反欺诈、态势感知、用户行为分析则可以使用无监督学习。此外，将人工智能用于网络安全还能够提高分析效率。

随着人工智能技术在网络安全领域的应用越来越多，还有一些新的安全问题暴露出来，如可能存在的安全数据污染对人工智能算法的干扰、算法执行过程中的参数泄露和网络数据泄露等。因此，人工智能技术在网络安全领域的应用和研究还应该考虑人工智能技术本身的安全性，如算法的健壮性研究、算法加密等。人工智能技术在网络安全领域的应用仍然有很大的空间。

2. 密切跟踪区块链技术发展

信息加密是网络安全领域的重要研究目标。传统信息加密技术依赖中央权威机构支撑和信用背书，参与人需要对中央机构足够信任。随着参与人数的增加，系统的安全性下降，不能长期与日益扩大的互联网规模相匹配，因此需要在现有加密技术出现问题前，寻找其他可替代的加密方案。

区块链技术是一种分布式去中心化技术，无须信任系统，具有不可篡改性和加密安全性，并且参与的网络人数越多越安全。区块链的主要特点之一是不可更改性，它提供一种完全不同的方法来存储信息和执行功能，使任何一方都不可能单方面改变区块链账本上的数据。该特性可以用于维护数据的完整性，以便防止和检测任何形式的篡改，这使区块链技术适用于具有较高安全性要求和参与者身份未知的环境。

区块链代表了密码学与安全领域数十年来的研究和突破的顶峰，目前已经被用于提高网络安全，保护组织和应用程序免受网络攻击。区块链技术有广阔的前景，但目前技术方案仍然不够成熟，需要进行持续的跟踪和研究。

3. 重视研究移动互联网和物联网安全技术

随着 IT 产业的快速进步，移动互联网技术和物联网技术得到迅猛发展，各行各业大步跨入信息时代大平台。

近年来，网络技术朝着越来越宽带化的方向延伸，基于移动互联网的移动电子商务、移动即时通信等各种移动业务为企业和个人提供了很大的便利。而移动互联网的发展得益于无线网络的发展，因此无线网络的不安全性是移动互联网安全存在的威胁之一。另外，移动互联网中的移动平台多样且安全性良莠不齐，因此需要有效的安全保障机制。

物联网被视为继计算机、互联网和移动通信网络之后的第三次信息产业浪潮，因其广阔的行业应用前景而受到了各国政府的重视。在物联网中，智能设备如汽车、摄像头、家电、电梯等都会通过无线网络、蓝牙等连接在一起，所有的设备被网络连接起来，而众多的连接点也意味着被攻击的可能性更大。物联网设计的安全问题包括：隐私问题、平台安全的局限性使基本的安全控制面临挑战，普遍存在的移动性使追踪和资产管理面临挑战，设备数量多使常规的更新和维护操作面临挑战等。

应对移动互联网和物联网的潜在问题，需要同时从应用层面、网络层面和终端层面来全方位防护，设计符合应用场景的业务安全机制、协议安全机制、防控安全机制等，此外还要重视嵌入式安全、整体架构设计、无线网络安全和网络管理规范等。

目前，网络安全的针对性防御工作已经做了很多，针对恶意软件、分布式拒绝服务攻击、木马等都有相应的防御措施，但在对网络的宏观把握方面还有欠缺。因此，为了增强中国科学院网络与信息安全保障和监管能力，从宏观角度分析网络的安全状况，需要进一步构建网络安全态势监控体系，实时掌握网络的整体安全态势。

同时对下一个阶段的网络安全态势进行预测，根据预测结果来做出针对性的安全措施调整，为中国科学院网络安全管理人员提供统一、全面、直观、精准的实时监控与威胁处理技术手段，为中国科学院领导提供安全决策支持，为“中国科技云”及“智慧中科院”等重要应用系统提供安全保障服务。

7.3.2　增强网络安全意识

自 21 世纪以来，网络基础设施建设迅猛发展，各种网络应用日新月异，网民人数呈爆炸式增长，相比之下，网络安全知识普及和安全意识教育却明显滞后。网民安全意识差，随意打开不良网站、轻信网上虚假信息、不设置口令密码或口令密码过于简单，重要岗位人员移动存储介质在内网、外网交叉使用等，导致用户信息被窃取或篡改、网络欺诈、网络攻击等安全事件经常发生，严重损害网民信息和财产甚至生命安全。因此，应该全面深入学习《中华人民共和国网络安全法》，紧密跟踪网络安全新问题、新情况，采用丰富多彩、形式多样的主题宣传活动，持续加强正面宣传教育和引导，不断地增强网民的网络安全意识。

网络安全意识的培育非一日之功，需要长期进行。在网络环境日益复杂、安全隐患不断出现新情况的形势下，网民的个人安全意识是第一位的，应该警

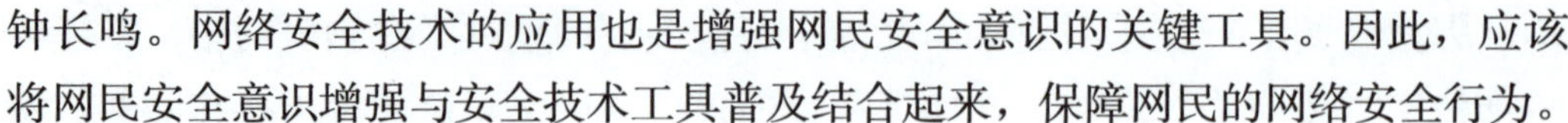

钟长鸣。网络安全技术的应用也是增强网民安全意识的关键工具。因此，应该将网民安全意识增强与安全技术工具普及结合起来，保障网民的网络安全行为。

7.3.3 加强网络安全人才培养

加强网络安全建设需要大量网络安全专业技术人才的支持，人才的规模、素质、层次结构等，直接关系到网络安全建设水平的高低和保证能力的强弱。当前每年培养的网络信息安全毕业生，远远不能满足行业需求，专业技术人才缺口严重。人才结构也不能满足网络安全建设的需求，复合型、专业型、尖端人才短缺，严重制约我国网络安全建设。未来，应该进一步加强不同层次网络安全专业人才培养，建立健全我国网络安全人才体系。

首先，在高校网络安全专业高层次人才培养方面，培养应对网络安全的基础研究和关键技术研究的能力，适应网络安全不断变化的形势，能够及时从基础理论和关键技术出发，快速建立技术工具，应对网络安全新情况的出现。

其次，在网络安全技术服务企业方面，应该积极培育并壮大国内网络安全的专业化服务队伍，通过市场行为，积极构建“召之即来、来之能战、战之必胜”的网络安全突发事件的应急队伍。

最后，需要加强军民融合，共同构建我国网络安全的军民协同应对机制和体系。

7.3.4 加快推进网络技术创新

针对国际上新型网络与系统体系结构的发展，如软件定义网络和系统、网络功能虚拟化等，对其安全问题和安全机制进行研究，并开展网络与系统安全体系架构研究。

在关键技术、防护系统研制等方面开展云服务系统纵深安全防护技术研究。研究分析用户和业务安全等级差异，实现高效灵活的安全服务链和安全策略按需定制。研究云数据中心的安全态势感知与动态重构决策机制，实现对安全威胁的主动与纵深防御。

针对网络空间国际竞争激烈、新型网络体系结构及应用模式不断涌现、IPv6协议及其应用逐渐普及、网络带宽迅速增长等问题，研究国家网络基础设施面临的安全威胁和关键的安全防护技术。

第 8 章

信息化特色应用

8.1 重大科技基础设施信息化

重大科技基础设施是为探索未知世界、发现自然规律、实现技术变革提供极限研究手段的大型复杂科研系统，是突破科学前沿，解决经济社会发展和国家安全重大科技问题的物质技术基础。重大科技基础设施具有明确的科技目标和国家使命，具有深厚的科学技术基础，具有较长久的科学寿命，具有开放共享的特点，其建设过程具有工程和科研双重属性。

中国科学院重大科技基础设施建设稳步推进，建设了北京正负电子对撞机、上海光源、兰州重离子研究装置、超导托卡马克 EAST、LAMOST 望远镜、种质资源库等举世瞩目的设施。涉及时间标准发布、遥感、粒子物理与核物理、天文、同步辐射、地质、海洋、生态、生物资源、能源和国家安全等众多领域。中国科学院将在今后国家规划的重大科技基础设施建设过程中继续担当主力军，为国家战略需求和世界前沿科学做出更大的贡献。

重大科技基础设施信息化贯穿重大科技基础设施建设和运行的整个过程，包括工程设计、科学研究、科研管理、设施开放共享等，在此过程中系统地应用信息技术成果，有利于促进重大科技基础设施资源的整合共享，打破条块分割，避免资源分散和重复建设，提高重大科技基础设施的利用效率，推动跨部门、跨领域、跨地域的资源共享和互利共赢。

信息化的技术和应用支撑着基于重大科技基础设施相关科学实验的数据获取、分析、存储、共享和协作，是基础条件保障任务，能够确保重大科技基础设施的运行、数据处理及科研活动的开展。同时重大科技基础设施的科研大数据和全球协作模式的需求推动着信息技术和信息化系统的发展，在科研数据共享、分析和处理及全球科研协作方面做出了突出的贡献，引领包括万维网技术、网格计算、云计算、高速数据传输、软件定义网络等技术的高速发展与示范应用。

重大科技基础设施的信息化能力包括基础设施的信息化服务能力、运行管理控制的信息化能力、科研活动的信息化能力、开放共享的信息化能力。

8.1.1 基础设施的信息化服务能力

1. 计算环境

目前中国科学院 50% 已经建成的重大科技基础设施都建有计算中心，从计算资源能力来看，超过百万次 / 秒的有北京正负电子对撞机、大亚湾反应堆中微子实验、兰州重离子研究装置等。

如图 8-1 所示为自建计算中心的重大科技基础设施计算资源能力。

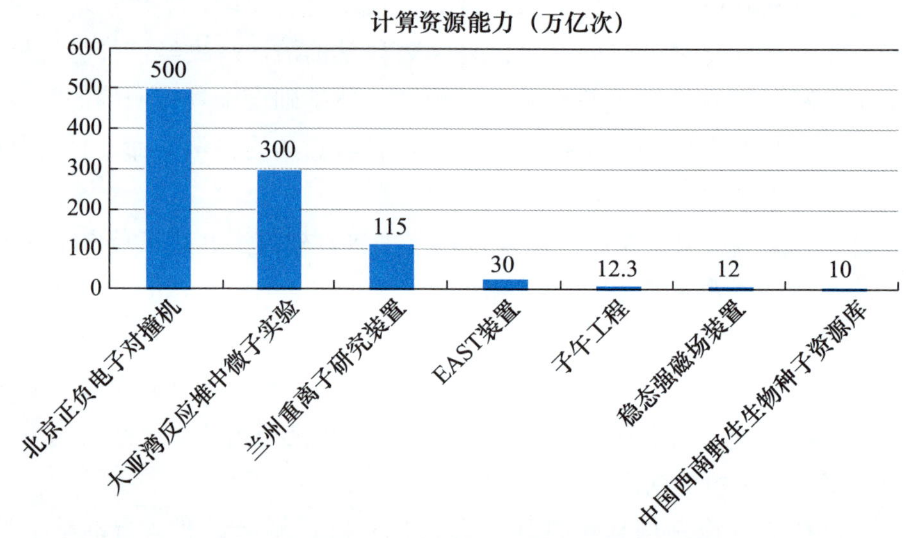

图 8-1　自建计算中心的重大科技基础设施计算资源能力

2. 存储环境

从数据存储环境上看，目前 90% 以上的重大科学装置设施都建有数据中心，提供数据长期保存服务。

如图 8-2 所示为中国科学院部分重大科技基础设施的数据存储能力。

3. 网络环境

从用于实验数据传输的网络带宽来看，除了北京正负电子对撞机出口带宽为 10Gbps，其余在运行设施平均出口带宽仅为 100Mbps，在国内互联互通和国

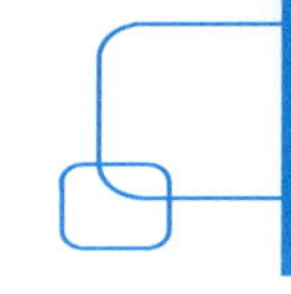

际数据交互方面存在一定的缺口。

如图 8-3 所示为中国科学院部分重大科技基础设施网络出口带宽。

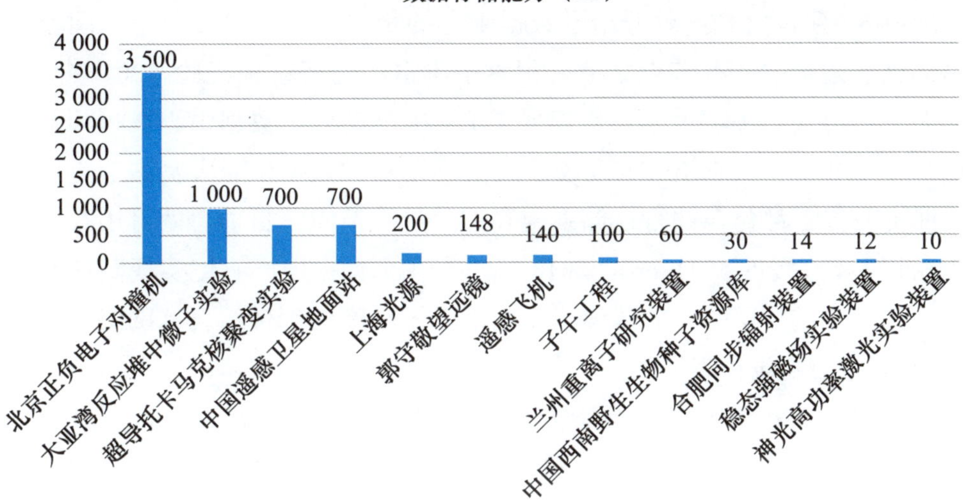

图 8-2　中国科学院部分重大科技基础设施的数据存储能力

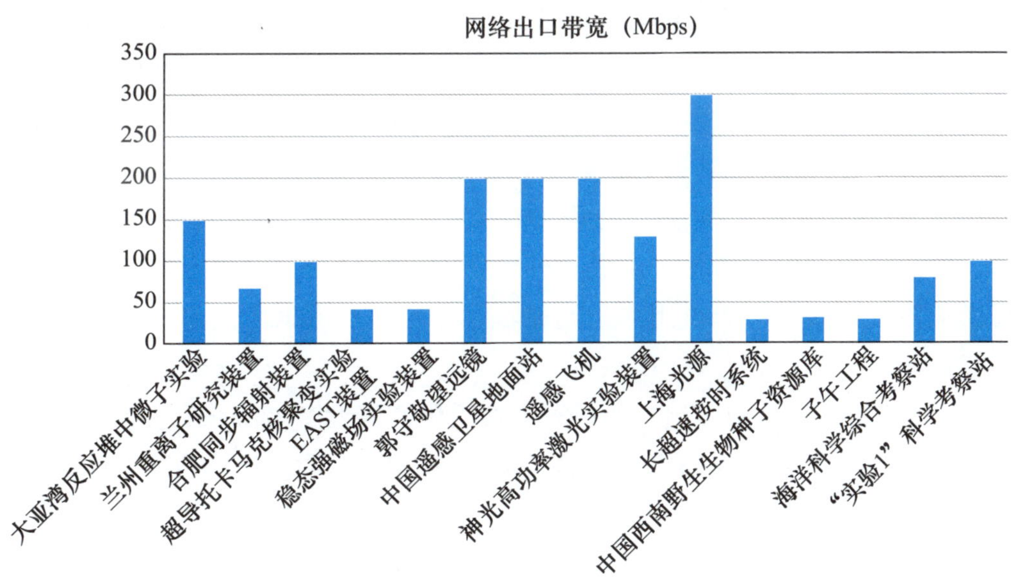

图 8-3　中国科学院部分重大科技基础设施网络出口带宽

4．信息化基础设施案例介绍——FAST 数据中心

2016 年 9 月 25 日，国家重大科技基础设施 500 米口径球面射电望远镜（Five-hundred-meter Aperture Spherical Telescope，FAST）正式落成启用，FAST 被誉

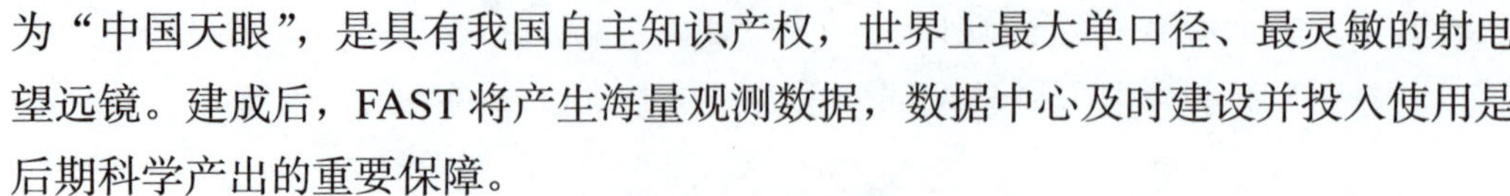

为“中国天眼”，是具有我国自主知识产权，世界上最大单口径、最灵敏的射电望远镜。建成后，FAST 将产生海量观测数据，数据中心及时建设并投入使用是后期科学产出的重要保障。

在 FAST 建设之初，就开始了数据中心的相关研究。2012 年，在国家天文台总部已经建成一个 5 节点集群，积累了丰富的运行维护经验。2016 年 1 月，国家天文台与贵州师范大学合作建成了 FAST 早期科学数据中心贵州师范大学节点。2016 年 6 月，在 FAST 现场建成了早期科学数据中心大窝凼节点。这两个数据中心节点都包含并行存储系统和刀片计算节点，目前总的可用存储约为 3PB，计算峰值接近 50TFlops。2018 年，这几个数据中心有望实现高速专线光缆相连。分布式数据中心的建设，使用了不同种类的硬件组合和网络方案，为 FAST 数据中心建设积累了经验。

未来 FAST 整个数据中心将至少由三个主节点组成：贵州大窝凼 FAST 台址、贵阳数据中心和北京数据中心。贵阳数据中心为 FAST 数据中心的核心节点，提供 FAST 数据的永久存储和基本的计算能力。

大窝凼现场的数据信号需要经过接收机、线上处理器处理。接收机将收集到的模拟信号转换为数字信号，以最高 38GB/s 的速率传输给线上处理器，线上处理器包括 FPGA 支持的多相滤波器组和 GPU 计算单元。原始数据经过线上处理后，得到一定程度的压缩，先存储在现场，之后快速传输至贵阳数据中心。贵阳数据中心主要进行数据存储。数据从大窝凼现场通过高速光纤网络传输到贵阳数据处理中心机房。数据存储为分级存储系统，主要由内存、固态硬盘、磁盘阵列、磁带库几级组成。分级存储系统自动控制数据的移动，同时提供应用程序接口，以供用户访问磁盘和磁带中的数据，优化数据移动和分级存储。

计算拟由 200 个节点组成的计算集群提供，就近安放在贵阳数据中心。部分镜像档案库存放在北京国家天文台本部。数据从贵阳的远程档案库传送到北京的镜像档案库时，可以利用专用网络或基于公共网的 VPN。

未来 5 年，FAST 预计会产生超过 20PB 的科学数据，随着电子技术的发展，数据量可能更多。FAST 数据中心贵阳节点第一期将实现 20PB 存储，满足 3 年左右 FAST 望远镜运行的需求，数据长期保存，同时为未来 5 年 FAST 的发展预留足够的空间。

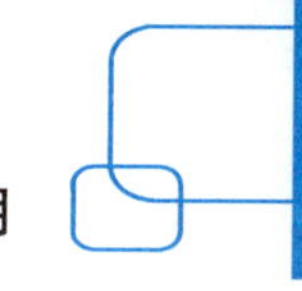

8.1.2 运行管理控制的信息化能力

重大科技基础设施的运行管理控制信息化能力包括设施状态监控和设施远程控制，以便实现设施的可靠、稳定、高效运行和满足基于重大科技基础设施的远程实验需求。

在设施运行状态监视方面，目前 60% 以上的设施通过信息技术的应用实现了实时状态显示与相关运行数据的实时统计。例如，大亚湾中微子实验装置在地面建有运行和安全控制中心，实现了设施自动化运行，能够实时监测探测器及数据获取、数据传输系统运行状态，同时服务设施的远程控制与异地运行维护。

设施远程操作为远程实验与应用提供了丰富的技术手段，在基于重大科技基础设施的科研活动中得以广泛应用。例如，上海光源建成的远程实验示范系统为光源加速器运行提供了直接的支撑服务，使工程技术人员及加速器物理研究人员可以远程调试光源加速器，大大缩短了故障分析时间，提高了整个机器的平均无故障时间。此外，用户的远程实验也将是重大科技基础设施科研活动开展的发展趋势。用户通过重大科技基础设施提供的远程实验平台，提交用户申请后远程操作重大科技基础设施，为用户自身个性化实验需求提供服务。

重大科技基础设施运行管理控制信息化案例——中国遥感卫星地面站

中国遥感卫星地面站自运行以来，经过近 30 年的建设，形成了以北京总部的运行管理与数据处理为核心，以密云接收站、喀什接收站、三亚接收站、昆明接收站、北极接收站为数据接收点的运行格局。运行管理系统、数据接收系统、数据传输系统、数据处理系统、数据管理系统、数据检索与技术服务系统协同运行，实现覆盖全国的数据接收、处理和共享分发能力，满足国家遥感卫星数据接收任务的需要，为全国广大遥感数据用户提供高质量的数据。

目前，密云接收站建有大口径卫星数据接收天线 7 部，喀什和三亚接收站各 5 部，昆明和北极接收站各 1 部，各种码速率解调器、国内外卫星数据记录器多套，形成了能力强大的数据接收和记录系统。密云接收站至北京总部之间，建有带宽为 10Gbps 的高速数据传输专用链路，喀什、三亚接收站至北京总部之间分别建有带宽为 622Mbps 的高速数据传输专用链路，昆明接收站至总部之间建有带宽为 200Mbps 的高速数据传输链路，北极卫星接收站至北京总部之间建有带宽为 450Mbps 的国际互联网数据传输链路，保证了卫星数据传输的时效性。在北京总部，运行管理系统可以管理规划 20 颗以上国内外卫星任务，多套具有

世界水平的卫星数据处理系统可以在 10 ～ 30 分钟内完成从原始数据到标准数据产品的处理，数据管理系统和数据检索与服务系统提供超过 200TB、24 小时不间断的数据在线管理与分发服务。

通过规范、全面的信息化系统接口，辅以远程监视、远程控制和远程实时视频及快视图像显示等技术手段，实现了各系统之间高度的自动化协同运行，从数据获取、任务接收、资源规划、数据接收、数据记录、数据传输、数据处理至数据产品交付，全部过程均自动化执行。

8.1.3 科研活动的信息化能力

在基于重大科技基础设施的科研活动中，信息化正在发挥着重要的作用。其科研活动信息化能力包括科研实验数据采集与传输、科学数据计算与分析、专用科学软件研发等。

1. 科研实验数据采集与传输

围绕重大科技基础设施的科研成果产出是争分夺秒的，因此提高数据采集、传输、处理能力直接关系到设施科学目标的实现效率。实现科研数据的自动化采集、传输、处理是必要且重要的。中国科学院近 90% 的重大科技基础设施实现了科研数据的自动化采集，70% 以上实现了基于网络的数据自动化传输。部分设施开发了专用数据传输系统。例如，大亚湾反应堆中微子实验根据实际需求，自主开发了科学实验数据传输系统（SPADE），满足大亚湾实验数据采集、传输、分发的自动化需求。

2. 科学数据计算与分析

对重大科技基础设施而言，数据分析与计算能力至关重要。中国科学院多个设施的数据计算能力都达到国际领先水平。各设施通过建设高性能计算平台为科学计算提供基础环境，同时通过专用数据库的建设、高性能计算软件的使用、先进的计算方法的采用等实现高效的科学计算。

长短波授时的时间基准保持系统建立了比较完整的计算机数据采集、传输、分析处理和控制系统。原子钟测量比对、国内外高精度时间传递比对、原子时计算、地方原子时 TA（NTSC）、地方协调世界时 UTC（NTSC）、综合协调世界时 UTC（JATC）均实现了计算机控制。时间基准实验室建立了内部计算机网络系统和原子钟科学数据库，工作人员之间可以通过内部工作机进行系统运行状态监测、原子时计算数据下载分析处理、系统和原子钟性能分析等。原子钟

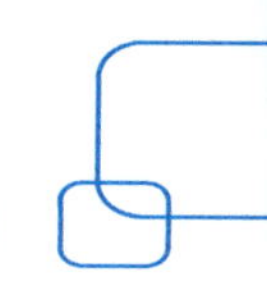

科学数据库保存了历年原子钟比对数据，能够为科研人员开展研究工作提供原始数据。

中国遥感卫星地面站自主研发了美国 LANDSAT-8 卫星数据接收记录及处理系统，可以在卫星过境后 4 小时内，完成全部数据的处理和产品的生产。此外，多元卫星海量数据处理与存储系统、遥感数据异地备份系统、喀什分中心综合数据处理与服务系统等均已投入运行，效果良好。

3. 专用科学软件研发

在重大科技基础设施建设和运行过程中，需要的很多系统或软件，尤其是针对不同设施的数据分析处理软件不具有通用性，在国际上可能不存在或因为成本问题需要自主研发。

中国科学院重大科技基础设施所用软件中自主研发软件占到 60%，研发能力较强，很多属于国际领先水平。例如，北京正负电子对撞机参与研发了 BOSS 和 BES Ⅲ分布式计算系统；郭守敬望远镜（LAMOST）研发了一维光谱处理软件；子午工程研发了 7 套空间天气模式软件及 10 套与数据相关的业务软件；兰州重离子研究装置自主研发了金属材料热力学模拟软件（STMM）、粒子输运与能量沉积并行计算软件（PAPTED）、ADS 设计系统（ADS）、免疫荧光定量分析软件（IQAS）、脉冲凝胶电泳分析软件（PFGE）等。

在当前阶段，由于我国重大科技基础设施处于起步和发展阶段，各设施之间能够相互共享的资源和知识有限，因此基于设施自主研发的专用软件仅应用于相关的课题组或在研究所小范围应用，对国内外同类装置相似需求的满足程度仍然有较大的提升空间。

科研活动信息化案例——散裂中子源定制化软件开发

中国散裂中子源（CSNS）是研究中子特性、探测物质微观结构和运动的科研装置，是国际前沿的多学科应用的大型研究平台。2017 年 8 月 28 日，CSNS 首次打靶成功，获得中子束流，这是工程建设的重大里程碑，标志着 CSNS 主体工程顺利完工，进入试运行阶段。

为了便于科研人员进行专业化的数据分析，散裂中子源搭建了中子散射云分析平台和中子科学计算平台。

中子散射云分析平台是适应不同用户计算需求的数据分析平台，采用虚拟化技术为特定的需求搭建特定的数据处理环境，开发部署模拟、规则约束、分析、建模等应用，为大部分中子用户提供一站式的数据处理能力。

如图 8-4 所示为中子散射云分析平台。

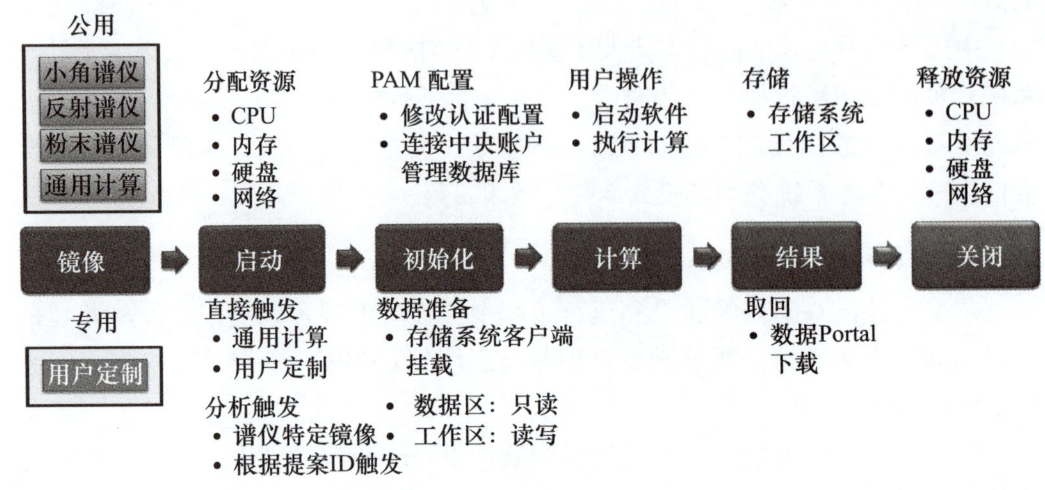

图 8-4　中子散射云分析平台

中子科学计算平台是一个以中子科研为主，同时面向多学科应用的计算平台，提供稳定多样的软件系统和友好的用户使用界面。

8.1.4　开放共享的信息化能力

重大科技基础设施具有开放性的特点，特别是面向社会开放的公共实验设施和公益科技设施，其设施和科研数据的开放共享水平直接体现设施自身的科学目标实现水平。

我国重大科技基础设施按应用目的可以分为三类。

（1）为特定学科领域的重大科学技术目标建设的专用研究设施，如北京正负电子对撞机、大亚湾反应堆中微子实验装置等。

（2）为多学科领域的基础研究、应用基础研究和应用研究服务的，具有强大支持能力的大型公共实验设施，如上海光源、合肥同步辐射装置等。

（3）为国家经济建设、国家安全和社会发展提供基础数据的公益科技设施，如中国遥感卫星地面站、子午工程等。

设施类型不同，开放共享的方式也不同。对于专用研究设施，共享主要体现在通过建立合作组（往往是国际合作组）进行科学数据共享和协作研究，合作组成员必须遵守一定的合作研究规范，投入科研人力、财力、物力，并按照投入比例分享科研产出。

公共实验设施为多学科研究提供了强大的研究平台，科研用户需要申请使

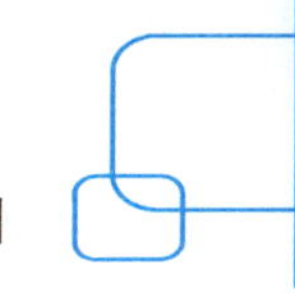

用设施进行科学实验，受设施开放机时和条件之限，需要对申请者进行较为严格的评审，通过评审的用户可以在设施上开展研究。这类设施用户广泛，用户产出成果的能力直接反映了设施的建设、运行水平以及开放共享的成效。

公益科技设施的特性决定了设施本身即可获得海量的数据，设施运行产生的数据对科研人员开放使用，根据权限的不同，可以分为完全开放、部分开放、有偿开放等。这类设施的开放共享尤其需要建立数据资源平台，设施本身的数据获取能力和资源平台的建设情况是影响用户研究成果的重要因素。

2014 年年底，国务院发布了《关于国家重大科研基础设施和大型科研仪器向社会开放的意见》，进一步对重大科技基础设施开放共享工作做出重要战略部署，强调需要建立统一的共享网络平台。中国科学院于 2015 年年初启动了“中国科学院重大科技基础设施共享服务平台”建设。共享服务平台将重大科技基础设施的开放共享流程管理、开放数据资源管理、成果产出管理纳入其中，并结合科普宣传，提升设施的公众影响力，培养潜在用户，挖掘优质用户。通过将信息系统与开放共享管理制度有效融合，在提高开放共享效率的同时，也极大地促进开放共享制度的完善。共享服务平台面向的用户有公众、科研人员、企业用户、设施管理层、专家、科学院管理层等。平台将为不同的用户提供不同的服务，具体包括以下几方面。

（1）为社会公众展示宣传设施建设运行信息，帮助公众进一步了解重大科技基础设施，提高设施的社会影响力。

（2）为科研用户和企业用户提供高效、方便、快捷的设施申请、数据共享服务，使其方便地管理课题、实验、数据、成果等信息，并为用户提供便捷的技术交流互动平台。

（3）为设施管理层提供记录运行情况、发布开放共享公告、查看设施申请信息、管理审批流程、安排用户实验时间等服务，便于管理人员对设施进行管理。

（4）为专家提供课题评审、成果评审功能，让其充分参与设施的日常管理，提高平台为其服务的水平。

（5）为科学院管理层提供数据汇集及统计分析功能，全面了解设施开放共享情况，协助决策。

目前，共享服务平台的建设工作正按照工作计划稳步推进。2016 年 3 月 1 日，平台门户网站正式上线（http://lssf.cas.cn），整合了中国科学院在建和运行

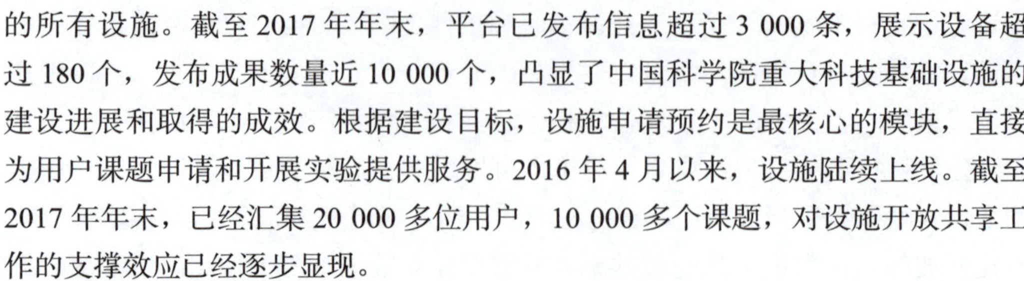

的所有设施。截至 2017 年年末，平台已发布信息超过 3 000 条，展示设备超过 180 个，发布成果数量近 10 000 个，凸显了中国科学院重大科技基础设施的建设进展和取得的成效。根据建设目标，设施申请预约是最核心的模块，直接为用户课题申请和开展实验提供服务。2016 年 4 月以来，设施陆续上线。截至 2017 年年末，已经汇集 20 000 多位用户，10 000 多个课题，对设施开放共享工作的支撑效应已经逐步显现。

重大科技基础设施的发展对科学数据的存储、分析和共享将提出更高的要求。在科研活动中，海量科研数据的处理与共享将需要新兴的信息化技术手段支撑，如高性能网络基础设施、云计算技术及海量数据长期保存等，充分发挥重大科技基础设施产生的科研数据效力，提升重大科技基础设施的科研成果产出。在重大科技基础设施的运行管理、人员管理、项目管理、经费管理等方面面临新的挑战，新的信息化服务手段和模式，如协同管理、云服务、按需定制，将推动科研管理活动水平进一步提升，为科研人员和管理人员提供更加高效、便捷的科研信息化应用服务。

8.2 野外科学平台信息化

野外台站是开展野外观测、试验、研究和示范的野外科学平台，是国家生态环境及社会经济发展规划和战略宏观决策的重要科学数据来源基地。野外台站的信息化是有效提高野外观测台站的服务水平和科学观测能力的重要途径，对国家可持续发展、生态文明建设、资源安全与资源可持续利用、国防及重大科研及应用等都具有关键的支撑作用。

8.2.1 中国生态系统研究网络（CERN）

根据大数据时代的生态系统观测的特点，CERN 面向国家级生态系统研究网络服务的私有云解决方案，充分利用了云计算的虚拟化、分布式存储等技术优势，建立了基于云计算技术的生态网络云平台。云平台的总体目标是建成安全的 CERN 生态网络私有云基础设施平台，能够实现“运行管理”与“整合开放共享”相结合的科技资源信息化管理云，最终形成具有权威性的生态环境野外台站科技资源信息中心。

1. 生态网络云系统架构

生态网络云平台由 CERN 综合中心设计规划并统一部署、运行维护，生态网络云平台采用典型的云计算架构，为各野外生态站、综合中心提供包括 IaaS、PaaS、SaaS 一条龙免费服务。IaaS 表示基础设施即服务，综合中心进行 Iaas 云服务管理，包括运行维护管理（虚拟资源管理、虚拟机管理、监控管理）和安全（服务器安全、网络安全、数据安全）管理。生态站通过互联网获得由综合中心提供的稳定的、按需定制的虚拟主机硬件服务。PaaS 表示平台即服务，指综合中心为生态站各项业务应用系统提供的操作系统、数据库系统、软件开发运行环境、中间件等软件平台。SaaS 表示软件即服务，指综合中心为各生态站提供的实现其科技资源管理与服务业务需求的各类基于 Web 的软件。云平台底层利用存储网络设备、虚拟化技术、资源管理和调度技术，形成基础设施即服务的架构，在 IaaS 基础之上设置了业务支撑云、数据云和模型云。其中业务支撑云主要针对 CERN 长期联网观测数据、互联网挖掘数据的汇聚，用来支持在 CERN 数据方面的运行管理服务。同样的，数据云和模型云的上层服务为数据服务和模型服务，最后形成软件即服务层。

如图 8-5 所示为生态网络云平台的整体架构。

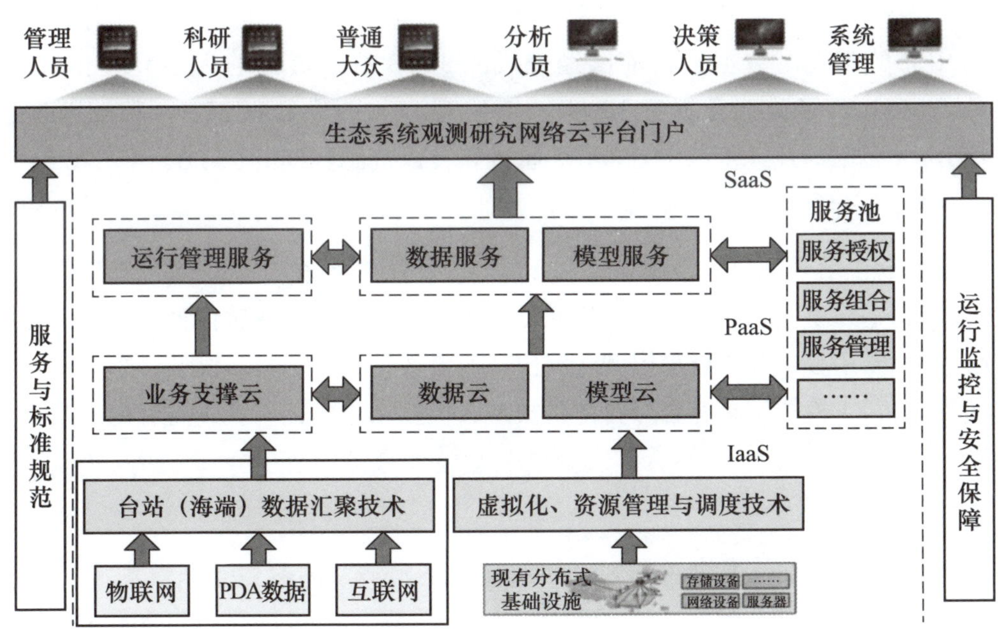

图 8-5　生态网络云平台的整体架构

2．生态网络云基础设施建设

经过统筹综合中心、生态站两级业务的需要，综合中心购置了高性能计算

服务器、大容量存储服务器、千兆网络交换机等设备，并集成原有的塔式服务器、计算服务器等硬件设备，建成了具备 500 核以上 CPU、超过 1TB 内存、200TB 存储容量的计算与存储规模，构建了基础设施云硬件系统。

利用生态网络云虚拟化技术，按照 CERN 各项业务需求，动态分配云平台的计算资源、存储、网络资源，通过虚拟化技术手段汇集成高效、按需分配、弹性扩展的资源池，以服务的形式提供计算。CERN 信息化资源利用率提高 50%，运行维护复杂程度降低 60%。以 IaaS 模式提供虚拟机作为生态站的 Web 服务器，减少了各站的 IT 软、硬件环境投资和运行维护成本。目前的服务规模为虚拟机 102 台（Linux 系统 32 台、Windows 系统 70 台），包括 Web 服务器、FTP 服务器和数据库服务器。虚拟服务器的集中管理和维护得到一致好评。

1）数据云

平台中主要的云模块数据云系统提供通量数据采集和多要素数据采集的自动采集、传输、存储、检索和展示功能。通量数据以增量文本文件的方式存储在生态站系统的服务器上，采用 FTP 增量方式将数据同步到综合中心的服务器上。多要素数据为实时采集的文本数据，采集系统自动通过邮件将其发送到综合中心的邮箱。数据云目前已经完成约 30TB 数据资源的规范整理和入库。其中，MODIS 等遥感数据集 3.2TB，定位观测和图像数据 2TB，基础数据集 40GB，模型驱动及模拟数据 50GB，通量和其他资源数据约 25TB。

2）模型云

模型云主要包括基础地理空间分析模型（数据空间化、基础地理与遥感数据的处理分析）、与生态相关领域的分析模型（生产力和蒸散的遥感估算、陆地碳循环等模型）、专用数据分析处理模型（气象和通量数据专用工具、模型参数优化与不确定性分析）、模拟结果综合分析评价模型（模型结果验证、多模型对比）四大类模型。

3）业务云

生态网络业务云模块属于 SaaS 层，由 CNERN（国家生态系统观测研究网络）内部管理、对外服务的子云组成，内部管理子云包括科技资源信息汇交、新闻文章采编、科学数据管理与服务等，供综合中心管理员和生态站管理员用户使用。对外服务子云包括综合信息服务门户、科技资源服务门户、生态站服务门户群等，供科研人员和社会公众等用户使用。生态网络云应用系统的架构如图 8-6 所示。

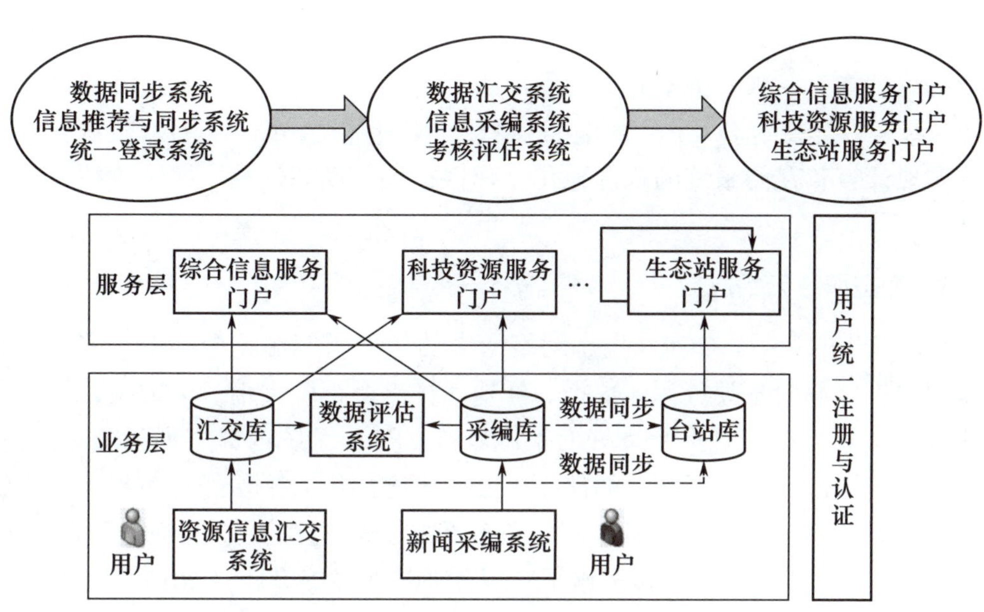

图 8-6　生态网络云应用系统的架构

管理业务模块供生态站内部管理人员使用，管理业务系统以信息标准规范为基础，针对各类资源信息采集的特点，采用不同的信息汇聚机制和汇交流程规范，建立云端数据库。主要业务系统介绍如下。

资源信息汇交系统：固定于每年2月到4月汇交上一年度的实物资源信息、知识和人才资源信息。经过一报、一审、返修、二审4 个阶段，实现信息的规范化入库。

新闻采编系统：实现随时随地对新闻动态、科研动态、学术交流等新闻类信息的采编和发布。

数据资源管理系统：主要用于生态站管理员对本生态站科学数据资源元数据、科学数据实体进行日常不定期录入与管理，同时生态站元数据通过收割方式定期汇总到云端元数据库中，实现 CERN 元数据信息集中展示及跨生态站元数据检索，并统一数据资源订单管理与服务，构建元数据集中存储、实体数据分布式存储的管理机制。

数据同步系统：根据待流转信息的不同特性，采用不同的同步机制，定时或随时进行云化数据库在不同应用的数据库系统之间进行信息流动。由此构建中心—生态站多级分布式数据库系统，实现了汇交的资源信息“一次填报、多处使用”，采编的文章内容“一次采编、多处使用”，大大减少了生态站人员的工作量，充分体现了各成员单位的资源管理主体性和协同性。

生态网络云环境基础设施建设统筹了综合中心、分中心、生态站三级 IT 基础运行维护能力，减少了不必要的硬件购买、子平台搭建和网站重复建设。基于企业级云计算技术 ECCP，通过分区设计、集群部署建设了云计算资源管理平台，实现计算和存储系统的资源池化、弹性扩展、动态迁移、统一监控、安全管理。

3. 生态网络云的成效

经过 3 年的运行，CERN 生态网络云成功拓展了资源整合类型，实现了从传统的数据资源向各类资源（数据、样地、样品、行政类信息）的整合，为下一步开展信息的挖掘打下了良好的基础。在 CERN 系统内部实现了统一门户，消除了信息孤岛，形成了统一的信息中心。生态网络云平台经过两年来的实施运行，科技资源服务的便捷性、稳定性得到提升，资源服务已经进入业务化、规范化运行阶段，科技资源服务水平、服务质量明显提升。自 2015 年以来，综合信息门户网站（http://www.cnern.org）、资源服务门户网站（http://www.cnern.org.cn）及生态网络云访问量超过 220 万人次，下载量达到 450GB，数据资源订单提交量平均每月超过 400 个。

生态网络云平台构建了科技资源服务体系和服务规范，建设了管理服务信息平台，为 CERN 内部各级部门加强管理、扩大对外宣传教育、提升对外科技资源服务水平起到了很好的促进作用，发挥了 CNERN 平台科技资源的价值，为生态学领域的国家各类科技创新单元提供了更加开放的创新环境。

生态网络云的下一步发展方向是深度挖掘长时序生态大数据资源价值，面向国家、政府、企业、公众需求，探索我国生态信息资源跨学科、跨领域的融合创新。

8.2.2 高寒区地表过程与环境观测研究网络

自 2013 年以来，高寒网所有观测平台均采购了野外架设自动气象站，物候观测系统均配备了 RGPS 信号传输系统，可以在有手机信号的地区远程传送观测数据。

目前，高寒网中已经有纳木错、然乌、鲁朗、亚东、那曲、珠峰 6 个站点安置了 8 台野外气象站或物候观测系统，并可以在北京通过互联网实时获取仪器数据和运行状况。正在开展的藏东南站信息化建设示范项目将完善藏东南站已有的野外建设观测设备数据传输和整合，并尝试解决无手机信号区域的设备数据实时传输问题，建设寒区特殊环境数据传输和观测设备交互平台。

1. 平台建设目标、内容

1）建设目标

高寒区对全球变化表现出非常敏感的响应。提高数据获取能力是深入开展全球变化研究的重要手段，利用信息化技术提高野外站观测能力是现代科研发展的方向，是落实中国科学院开展协同创新的重要途径。通过数据传输和观测设备交互平台，现场实时监控和设备远程控制支持平台，观测数据实时传输、管理与分析平台的建设，建成具有实时数据传输、自动质量控制、在线数据服务可视化分析能力及可进行远程监控的立体式生态、水文、气象要素观测平台。

2）建设思路

根据已有的野外观测研究信息化技术应用的经验、藏东南地区的具体条件和野外站示范建设平台的运行可能性，其信息化示范建设分为 2 个阶段进行。

第一阶段主要围绕完善必要的观测设施，建立信号传输与控制系统，构建观测数据自动汇总管理平台 3 个方面开展工作。第二阶段为数据服务平台建设与应用。针对布设在野外站及其观测样地、样点的多个自动气象站和多普勒水位仪，在 3G 无线数据实时传输和互联网技术的支持下，建立基于观测点、藏东南站、青藏高原所拉萨部和北京数据中心的一体化数据传输与信号控制网络。通过 WebGIS 技术，实现观测数据的系统管理和多种方式的可视化展现，构建观测数据的传输、管理与分析平台。

3）建设内容

（1）数据标准规范建设，包括数据的结构、大小、创建时间、使用方法等。

（2）数据质量管理，主要对数据本身、数据之间的关系及数据量是否符合预期标准进行检查与核对。

（3）数据资源的集成整合，核心是从不同的数据源中提取有用的数据，进行清理以保证数据的准确性，然后经过抽取、转换和装载，合并到面向主题的数据集中。

（4）提供应用支撑服务，包括公共的应用支撑服务（如下载与统计分析）和特定的应用需求。

（5）数据可视化展现，针对带有空间信息的观测数据，运用计算机网络、WebGIS 及数据可视化等技术，实现包含空间位置信息的多元观测数据网络信息发布与可视化应用，在实现观测数据统一在线浏览的基础上，支持用户自由选择与所关心的区域相关的数据，并且与基础空间背景信息（包括影像、地形、地图）图层相叠加，实现地图操作，包括地图放大、缩小、漫游、察看全图等。

（6）建设完善的数据门户网站，根据一定的数据共享策略，实现统一的用户管理，利用身份认证和相关的授权技术，让其他人员通过共享系统实现对高寒区野外台站观测数据的获取、浏览、下载及可视化等。

2．服务与建设成效

1）服务研究目标

（1）利用大气物理学、气象与气候学观测方法及水分示踪监测，研究季风带来的水分热量沿峡谷传送的过程和局地循环产生的区域气候效应。

（2）利用自然地理学和生态学研究方法，研究不同水热组合对山地垂直带分布的限制作用。

（3）利用地貌学和冰川学研究方法，研究冰川波动和水热组分变化之间的联系。

（4）利用地貌学、湖泊学、冰川学及遥感研究方法，研究气候变化条件下冰川堰塞湖的形成、稳定性及潜在的环境影响。

（5）通过对反映环境变化的各代用指标在现代气候条件下的过程监测，了解其对气候与环境变化的响应机制，建立不同环境指标与环境因子之间的函数关系，揭示青藏高原气候环境的变化规律。

2）建设成效

（1）以藏东南站为基地，建成一套覆盖高山生态过渡带、冰川—河流—湖泊等观测对象的立体式气象、水文要素观测平台。

（2）利用远程信号传输与控制技术，建设偏远地区观测条件实时了解与观测设备调试的设备控制平台。

（3）基于无线数据传输和网络信息技术，构建数据实时获取、有序管理和动态分析的数据管理平台。

（4）“观测点—野外站区—拉萨部—北京”多级数据监测与实时显示系统。

8.2.3　日地空间环境观测研究网络

近年来，在中国科学院野外台站网络能力建设和国家子午工程等项目支持下，中国科学院地质与地球物理研究所野外台站新增了多种先进的观测设备和网络数据中心，实现了对我国及周边空间环境涉及的磁层、电离层、中高层大气及地球磁场的观测与研究，形成了多手段、多参数综合观测，具有同时观测我国空间环境在不同经纬度，不同空间层次（中高层大气、电离层、磁层等）和不同观测参数下的情况的能力。在院内空间科学数据资源体量和应用需求不断增加的趋势下，实现对所属各野外台站观测、数据处理和台站管理的信息化，对充分发挥自主探测科学数据在空间科学基础研究、应用研究和技术研究的战略性作用，对国家可持续发展、国防及重大空间科研和应用都具有十分重要的意义。

1. 数据共享、数据发布系统

目前，数据中心提供的数据共享服务包括 WDC 中国地球物理学科中心（http://wdc.geophys.ac.cn/，2016 年 9 月成为国际科学理事会世界数据系统正式成员，主要面向国际用户）、地球系统科学数据共享服务平台——地球物理科学数据中心（http://geospace.geodata.cn/，科技部——国家科技基础条件平台成员，主要面向国内用户）等。此外，数据中心建有 Madrigal 系统的国内镜像站（http://madrigal.iggcas.ac.cn/，与美国 MIT 的 Madrigal 站点自动同步至最新）和 DIDBase 北京镜像站（http://www.epp.ac.cn/DIDBase.asp）。其中，Madrigal 系统由美国麻省理工大学 Haystack 观象台开发，将全球非相干散射雷达、GPS、中频雷达、流星雷达等综合探测资料进行处理和集成。DIDBase 由美国马萨诸塞州大学洛厄尔分校大气研究中心创建，涵盖了全球 DPS 系列测高仪数据。

2017 年，数据中心新增注册人数 83 人，累计注册用户 360 人。用户分布包括北京大学、武汉大学、中国科学院空间中心、地震局、国家卫星气象中心等国内科研院所，以及美国 NCAR、日本 NICT 等国际知名科研机构的科研人员。2017 年，网站访问量达到 8.2 万人次，访问人数 6.0 万人，年度访问页面数 71.5 万个（2016 年，网站访问量 5.2 万人次，访问人数 2.2 万人，年度访问页面数 69.5 万个）。2017 年，科学数据服务量为 1.2TB，服务 206 人次（2016 年科学数据服务量为 1.7TB，服务 224 人次）。2017 年，支撑国家自然科学基金 22 项，863、973 课题 6 项，其他项目 5 项，合计 33 项（2016 年，支撑国家自然科学基金 11 项，863、973 课题 3 项，其他项目 8 项，合计 22 项）。2017 年，发表国际 SCI 论文 28 篇（2016 年，发表国际 SCI 论文 22 篇）。

数据中心提供的数据发布系统包括中国科学院日地空间环境观测研究网络门户网站（http://www.stern.ac.cn/，用于发布中国科学院日地空间网信息）、中国 GNSS 电离层观测网网站（http://gnss.stern.ac.cn/、用于发布中国 GNSS 电离层观测网实时观测数据信息）、中国科学院地质与地球物理所空间环境探测实验室网站（http://space.iggcas.ac.cn/，用于发布各综合台站实时观测数据）。

2. 台站运行管理系统

近两年，日地空间网开发部署了台站运行管理系统，采用计算机信息和网络技术，对野外站进行电子信息化管理。对台站运行管理系统的部署，实现了以下几方面功能。

（1）可以采用数据库的方式记录日志，便于对仪器的状态进行统计及追溯，特别是对仪器异常的时间段、异常的原因等进行统计。

（2）方便管理人员对值班情况、出勤情况进行统计，便于计算值班费、进行年终考核等。

（3）细化值班员的责任，特别是值班期间相关仪器状态的定期查看。

（4）建立全面完善的野外台站办公自动化系统，记录台站运行日志，提高工作效率。

3. 网络及 IT 设备环境

实施网络环境升级改造，以国家大力推动网络基础设施建设为契机，所属的漠河站、北京站、三亚站等实现了光纤接入互联网，极大地提升了网络传输速度（其中，漠河站在 2016 年 8 月接入 20Mbps 光纤宽带，北京站在 2016 年 7 月接入 100Mbps 光纤宽带，三亚站在 2017 年 9 月接入 100Mbps 光纤宽带）。数据中心在已有的中国科技网 20Mbps 带宽基础上，2016 年 5 月重新铺设了北京电信通 20Mbps 光纤专线，保障了数据中心与野外台站网络的互联互通。为了保障台站数据的存储安全，2016 年 10 月新购置了两套磁盘阵列。另外，2016 年 10 月升级改造了安全防护和管理系统，配置了下一代防火墙及 SSL-VPN 设备。经过近两年的升级改造，建立起网络环境的技术管理和安全保障体系，构筑起坚实的信息化支撑平台。

4. 台站仪器状态、运行环境监控

对野外站各类仪器进行改造，研制了相关的硬件和软件，实现对现有的数字地磁观测系统、DSP4D 电离层数字测高仪、GPS TEC 与闪烁观测仪和 MDR 流星雷达工作状态进行自动监测和分析诊断，监测内容包括各观测仪器的电流、

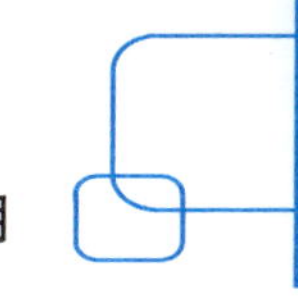

温度、湿度、信号幅度、信号相位、数据合理性和数据相关性等。野外站观测仪器实时监控系统构成如图 8-7 所示。

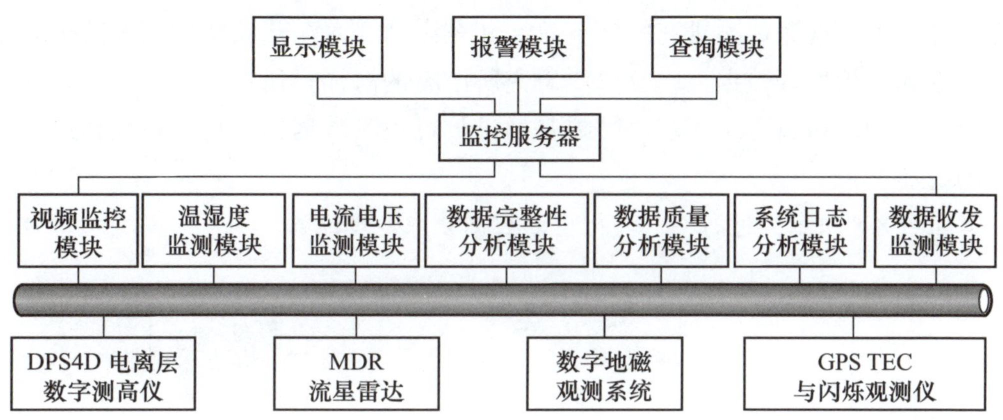

图 8-7　野外站观测仪器实时监控系统构成

当台站观测仪器运行异常时，系统可以通过屏幕显示、语音报警和手机短信等方式通知相关的人员及时处理，保证及时处理仪器故障，提高数据的连续性。

鉴于野外台站通常地处偏远地区，保证台站仪器设备及人员的安全非常重要。通过建设野外台站运行环境视频监控系统，可以对台站周边环境、观测设施和重要观测室进行实时视频连续监控记录，对视频数据记录保存 30 天以上，以便追溯，保障台站安全稳定运行。建立和完善台站运行环境监控系统，不仅实现对各野外站环境的监控和记录，也能在数据中心对各台站进行实时监控，提高野外站的安全保障水平。

8.2.4　近海海洋观测研究网络

中国科学院近海海洋观测研究网络（OMORN，简称近海网）由胶州湾站、黄海站、东海站、大亚湾站、西沙站、南沙站、三亚站、牟平站、黄海三角洲站和南通站（筹）10 个院级野外站和 1 个数据中心组成。近年来，近海网以信息自动传输、信息整合与共享、信息可视化为重点，积极推进野外台站的科研信息化发展。为提高近海网数据管理水平和使用效率，在科学院信息化项目支撑下，数据中心建立了新一代近海网数据管理系统，实现了数据的采集、传输、处理、入库等一系列流程自动化操作，并通过数据中心进行发布，极大地缩短了数据处理和入库时间，使科研人员能第一时间获取最新的数据。

1. 近海网数据管理系统

该系统主要进行海洋科学数据的收集、存储和管理。数据资源主要包括海洋先导专项、近海观测研究网络黄海站和东海站、海洋开放共享调查航次的原始数据和分析处理数据，以及海洋研究所已有的海洋科研数据。另外，管理运行近海观测网络黄海站、东海站陆基站，负责观测数据的接收、处理和数据产品的研发。

如图 8-8 所示为近海网一体化自动数据获取处理流程。

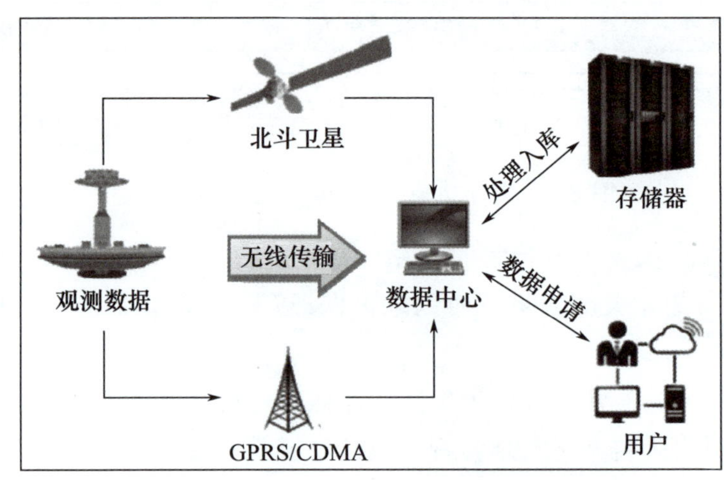

图 8-8　近海网一体化自动数据获取处理流程

存储系统采用高端海量存储系统，可以实现 NAS 和 SAN 并存。全冗余控制器的设计，能够最大限度地保障数据的安全性和系统的稳定性，保证数据安全，同时可以动态调整应用的带宽、I/O 等性能，平衡存储资源占有率，实现负载均衡和资源优化。另外，该系统具有良好的扩展性，最大可以支持 32PB 的存储空间，能够满足持续增加的海洋科学数据存储管理的需求。

通过数据中心统筹规划和整体运行维护，将推动海洋研究所数据资源的整合与应用，建设研究所完整数据资源链的共享数据库。通过建立科学数据汇交制度和组织管理制度，形成贯穿科研活动过程、覆盖主要科学活动的科学数据工作机制，实现数据归档和数据共享保障。通过建设海洋特色的数据资源体系和应用平台，为研究所科技创新提供重要的数据资源支撑和持续发展基础。

2. 近海网数据可视化平台

为了进一步服务科研用户，数据中心还针对近海网数据开发了数据可视化平台，将实时数据信息以二维或三维方式投射至三维地球中，使海洋环境的变化以最直观的方式呈现给科研人员和社会大众。特别是针对中国近海每年面临的台风等灾害天气，将其与观测网数据关联展示，为台风研究、预报等提供支撑。同时该可视化平台与近海网数据管理系统直接关联，用户查询到实际需求数据后，可以直接通过该平台进行数据申请获取。总之，OMORN经过多年的建设，基本上完成了数据库、数据管理系统、数据可视化平台三部分内容的建设，形成了数据的获取、管理、共享、可视化全流程的标准数据管理体系。

3．信息化平台数据的服务成效

数据中心紧紧结合院内重大项目，全程参与项目执行并对数据进行有效管理、共享，为实现海洋科技跨越发展，建设海洋强国提供有力的数据支撑。

在中国科学院重大项目——中国科学院战略性先导科技专项（A 类）“热带西太平洋海洋系统物质能量交换及其影响”中，数据中心采用全流程管理模式。在立项初期，数据中心人员便参与确定数据保存格式、汇交内容、汇交时间、共享方式等。在专项执行过程中，数据中心与专项办公室直接对接，调查船到港后所有原始调查数据和后处理数据全部按照之前指定的数据格式按期汇交至数据中心进行存储。

数据中心针对海洋专项数据管理需求，设计开发了海洋专项数据管理平台，对所有数据进行统一管理、调用。通过该平台实现了数据提交、浏览、申请、审批等流程全部在线操作。而在用户申请后，通过审批的数据在云平台上实现共享。为了进一步服务科研用户，数据中心还针对该数据开发了三维可视化平台，将多学科数据组合进行二维或三维展示。

这种围绕正在执行的重大项目形成的集数据收集、数据管理、数据共享、数据可视化产品开发于一体的数据管理模式，从体制机制方面进行了创新性开拓，保障了数据质量，方便了数据管理，极大地提高了数据使用效率。对于其他项目的实施及其他数据中心工作的开展具有广泛的借鉴意义。

8.2.5　专项观测网

1．ChinaFLUX 信息化建设

在 ChinaFLUX 观测平台上，构建了中国陆地生态系统碳收支集成研究的 e-Science 环境，即 ChinaFLUX e-Carbon Science 环境。该环境是由“三个工作

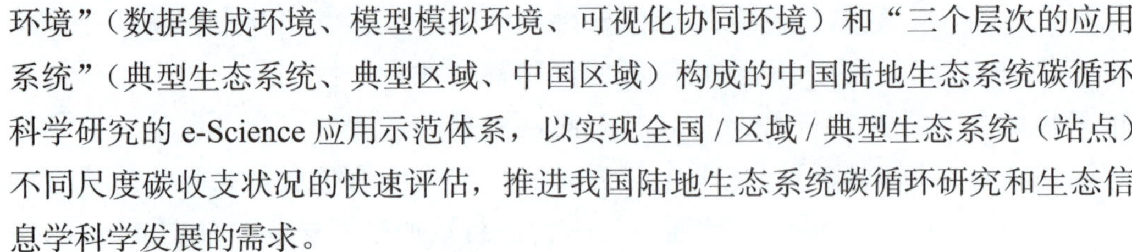

环境”（数据集成环境、模型模拟环境、可视化协同环境）和“三个层次的应用系统”（典型生态系统、典型区域、中国区域）构成的中国陆地生态系统碳循环科学研究的 e-Science 应用示范体系，以实现全国 / 区域 / 典型生态系统（站点）不同尺度碳收支状况的快速评估，推进我国陆地生态系统碳循环研究和生态信息学科学发展的需求。

1）中国陆地生态系统碳循环数据集成与服务环境

应用传感器技术、数据库技术等多种信息技术手段，建立中国陆地生态系统碳循环通量数据集成与服务环境。实现 ChinaFLUX 野外台站通量数据从采集到传输、存储、管理、分析处理、发布和可视化的有机集成，实现区域 / 全国尺度生态系统碳循环研究的生态过程及遥感、气象等各类空间数据的有效整合和管理，建立 ChinaFLUX 数据库、气象栅格数据库和生态遥感数据库，开发碳通量和视频数据采集和实时数据远程传输、通量观测数据处理、气象要素空间化、遥感植被指数计算等一系列数据处理工具，为开展站点、区域、全国尺度的生态系统碳循环研究提供可靠的基础数据及便捷的数据处理工具。

（1）陆地生态系统碳通量观测数据的实时采集和传输系统

通过中国科学院“十一五”e-Science 应用示范项目“服务于生态系统碳收支集成研究的 e-Science 环境建设及应用示范”项目，在千烟洲、禹城、鼎湖山、长白山、海北、当雄、哀牢山 7 个站，根据各个站点的地理环境特点，采用混合网络（传感器网、无线网 / 有线网）构建从通量塔、野外站到综合中心的网络环境，重点实现野外台站的联网观测和信息的网络化管理，实现野外观测的自动化和网络化，提升通量观测数据的实时采集和快速传输能力。

在国家发展和改革委员会“基于下一代互联网的科研信息基础设施建设和应用示范工程”项目的支持下，面向我国碳循环研究的实际需求，通过部署全面支持 IPv4/IPv6 无线通信网络和无线传感网络，在已经构建的 ChinaFLUX 信息化环境基础上，改造现有的网络环境，从 IPv4 升级到 IPv6，实现基于下一代互联网的 ChinaFLUX 碳水通量观测数据从通量塔、野外台站和综合中心的自动采集、高速传输、存储与共享，为碳循环数据分析、模型模拟、可视化等提供高效的信息化支撑环境，实现资源的整合集成与共享，支持科研人员及时地开展我国不同尺度生态系统碳收支状况的综合分析，满足中国陆地生态系统碳收支领域科研的需求。

通过视频设备（全方位数字相机）对野外环境中仪器设备的运行状态进行

实时监控，通过通量数据异常值判断自动监测通量仪器的异常信息，并通过电子邮件的形式将异常信息同时发送给野外台站的数据管理员和综合中心的数据管理员，确保及时发现并处理通量仪器的异常状况，保证通量仪器的正常运行和观测数据的连续性。利用布设在通量观测塔上的全方位数字相机，还可以对通量塔周边植物的物候和生长状况进行实时动态监测，为开展长期生态系统研究提供了新的观测手段和新的观测数据。

（2）陆地生态系统碳通量数据的在线分析处理系统

ChinaFLUX 通量数据在线分析处理系统，应用科学计算软件 MATLAB、科学工作流 Kepler 和 Web Services 技术建成，包括 C/S 和 B/S 两种模式。通过构建关键算法的 Web Services 库，为通量数据处理算法的重用和改进提供支撑平台。该系统实现了 ChinaFLUX 7 个野外台站通量观测数据产品的自动化快速生成，大大缩短了通量数据产品及典型生态系统碳源 / 碳汇评估报告生成的时间，提高了 ChinaFLUX 野外站和综合中心等相关的科研人员分析处理的效率。

（3）支持陆地碳收支研究的海量数据处理系统

开展区域 / 全国尺度的碳收支研究需要空间化的气象、植被、土壤、遥感植被指数和叶面积指数等 GIS 和遥感数据，这些数据需要经过一系列预处理，才能为科研人员所用。为此我们基于 Web 服务技术，构建了气象空间插值工具和遥感数据处理工具，实现了气象要素数据的空间化，大大提高了遥感植被指数的处理效率，为碳循环研究领域的科研人员提供了便捷的空间数据处理工具。

（4）多源、异构碳收支数据的分布式存储和管理系统

陆地碳收支研究涉及的数据类型多样，既有站点观测的实时数据，又有大量历史数据，既有遥感和 GIS 数据，也有大量的社会经济数据，不同类型的数据格式各异。为此基于 iRods 中间件实现站—综合中心分布式的数据存储和统一管理。同时，根据碳收支研究和数据集成的需求，以数据的时间、空间特性及部分语义内容为维度，实现了对多源、异构碳收支数据的有效管理和共享，从而在更大的程度上发挥数据的综合价值。

2）陆地生态系统碳循环模型模拟环境

选择具有代表性的光合作用和呼吸作用经验模型（Michaelis-Menten 模型、Lloyd&Taylor 模型）、遥感模型（VPM 模型）和生态系统过程模型（CEVSA 模型），根据不同模型的特点，将每个模型封装为单个的模型服务，基于标准的数

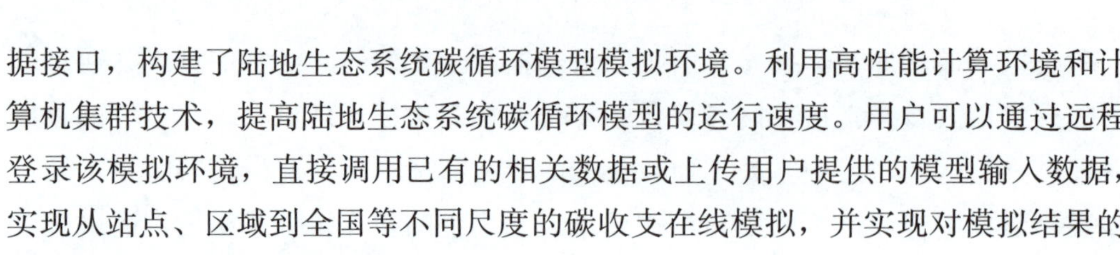

据接口，构建了陆地生态系统碳循环模型模拟环境。利用高性能计算环境和计算机集群技术，提高陆地生态系统碳循环模型的运行速度。用户可以通过远程登录该模拟环境，直接调用已有的相关数据或上传用户提供的模型输入数据，实现从站点、区域到全国等不同尺度的碳收支在线模拟，并实现对模拟结果的可视化显示和进行结果文件的下载。

3）陆地碳收支集成研究的可视化和协同平台

基于 WebGIS、2D/3D 等可视化技术，实现了野外观测设备和通信网络的远程可视化监控、通量数据异常情况的实时监控、观测和模拟数据的在线分析以及数据分析结果和模型模拟结果的展示，方便科研人员快速发现不断激增的数据背后隐藏的一些重要信息，支持决策人员根据可视化展现的信息快速果断地做出决策，以浅显易懂的表现方式向社会公众描述数据本身隐藏的信息，实现科学普及。

基于 Duckling 的协同工作环境套件技术构建了科研协同工作环境，服务通量观测数据的实时上传和管理，以及野外站观测人员、数据管理人员和模型模拟人员及项目科研人员之间的沟通与协同，同时服务虚拟组织管理和协同科研活动组织等。

4）支持陆地生态系统碳收支快速评估的示范应用

基于上述系统，针对不同尺度的生态系统碳收支研究，应用相关的数据处理工具、模型模拟分析工具，分别构建典型生态系统碳源 / 碳汇季节变化机制研究、中国典型区域生态系统碳收支时空分布格局研究、中国陆地生态系统碳收支时空分布格局研究三个陆地生态系统碳收支评估应用系统，实现不同尺度的生态系统碳收支的快速评估。

2. 遥感网信息化建设及成效

1）黑河遥感试验研究站的信息化工作

（1）观测系统的信息化建设

黑河遥感站的观测站点，目前均通过“自动观测数据可视化在线应用平台”（http://waterwsn.westgis.ac.cn/）实现站点信息管理、信息展示、数据质量管理的自动控制，以及原始数据的自动入库和站点观测频率控制等。

目前入库的总数据为 12.4 亿条，十分钟数据为 10.2 亿条，一分钟数据为 2.0 亿条。数据总入库量为 100GB。

如图 8-9 所示为黑河上游、中游、下游观测数据入库量统计。

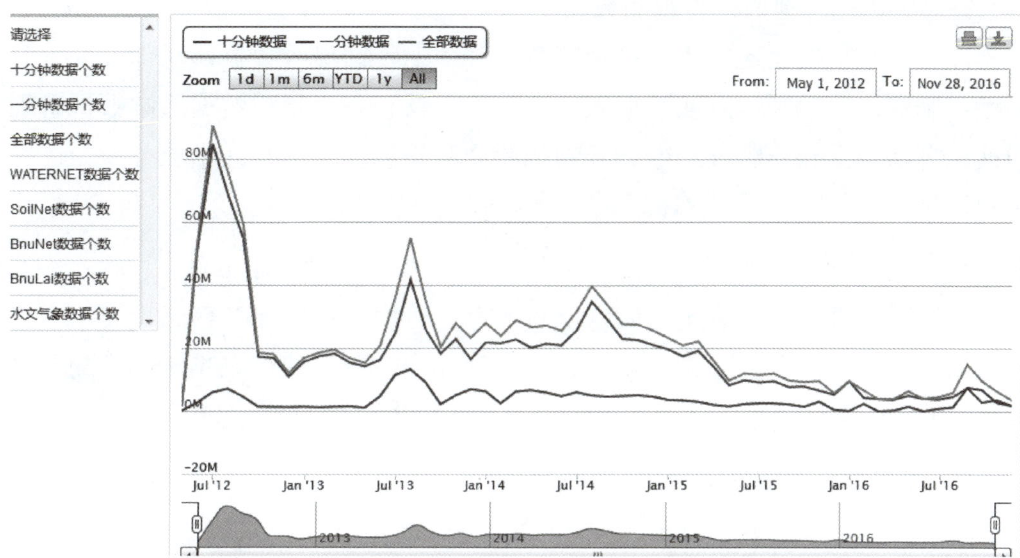

图 8-9　黑河上游、中游、下游观测数据入库量统计

（2）共享数据的信息化建设与成效

目前，黑河站对外共享的数据形成了“通量观测矩阵数据”“流域水文气象观测数据”“生态水文无线传感器网络观测数据”“覆盖度和生物量观测数据”等 88 条数据集，均通过寒区旱区科学数据中心平台（http://westdc.westgis.ac.cn/）统一管理、发布，数据共享根据《黑河生态水文遥感试验数据共享政策》执行，总共享次数 4 168 次，浏览次数 272 973 次，支持了国内外 81 个科研机构，数据下载总量达到 601GB。

2）怀来遥感定量遥感站信息化工作

（1）定量遥感精细试验设备观测区设备的数据无线传输

对样本试验区内不能进行数据自动采集与无线传输的近 12 台设备，进行数据无线采集的优化。

（2）像元尺度遥感产品真实性检验场设备观测无线网络

在怀来遥感站周边 1.5km×2km 试验区，构建了大气、土壤、植被 WSN 观测网，其中主要包括土壤水分观测节点 21 套、土壤地表热红外温度观测节点 6 套、植被 LAI 观测节点 6 套、波纹比 1 套、涡动相关系统 2 套，以及 40 米和 10 米气象塔各 1 套，所有设备均实现数据无线采集。

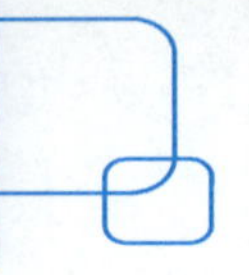

（3）观测试验数据库的建设

针对定量遥感地面试验观测数据的协同性要求，构建观测数据共享数据库。数据库主要包括地面遥感传感器观测数据和地物特征参数数据，对部分人工观测参数制定入库规则，方便数据入库。数据库具有平台观测数据后端数据管理与前段自动查询和下载等功能。开展例行观测的数据管理和共享服务，为遥感精细试验观测区长期历史数据积累提供保障。

3）净月潭遥感站信息化工作

净月潭遥感站在农业遥感信息反演和海量数据处理方面及网络发布平台建设方面具有一定的研发基础，初步走通了从前端农业遥感信息到后端移动互联网平台发布的通畅链路，已经获得了软件著作权和专利 16 项。

3．大气本底观测网信息化建设及成效

中国科学院大气本底观测网络从 2005 年开始建设，由鼎湖山、贡嘎山、兴隆、阜康、长白山和北京森林共 5 个本底观测站和 1 个数据控制中心构成专项观测网络。目前持续开展包括温室气体、大气反应性气体、大气颗粒物在内的大气成分观测。通过 10 多年的稳定高效运行，积累了大量的基础数据集，为研究我国不同区域大气本底特征提供了科学基础数据支持。

该系统长期、持续、系统和有效地监测大气成分在大气中的浓度和理化特性及变化趋势，为有关的科学问题研究提供基本数据，为我国制定区域环境与生态规划以及为我国政府在环境变化事务谈判中争取主动权提供科学依据，促进对大气及其与生物圈相互作用的进一步认识，对当前大气和生态环境问题的决策具有重要意义。研究的地区是受人为活动扰动较少的区域，其浓度和成分的变化趋势从侧面反映了人为活动的长期影响，有助于评估大气污染管理控制措施的长期效果。

1）数据远程传输和监控

中国科学院大气本底观测网通过对野外站、示范区观测仪器的组网及野外站与远程基地的网络连接，实现了基于网络的台站仪器的实时数据采集、数据传输和数据分类整合，并提供野外主要观测仪器运行状态的网上监控。目前数据已经采用统一 Web 实时监控平台系统进行实时显示和监控。

从 2015 年开始，该观测网作为国家地球系统科学数据共享服务平台的一个资源点，进行数据的深度加工与共享，提升了大气本底网络数据的使用效率。

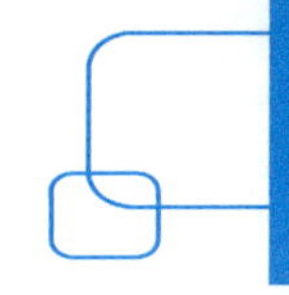

2）Web 实时监控平台系统

“大气环境监测数据共享技术及应用”（专项课题）及“东部大气环境关键问题长期观测研究”的主要研究内容为“建立多平台兼容的观测网实时监控系统，构建城市群大气复合污染长期综合观测站网设计技术”，计划建立 30 个站点的统一 Web 实时监控平台系统，通过 Web 应用实时显示观测站点数据。本底网数据已经采用统一 Web 实时监控平台系统进行实时显示和监控。

4．中国物候观测网信息化建设及成效

近两年来，以提高观测网络的信息化水平、把握大数据时代 e-Science 带来的机遇为目标，将现有观测站点的人工观测与基于传感器的物候自动化监测相结合，同时面向生态系统物候建设新型的具有自动传输能力的无线传感器网络。在以“数字物候”为核心的导向下，综合应用计算机技术、通信技术、网络技术、微电子技术、3S 技术、物候模型技术，进行了全国大空间尺度的物候观测系统信息化建设。

网络信息化相关的核心建设有以下三方面内容：以相机、传感器为核心的物候“物联网”感知层建设，基于 4G 等新型通信技术的物候“物联网”网络层建设，基于数据库构建、云计算的物候“物联网”应用层建设。

1）物候网探测层建设——新型多光谱相机系统的研发

利用多光谱相机监测物候变化是当前国内外物候学的研究热点，在美国、日本等国的物候观测网络中已有初步应用。美国科学家将高分辨率数码相机（或摄像头）安装于十几个实验站点，组织了物候相机（Phenocam）网络；日本物候眼网络（Phenological Eyes Network，PEN）研发了数码鱼眼相机，长期监测植被动态（物候）。而国内目前缺乏必要的专门化设备及相关的研究探讨。常见的多光谱成像系统主要有滤光轮式多光谱成像系统和阵列式多光谱成像系统两种，均存在一些缺陷。滤光轮式多光谱成像系统的缺点是谱段之间的图像不是同时获取的，存在时间差，仅适用于近距离静态目标成像；阵列式多光谱成像系统的缺点是谱段之间的图像不是同一口径，存在视差，仅适用于远距离动态目标成像。

针对传统多光谱相机的缺点，中国物候观测网（简称物候网）于 2017 年与西安光学精密机械研究所、北京电子学研究所共同研制了一种具有像方远心中间像面的、基于分光共口径的、谱段之间图像具有同时性且无视差的新型多光谱成像系统（见图 8-10），已经申请 6 项发明专利及实用新型专利。样机已经布置在西

安光学精密机械研究所楼顶开展外场实验测试，实现了多光谱测谱的功能。这个多光谱相机采用“分色分光组合 + 多路相机阵列”方案，探测器采用民用产品级 CMOS 集成芯片和镜头，并设计了专门的滤光片。相机较好地达到了共口径、实时性、无视差的效果，实现了物候场景的实时画幅式观测。未来几年，中国物候观测网在坚持人工地面观测的基础上，将进一步全面布置该物候相机，并组网实现全自动在线观测，形成现代化的新型地理信息观测网络系统。

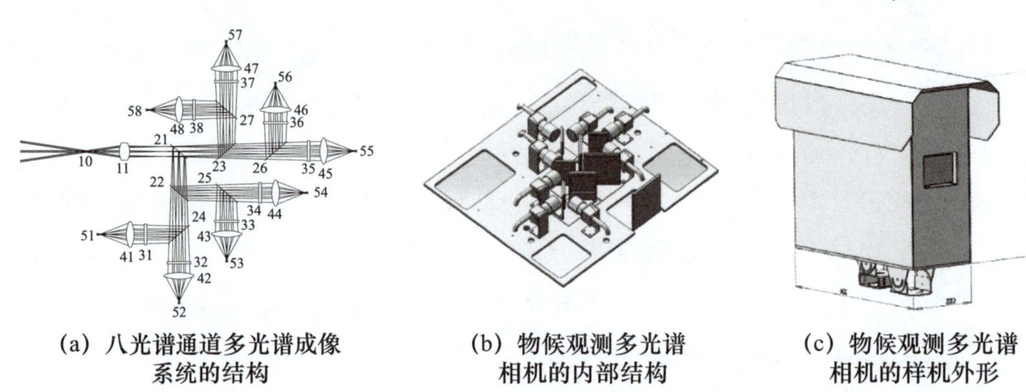

(a) 八光谱通道多光谱成像系统的结构　(b) 物候观测多光谱相机的内部结构　(c) 物候观测多光谱相机的样机外形

图 8-10　新型多光谱成像系统

2）物候网信息化建设——5 站点相机组网

物候网初步进行了相机物候监测系统的系统化组网。系统的组网遵循站点—联网—汇交分析的思路，在 5 个站点开始进行物候自动观测。

首先，依托基础好的台站，安装物候相机，开展植物的生理、生态关键性参数的自动监测。

其次，建立观测站与物候网中心服务器之间的数据自动传输和存储网络。

最后，开发物候图像数据处理和分析软件系统，实现对物候相机捕获到的数字信号的自动预处理。

5 套传统近地面高光谱物候相机（型号：WH-SHIS-VNIR）及漫反射辐射探测附件的组网工作，分别于河南省信阳市、青海省海北藏族自治州、四川省成都市、陕西省西安市、内蒙古自治区呼伦贝尔市海拉尔区等观测站点展开。依据当地实际情况，分别使用了 4G 无线网或有线局域网。相机采集的数据在本地工业控制计算机保存 1 个月，同时，通过 TeamViewer 等开源的 FTP/ 远程桌面软件备份到云服务器。截至 2017 年年末，5 个台站已经累计拍摄图像 30 375 幅，共 30.50GB。

如图 8-11 所示为相机物候监测系统拓扑结构。

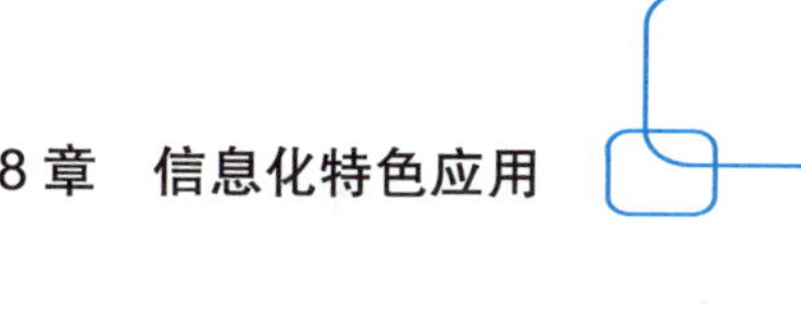

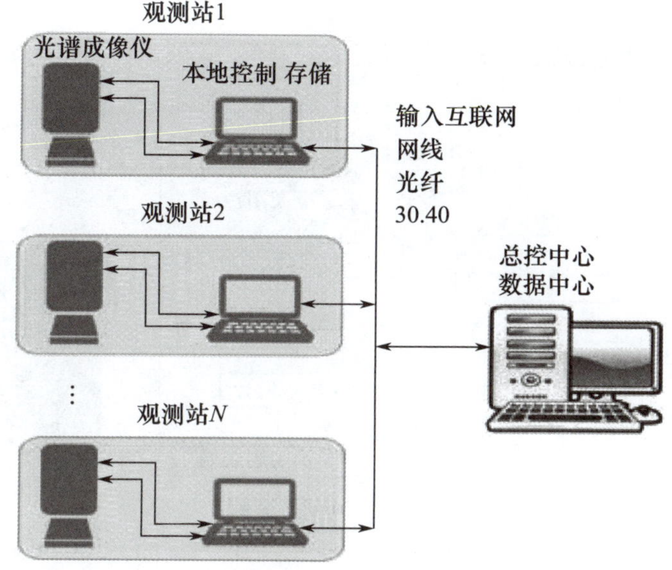

图 8-11　相机物候监测系统拓扑结构

综合中心—台站的二级分布式信息系统的构建，提升了相应节点的野外实时动态监测数据的质量控制能力，实现了群落尺度植被物候关键参数的自动化、连续性的监测、传输、存储，建立了景观尺度（卫星遥感）的植被物候特征参数与传统植株尺度的物候观测数据的链接，有望在未来进一步提升与物候有关领域的科研水平。

3）物候网应用信息化建设——植物物候手机采集系统

国内传统的物候观测过多地依赖局部地区的科研人员，没有发挥广大群众的主观积极性，而美国国家物候网（the USA National Phenology Network，USA-NPN）早已通过各地志愿者收集物候观测信息，并专门成立了 Nature' s Notebook 加以组织管理。随着现代移动个人通信设备的大范围推广与传感器技术的飞速发展，越来越多的公众在接受常规科普教育的背景下，有能力使用手机进行植物物候的志愿测量。

为了充分调动志愿者业余参与植物物候观测的积极性，中国物候观测网与中国海洋大学合作研发了植物物候手机采集系统。该系统数据采集终端设计基于苹果和安卓平台，适配于市场上常用的智能手机机型，采用最新 Swift 3.0 和 Java 语言，保证志愿者能方便、准确地获取植物物候观测图像及各项环境信息。数据服务器端采用 HTML5、CSS、JavaScript 等 Web 前端新技术，结合数据库技术、GIS 技术，实现物候观测数据的可视化管理。Android 系统的研发工作已经完成，正准备 iOS 系统上线。

志愿者物候观测方案如图 8-12 所示。

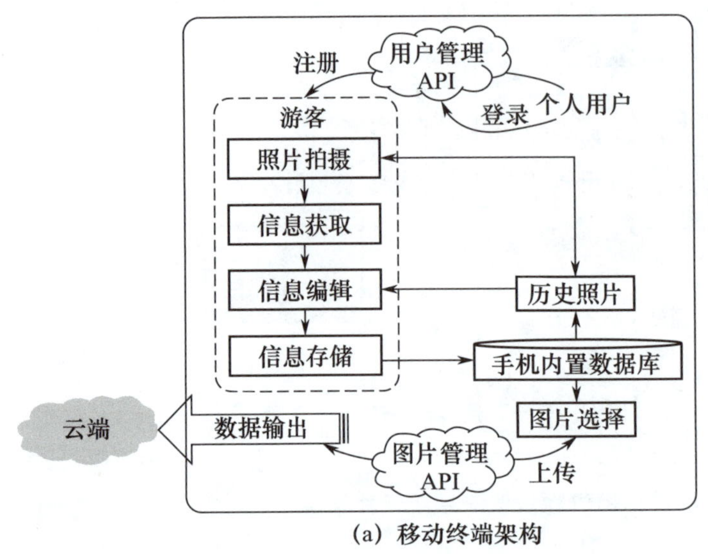

(a) 移动终端架构

(b) 拍摄记录界面

图 8-12　志愿者物候观测方案

该手机采集系统的研发弥补了我国物候观测固定站点稀少的不足，能够充分调动志愿者参与植物物候观测的积极性，有望在全国更大空间范围内获得更多地点的高质量的植物物候观测数据，进而促进中国物候研究水平的提高，为生态环境与气候变化等方面的科研工作提供有力支持，为农业生产安排、旅游节庆统筹等方面的经济决策提供科学依据。

8.2.6　野外观测站信息化建设案例

1. 东湖站

东湖湖泊生态系统试验站立足于城市湖泊水环境与水生态系统的长期观测研究，已经初步建立并完善水体环境与水生态系统的定期在线连续监测系统，为进一步构建城市湖泊智能监测和管理云系统平台奠定了基础。

随着经济的发展，人口、资源和环境问题日益严峻，单纯通过理化、生物指标监测来了解环境质量已经不能满足要求。生态系统观测研究信息化是环境监测发展的必然趋势，构建城市湖泊智能监测和管理云系统平台可以为评价生态环境质量、保护与重建生态环境及合理利用自然资源提供有效的依据。建成后台数据运算中心，基于高性能计算机实现湖泊数据的存储、运算与模型模拟，

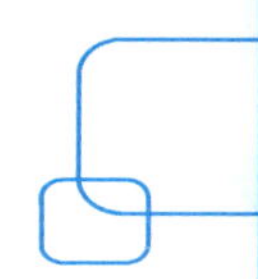

可以进行多端口输入、输出和综合信息显示，并具备对后续可拓展自动监测单元的兼容性。

1）城市（城郊）湖泊智能监测与管理云系统

城市（城郊）湖泊智能监测与管理云系统的核心理念是基于湖泊数据的自动获取，通过专家系统（超级运算 + 科学家）的高效分析，形成初级产品，为政府决策、管理和信息发布提供科学依据，协助企业研发针对性强的湖泊治理措施和大众化产品。

基于湖泊的长期监测和区域湖泊调查数据，整合区域土地利用和社会发展信息，构建湖泊生态系统模型。用超级计算机对基于该模型的自动获取的综合信息进行模拟分析，形成可供政府和企业使用的初级产品。同时，后台处理中心对外提供运算服务，以便企业更好地进行产品二次开发。此外，在专家和公众的参与下，政府对外发布水质等级和预测等信息，形成湖泊管理基本方案；企业面向政府和公众需求，对初级产品进行二次开发。通过该系统的运行，合理地建立监测—研究—管理—治理—水质之间的关系，将科学家、政府、企业、公众紧密地联系在一起。

后台数据运算中心主要实现湖泊及其区域的本底地理信息和社会发展信息的获取、综合数据存储、湖泊生态系统模型的开发与运算、信息可视化显示和生产初级产品，并对外提供运算服务。涉及多种软、硬件设施和产品的开发，如高性能计算机、综合显示屏、多个操作终端、数据接收器、组网设备、打印机和不间断电源等硬件设施及模型运算和开发的相关软件。

2）平台信息化功能与服务

基于东湖站数据运算中心的“城市湖泊智能监测和管理云系统平台”可以实现以下功能。

（1）建成城市湖泊智能监测和管理云系统。通过监测自动化、知识软件化和决策智能化，打造政府、企业、公众和科学家等多方共享的服务平台。

（2）针对武汉东湖水系，构建水量—入湖污染物—水生态系统—水质的综合演算模型，实时掌握东湖水质、水量和污染物量，支撑武汉市海绵城市建设和东湖流域水文调控。

（3）基于城市湖泊智能监测和管理云系统，获取武汉东湖水体生态修复的关键参数，实时掌握东湖水系水生态系统的基本特征，为水体生态修复方案设计、效果评估和后续优化管理提供决策支持。

2. 策勒站

1）信息管理平台

策勒站信息管理平台建设是以科技服务为导向，以共创、共建、共享为驱动，以服务当地经济为目的，服务科技人员、服务支撑人员及相关的管理工作。工作内容包括新闻发布、通知公告、日常安排、工作日志、个人考勤、社区科学问题讨论、数据汇交、专业文献查询、台站日常事务管理、来人来访管理、交通工具使用、样地设施使用等。

2）重大专项服务平台

重大专项服务平台，包括项目活动、资源要闻、项目成果、科研动态、长效服务机制、技术应用培训及项目活动等，突出科学研究与实践应用，服务当地科教文化事业，支持当地经济社会发展。

3）远距离数据传输应用

针对策勒站野外数据传输而建立的应用平台，是一个简单的野外气象网络数据汇集中心，目的在于简化数据汇集过程，逐步推进野外数据采集网络信息化。

4）应用实例

在策勒站建立了骆驼刺深根及形状长期影像观测影像数据库，拟建深根形状数字模型与样地长期观测影像数据库。骆驼刺深根及形状长期影像观测已经实施，产生了约 3TB 的数据，由于流媒体数据量较大，所以目前采用二级数据服务。

8.3　科研仪器设备共享管理平台信息化

为了进一步提升公共技术支撑系统的运行服务水平，中国科学院通过“中国科学院仪器设备共享管理平台（以下简称平台）”，以信息化带动科研管理规范化，提升院所两级中心的运行服务水平，推动了仪器设备整合共享。平台的仪器面向院内外全面共享，仪器设备工作日志使用智能刷卡器自动记录，设备支持 PC 端、手机移动终端等多种预约方式。

平台以“通过提升系统的服务能力，拓展系统的服务领域，形成大型仪器综合管理与服务平台”为总体目标，以“建设可支持仪器共享核心业务处理的新一代仪器设备共享管理系统，构建院所高效稳定的信息交换平台，形成仪器共享的信息资源中心和监控服务与展示平台，实现与中科院 ARP 系统信息共享”为总体任务，利用信息化手段加强对设施实时运行状态和主要参数指标的监控，综合利用各类物联网技术实现设施现场情况的页面交互与展现。通过加强与其他业务系统的关联，提高系统稳定性、易用性及数据的统一性，实现信息共享。通过综合利用设备运行数据，加强运行数据查询分析，为仪器设备合理布局和优化配置提供决策依据，为科研创新提供支撑。结合移动互联技术，提升应用的便捷性。

8.3.1　平台的服务能力

平台采用了移动互联、物联网等先进的信息化技术，实现了全院范围内跨所、跨区域的仪器设备共享使用的在线实时管理。

1. 仪器设备全生命周期实时管理

平台形成了以设备预约申请、预约审核、样品登记、检测进度、分析结果、结果发放、结算管理等核心业务功能为中心，实现从设备预约、实验过程控制到费用结算的实验全生命周期管理。同时能够对系统中的各类信息进行多维度的统计分析，为管理决策提供辅助支持。

如图 8-13 所示为仪器设备的全生命周期管理。

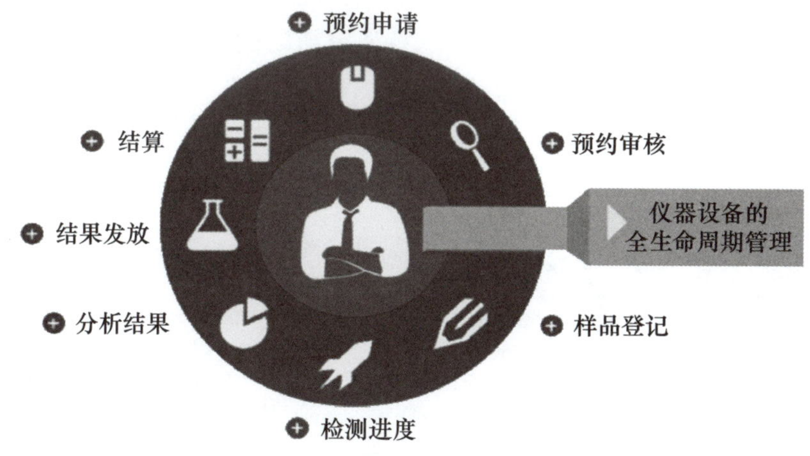

图 8-13　仪器设备的全生命周期管理

2. 仪器设备智能管理

平台建设了智能卡系统，通过刷卡控制仪器设备的使用与管理，使用户管理、仪器使用和计费更加方便和规范，同时可以对仪器的工作状态实时自动采集记录，自动形成仪器的使用记录和工作日志。

如图 8-14 所示为智能卡系统的业务流程。

物联网服务器
0.授权信息下发
2.预约单下发
6.日志信息上传
5.日志信息上传
0.授权信息下发
2.预约单下发
1.预约
4.打开电源
或计算机
3.用前，刷卡开机
用后，刷卡下机
仪器B
用户A

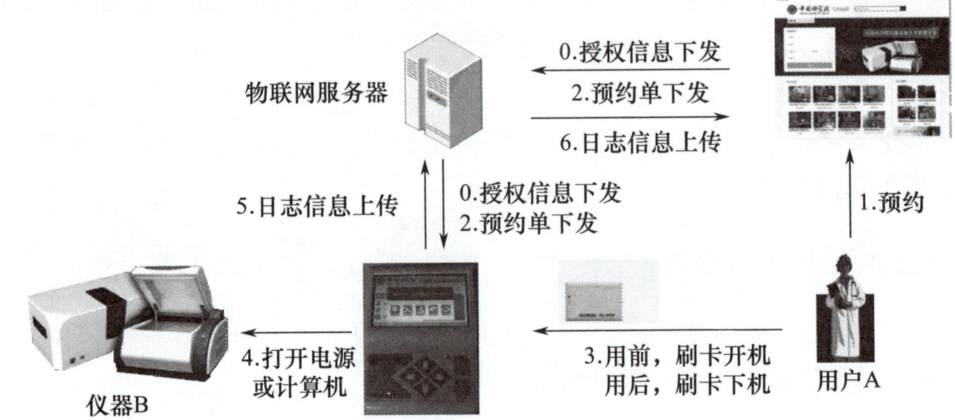

图 8-14 智能卡系统的业务流程

全新设计的智能刷卡器，提高了仪器设备在使用过程中的开放性和安全性，提高了上网科研装备的使用效率，扩大了服务面。

3. 个性化业务配置

通过对平台的业务配置，仪器管理人员可以选择不同的处理流程，可以针对不同仪器设备的不同预约类型进行配置。同时，平台还可以实现对仪器设备使用、管理、审核权限的灵活控制，支持研究所之间智能卡刷卡使用，在技术层面彻底消除了跨研究所使用仪器的障碍。

如图 8-15 所示为业务配置示例。

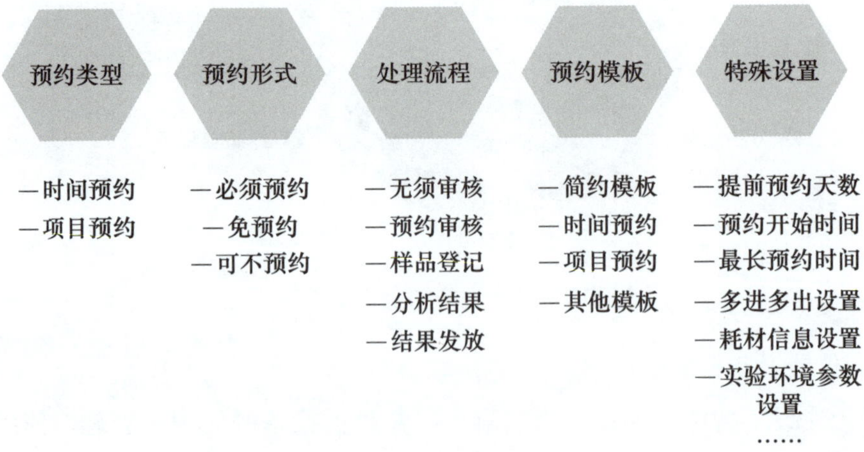

预约类型
—时间预约
—项目预约
预约形式
—必须预约
—免预约
—可不预约
处理流程
—无须审核
—预约审核
—样品登记
—分析结果
—结果发放
预约模板
—简约模板
—时间预约
—项目预约
—其他模板
特殊设置
—提前预约天数
—预约开始时间
—最长预约时间
—多进多出设置
—耗材信息设置
—实验环境参数设置
……

图 8-15 业务配置示例

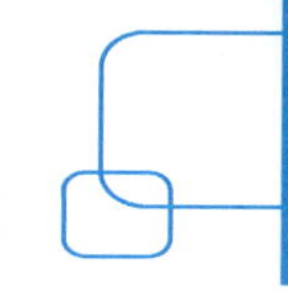

4. 人性化交互界面

平台以科研人员为服务对象，各项操作方便快捷，好用易用。例如，预约人可以关注自己常用的仪器设备，直接进行预约；可以跟踪业务处理，轻松掌握处理进度等。平台针对关键业务增加了移动应用功能，预约人可以随时随地进行设备预约或关注仪器及检测进度等情况，仪器管理员随时可进行预约审核、通知发布等，极大地增加了科研人员使用系统的便捷性。

5. 管理决策支撑服务

在仪器使用日志数据、共享数据等信息资源传输、汇聚的基础上，针对普通预约人、项目管理者、仪器管理员、所级管理员及院级管理员等不同用户，建立不同的统计分析报表，辅助决策分析。

6. 接口开放服务

在国内率先实现了院级平台与国家平台的对接工作。平台的接口开放服务能够减少中国科学院各研究所与国家平台对接的工作量并实现各研究所与国家平台的对接。

8.3.2　平台的应用成效

以信息化带动科研管理规范化，提升院所两级中心的运行服务水平，不仅是切实方便用户的基本措施，也是推动仪器设备整合共享的重要手段。2016 年，中国科学院共享平台设备总使用机时为 850 万小时，其中共享机时为 465 万小时，平台有效地提升了仪器设备的利用率。

1. 系统使用成为工作模式

通过共享管理平台的建设和推广运行，科研人员能够方便地预约、使用仪器设备，通过共享平台预约和使用仪器设备已经成为广大科研人员开展工作的习惯。仪器预约使用已经成为科研人员新的工作模式。

2. 管理效率水平大幅提升

对于管理人员来说，平台使仪器的预约使用管理更加规范和高效。仪器管理员可以设置不同仪器的预约模式和使用流程，可以对分析项目、分析标准和样品形态进行管理，可以设置仪器设备按照不同的标准制定不同的价格标准，实现自动计费和结算管理。灵活的工作流程设置、针对性的仪器管理模式、刷卡系统的使用，保证了科研人员方便地使用仪器，降低了仪器设备管理人员的

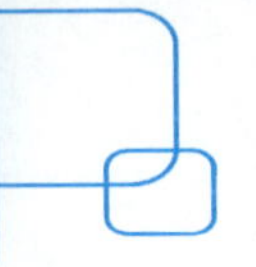

工作强度，规范了管理工作。

3. 有效地支撑和促进了开放共享

平台为科研仪器供需双方搭建了连接的桥梁，院内外科研人员可以通过搜索仪器设备或分析项目寻找自己所需的设备，解决科研问题，提高设备利用率。同时，平台支持院内外单位科研仪器动态加入、共享使用，解决设备供应方开放共享问题。平台提升了中国科学院科研装备的开放共享程度，与国家平台的对接也将对中国科学院仪器设备产生更大的宣传作用，进一步促进共享共用。

4. 支持推进技术支撑系统建设

平台实现了仪器基础信息、运行信息、维修信息等各种工作信息的充分采集，使各级管理部门能够准确地掌握仪器设备工作与管理状况，实现了精细化管理，为仪器设备的合理配置、运行管理等提供了科学依据，提高了仪器的使用效率及技术支撑系统的管理效率。平台已经逐步成为中国科学院区域中心和所级中心管理的重要工具，促进了中国科学院技术支撑系统管理水平的提升。

8.4 文献情报信息化

8.4.1 创新知识服务

1.“中国科讯”——基于移动互联网的知识服务品牌

“中国科讯”（http://zkzx.las.ac.cn）是中国科学院文献情报中心精心打造的基于移动互联网的知识服务平台，被称为“科学家口袋里的科研利器”。在移动化、智能化的大背景下，科研人员对科研信息与科研交互的需求也更为旺盛。在这种新形势下，文献情报中心秉承“开放、主动、服务”的理念，开发了“中国科讯”，有效地整合了中国科学院集团引进的数字科技文献资源，与爱思唯尔、施普林格自然、维普资讯、约翰威利中国图书进出口（集团）总公司、中国知网、科睿唯安、Taylor、IOP、ProQuest、北京中科、国研网等资源供应商签署移动服务合作协议，支持“中国科讯”移动知识服务平台的建设与发展。为全院科研人员、学生和科技管理者提供海量科技文献的移动查询、下载和阅读服务，帮助科研人员随时随地发现、利用、处理信息，把握全球科研进展和态势，实现个性化信息自组织，提高了科研工作效率。中国科讯在文献数据资源整合、论文发现到管理全流程、资讯情报个性化推送、用户参与与交互、使用体验、用户群体覆盖 6 个方面全方位服务升级，提供“文献检索、期刊浏

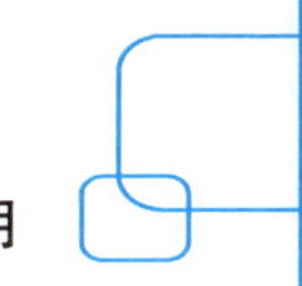

览、图书报告、情报订阅、论文题录、科研圈、科研助手、学者主页”八个功能模块。与 Mendeley 等专业文献管理工具联手推出科研题录功能，可以为科研用户提供文献发现、获取、管理、分享全链条服务。同时，“中国科讯”正式版也携手百度学术、微软学术等构建全球科研人员的学术交流社区，打造移动学术传播网络，促进交叉学科交流，从资源供应、科研服务、知识平台等多方面，面向全球科技界构建新型科研知识服务生态，为国内外科研工作者提供多功能、多平台的立体化知识服务平台。

2. 科技自动监测服务云平台

科技自动监测服务云平台（http://stis.las.ac.cn/）是面向一线科研团队、研究所图书馆、研究所战略规划部门、战略情报分析人员，可以按学科领域定制的知识服务系统。该平台可以支持用户快速了解领域最新重要科技动态，掌握同行或竞争对手的科技活动动向，发现领域重点及热点主题，把握领域发展概貌，辅助科技决策。此外，平台还可以支持用户在系统自动监测发现的资源基础上，进一步编辑加工，形成各领域的特色情报服务产品，形成相关领域的重点和热点（问题、计划、战略、报告、指标）本体知识库。

3. 中国科学院科技论文预发布平台

中国科学院科技论文预发布平台（http://www.chinaxiv.org/），创新并引领中国基于预印本的新型学术交流模式，打造“China arXiv”。“ChinaXiv”是中国科学院文献中心联合中国科学院传播局及中国科学院研究所和相关的科技期刊，合力打造的国内第一个按国际通行模式规范运营的预发布平台，于 2016 年 6 月 13 日正式发布。该平台为全国科研人员提供本土领域的中英文科技论文预印本存缴和已经发表的科学论文的开放存档服务，保障优秀科研成果首发权的认定。

4. 中国科学院统一自动化系统

中国科学院统一自动化系统（http://opac.las.ac.cn/）成熟运营，进一步提升了全院文献情报系统的共享服务能力。

5. iSwitch 数据交换中心

iSwitch 数据交换中心（http://iswitch.las.ac.cn/），自动收取出版商 OA 文章及元数据并解析分发到目标机构知识库（IR）中，辅助 IR 完成数据对比、存缴查询、OA 文章保存等工作，及时接收中国科学院已经发表的论文，保存中国科学院的数字资产。

6. 中国科学院文献情报服务聚合平台

2016 年，文献情报聚合平台（http://apps.las.ac.cn/）用半年时间完成了中心与分中心 10 余个优秀服务平台的梳理聚合，将统一认证大范围引入到中心服务主要平台，并很好地完成了科技网用户与原有文献情报服务平台的映射绑定。做到了用户的无缝迁移和服务集成，有效地提升了科研信息服务的主动性，并使用链接嵌入、网页嵌入、数据 API 嵌入等多种方式，将文献情报服务试点嵌入到科技网、邮件系统、新一代中科院 ARP、中国科学院大学等其他科研环境。同时配合“中国科讯”移动服务提供相应的数据支撑。

7. 初步完成新型信息系统开发技术架构

构建分布式知识资源大数据中心建设与运行需要的底层关键技术支撑平台，为数据汇聚、数据存储、知识计算与知识服务打造现代信息基础设施。选取了计算机网络信息中心开发支持的 PackOne 大数据环境综合管理平台，实现了分布式文件存储（HDFS）、分布式数据库（HBase、Hive、MongoDB、Redis 等）、分布式计算（Spark、Mahout）、分布式索引（SolrCloud）、资源协调调度（ZooKeeper）、消息队列（Kafka）及其他大数据应用技术综合管理控制平台，为上层服务提供全面、完备、统一、可监控、可管理的大数据支撑环境。

8. 知识组织建设与服务

首次面对市场需求开展“华为知识分类顾问咨询”项目，实现了知识组织服务的跨越式发展。知识组织数据建设及工具研发工作也顺利开展，取得阶段性成果。完成了知识组织体系培训、企业知识组织体系优秀实践案例培训、3MS 用户调查研究与系统评估，以及 1 个典型业务领域的知识组织解决方案和原型系统开发等。咨询项目的进展与成果获得华为高度赞誉和认可，这也是响应中国科学院“面向国民经济主战场，率先实现科学技术跨越发展”方针政策，促进科技成果面向实际应用和需求转化的一项重大进展。为进一步的知识技术输出和服务打下了坚实的基础。

9. 领域文献内容学术挖掘工具

全面启动“一三五”知识技术研发项目“领域主题脉络挖掘”“数值类知识对象挖掘”“学术认知与论据发现”“科学大型装置关联发现”，瞄准科技文献语义理解与自动分析核心技术，开展了主题词识别、脉络句识别、核心句识别、研究线路识别等关键技术研究，基础性研究初见成效。

Dpaper（http://dpaper.las.ac.cn/）成为首例在创作阶段自动实现富媒体论文

结构化、半语义化的产品级服务工具，实现了“一篇论文就是一个系统”的突破。论文中的数据及论文知识对象在写作过程中实现结构化，对象可以交互和复用。可以提供 8 类富媒体数字对象的制作。

领域文献内容学术挖掘工具 Scholar（http://scholar.las.ac.cn/）实现泛化，能够方便地扩张至其他领域，快速提供创新点（新发现、新方法、新观点等）、活跃研究方向、主题来源和走向、活跃研究主体（专家、机构、国家）等。

8.4.2　综合知识资源基础设施

1. 国家数字科技文献资源长期保存体系

文献资源的数字化已经成为科技领域及许多人文社科研究学术信息的主流形态，是科研机构和研究型大学每天依赖的主流信息资源，也是国家科研、教育和创新体系不可或缺的战略物资。国家数字科技文献资源长期保存中心节点在系统组织机制设施、数字对象管理、基础设施 3 方面共 50 个指标的可信赖建设，已经初步建立起符合可信赖要求的数字文献资源长期保存系统，为建设国家数字科技文献资源长期保存体系打下了良好的基础。积极促进国家保存体系可信赖建设，推动国家保存体系与国内外相关领域的高层次交流和联合行动。与 Elsevier、Springer、Wiley、AGU、OUP、CUP 等多家数据商签署了长期保存合作协议。

2. 中国科学引文数据库（CSCD）

中国科学引文数据库（Chinese Science Citation Database，CSCD）创建于 1989 年，收录我国数学、物理、化学、天文学、地球科学、生物学、农林科学、医药卫生、工程技术、环境科学和管理科学等领域出版的中英文科技核心期刊和优秀期刊千余种，目前已经积累从 1989 年到现在的论文记录 4 771 092 条，引文记录 59 760 830 条。

中国科学引文数据库内容丰富、结构科学、数据准确。系统除了具备一般的检索功能，还提供新型的索引关系——引文索引，使用该功能，用户可以迅速从数百万条引文中查询到某篇科技文献被引用的详细情况，还可以从一篇早期的重要文献或著者姓名入手，检索到一批近期发表的相关文献，对交叉学科和新学科的发展研究具有十分重要的参考价值。中国科学引文数据库还提供了数据链接机制，支持用户获取全文。

2016 年，CSCD 销售用户有 226 余家，WOK-CSCD 用户 74 家，用户数量平稳中略有上升。2016 年全年访问人次为 100 余万人次，服务访问量持续上升。不断地拓展新服务，如全面梳理 SCI 近 5 年的数据，CSCD+SCI 数据相结合，

构建机构、学科、基金等多个维度，形成了单一维度与多维度的年度科技论文产出与影响力的分析和统计结果。采用可视化技术，对数据进行直观呈现，揭示了我国年度科研产出及影响力概况，形成新的服务能力。

3. 开放知识资源中心体系

开放资源采集建设取得显著成效。2016 年 GoOA 通过年度期刊遴选和评价，提供 4 055 种对高质量 OA 期刊的浏览、1 955 种关键保障 OA 期刊的评价、论文全文发现，集成自然科学领域及部分社会科学领域的 OA 期刊及其论文全文 41 万余篇，图表数据 42 万余条。

8.4.3 情报服务信息化

面向世界科技前沿，面向国家重大需求，面向国民经济主战场，聚焦战略必争领域、基础科学和交叉前沿、战略性新兴产业、人口健康和可持续发展、国防科技创新五个板块的重点方向。围绕实现跨越发展的科技布局，重点围绕基础前沿交叉、先进材料、能源、生命与健康、海洋、资源生态环境、信息、光电空间 8 个重大创新领域和有关的重点方向，以及国家重大科技基础设施、数据与计算平台两类公共支撑平台，进行中国科学院未来科技布局，部署一批有望实现创新跨越的重大突破，前瞻培育一批塑造未来新优势的重点方向，统筹推进研究所分类改革和国家实验室建设，统筹组织开展重大科技创新活动，促进“三重大”产出，保障跨越发展目标的实现，支撑引领经济社会发展。

面向决策一线，部署科技领域战略情报研究、宏观科技战略与政策情报研究。面向科研一线，部署面向研究所 / 四类机构的学科 / 技术情报协同服务体系，融入重大专项及学科领域智库的专题情报服务体系，推进领域科学家精准情报服务网络建设。面向产业 / 区域一线，部署面向区域发展的集成性科技情报服务体系建设，支持开放创新创业的信息服务网络与平台建设。

1. 中国科学院领域示范情报网

在中国科学院文献情报系统“学科情报服务协调组”的整体组织和指导下，由武汉中心牵头组建，联合中国科学院文献情报系统重点领域相关的研究所，共同搭建“中国科学院领域示范情报网”。自 2016 年 10 月 13 日以来，中国科学院文献情报系统的“先进能源”“先进制造与新材料”“生物安全”“海洋科技”“光电科技”“长江流域资源与环境”领域示范情报网相继成立，情报网部署工作有序进行，在创新院所协同的情报研究和服务保障模式、协同开展情报研究服务、组合共建情报产品体系、促进情报资源交流共享方面效果显著，取得了很好的成果。

积极探索建立多层次、可持续情报研究产品与服务，设计覆盖创新价值链的“竞争力 T 系列情报产品”，包括竞争力报告、学科发展蓝皮书、全球科技人才报告、研发机构定标分析、产业技术分析系列、数据产品。

2. 产业智库大数据平台

产业智库大数据平台建设，打造“数据＋工具＋专家智慧→解决方案”的一站式知识工作流程，建立涵盖“政策环境大数据”“产业经济大数据”“市场投融资大数据”“企业运营大数据”“科学技术大数据”5 大类数据产品体系，平台涵盖 9 万监测信息源、3 000 万篇政务数据、50 万宏观统计指标、2 万家上市企业基本信息和财务数据，涵盖自然科学、社会科学项目数据近百万条，科技文献题录数据超过千万条，行业统计数据近百类。

3. 推出高端智库《科技政策与咨询快报》产品

围绕专业型科技智库的建设，加强在科技战略研究与决策咨询方面工作的开展。据不完全统计，2016 年共有《半导体产业新变革及其应对建议》等 16 篇对上决策咨询建议报告被《中国科学院专报信息》和《领导参阅材料》采用。

4. 情报服务、政策咨询服务

面向研究所“一三五”战略规划、重大项目和实验室评估等需求的知识化服务工作，有计划地开展协同式、嵌入式的深层次知识服务，为研究所领导、科技处、重点实验室、课题组、重大课题、科学家提供情报分析报告、课题跟踪情况、专题调查研究报告等，高质量的学科情报服务赢得了研究所层面的认可。

根据各类用户的需求，打造定制文献情报服务产品，从专题文献服务到情报服务，形成了多种满足用户需求的服务产品系列，形成了“动态简报”“战略规划研究”“竞争力分析”“产业技术分析”“学科态势分析”“专题情报调查研究”“战略研究报告”等服务产品。开展合作机制建设，以省科学院联盟（18 家）、产业情报分中心（5 家）、区域查新站（5 家）为纽带和抓手，拓展区域用户情报咨询服务，建立覆盖区域用户创新价值链的文献保障、查新检索、情报咨询服务产业链。

持续进行对上政策建议、咨询与服务，在开放获取、开放数据、开放出版、

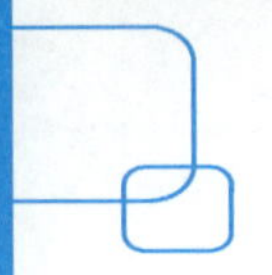

数据权益、数字版权等领域发挥作用，提供文献情报中心业务发展过程中的法律与政策咨询服务。

8.5 档案信息化

8.5.1 数字档案资源

存量档案数字化是建设中国科学院数字档案资源体系的重点内容之一。根据国家和中国科学院相关要求，立档单位自档案形成之日起满 20 年后，进馆移交具有永久保存价值的各类档案。档案进馆工作每 10 年启动一次，目前中国科学院档案馆（以下简称“院档案馆”）已初步形成了院所两级数字档案资源体系。

1. 中国科学院机关 1980 年以前文书档案数字资源建设

2008 年，以机关档案移交中央档案馆为契机，启动了中国科学院机关档案整理与数字化项目，构建中国科学院机关 1949—1980 年文书档案数字化资源体系。按照对历史负责、对中央档案馆负责和对将来的档案利用和信息资源开发负责的“三个负责”的原则要求，完成了中国科学院机关 1949—1980 年移交进馆近 2 万件文书档案的鉴定整理及相应的数字化工作，形成文书档案案卷目录数据库、卷内目录数据库和彩色扫描图像 10 万余幅。

2. 中国科学院院属单位“一期进馆”数字档案资源建设

馆藏档案数字化项目完成了“一期进馆”接收的院属机构 1980 年以前实体档案的数字化工作，是中国科学院档案工作“十二五”规划的重点建设项目。截至 2014 年年底，馆藏档案数字化项目已完成全院 1980 年以前进馆档案的数字化工作，形成数字化图像 810 万余幅和目录数据 70 余万条，建设图像质量检测和光盘检索等系统软件 5 套。

2015 年 6 月，院档案馆将馆藏档案数字化项目完成的文书、科研、名人和声像档案的约 100TB 数字化档案数据（包括图像、音视频和目录数据）分别返还至 117 个进馆单位，初步建立了各院属单位数字档案资源。

3. 中国科学院院属单位“二期进馆”数字档案资源建设

中国科学院二期档案进馆及数字化项目按照分批推进的模式，需要完成各进馆单位 1981—1990 年的实体档案和数字化档案数据的进馆工作。截至 2016 年 10 月，第一批 22 个院属单位共完成了 30 个全宗（含 7 个名人全宗）、1 万余卷、15

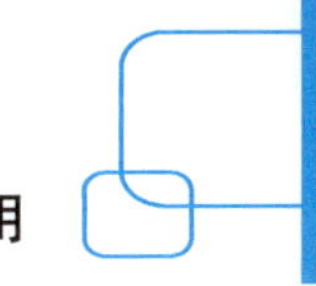

万余件档案的数字化工作，形成 111 万余幅数字化图像和 14 万余条目录数据。

8.5.2　数字档案资源的保存

开展数字档案资源备份是建立数字档案资源安全保障体系的重要内容之一。按照国家对数字档案资源长期保存和异质异地备份的要求，以数据安全为底线，中国科学院档案馆制定了 1980 年以前数字档案资源备份方案，明确了数据备份对象、备份方式、存储介质和备份策略，实现了院属单位 1980 年以前数字档案资源的异地异质备份。

1. 1980 年以前的数字档案资源备份方案

1980 年以前的数字档案资源包括原文数据和经过 50%JPG 压缩后形成的压缩数据。约 100TB 的原文数据主要用于库房封存和异地保管，约 5TB 的压缩数据主要用于日常数据利用服务。两类数据采用不同的备份方式和介质载体。原文数据采用双套蓝光光盘的离线备份方式，压缩数据采用磁盘阵列在线存储和双套 DVD 光盘离线存储的异质备份方式。在数据备份策略方面，两类数据均采取首次全备份、后续增量备份和按需备份相结合的组合策略。

为了保障档案数据的安全性、完整性和可用性，根据国家《电子文件归档与管理规范》（GB/T 18894—2002）的要求，制定了数据安全管理制度，明确数据交接和管理工作的流程和职责，确保责任到人，并将采用四年一周期、按照 50% 以上的比例抽检的光盘检测方式，加强数字档案资源完整性核查和同步恢复测试工作。

2. 院属单位 1980 年以前的数字档案资源异质备份

2015 年 6 月，中国科学院档案馆完成了 1980 年以前数字档案资源压缩数据备份光盘（共约 1 300 张 DVD 光盘）的刻录工作。2016 年 12 月，中国科学院档案馆完成了 1980 年以前的数字档案资源原文数据两套备份光盘（共约 4 000 张蓝光光盘）的刻录工作。在明确安全保密责任的基础上，依托中国科学院计算机网络信息中心基础设施，建立了独立的数据备份网络，将 1980 年以前的档案数字化原文数据备份光盘，分别在中国科学院档案馆和网络中心数据备份中心进行备份。1980 年以前的档案数字化压缩数据备份光盘，分别在中国科学院档案馆、院属单位和网络中心数据备份中心进行多地备份，实现了 1980 年以前的数字档案资源的在线存储与备份。

如图 8-16 所示为数字档案资源异地异质保存框架。

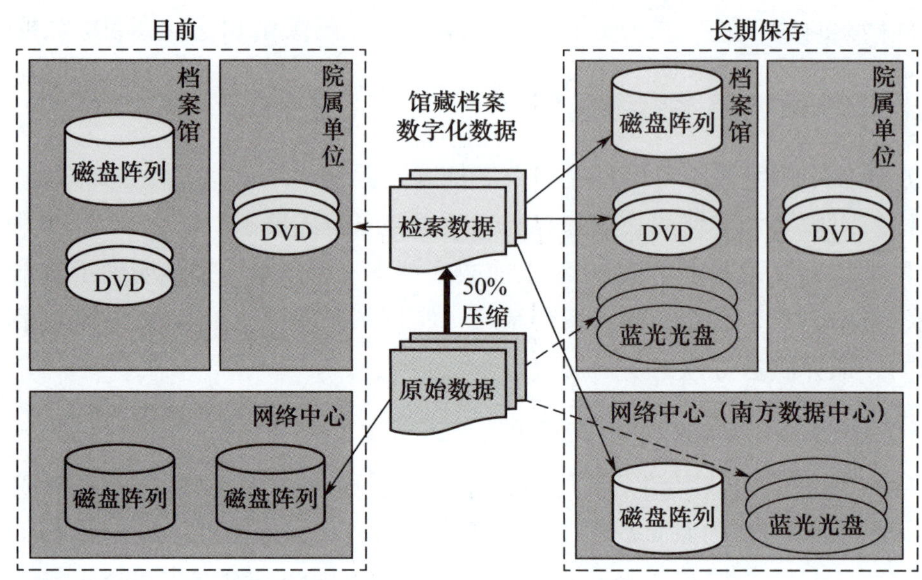

图 8-16　数字档案资源异地异质保存框架

2016 年 10 月，中国科学院档案馆与网络中心共同协商调整了“十三五”期间中国科学院数字档案资源异地异质备份对象，除了 1980 年以前的数字档案资源，还包括了院机关和院属单位逐年累加的存量档案数字化数据，以及随着中国科学院数字档案馆（室）建设的推进而获取的更大规模的电子档案数据。

8.5.3　数字档案馆（室）的建设

中国科学院《实施意见》明确提出要遵循“资源为先、标准规范、整体推进、确保安全”的原则，统筹规划全院数字档案馆（室）建设，将数字档案馆（室）建设纳入本级信息化建设规划，与院、所信息化建设统一部署、同步实施。《“十三五”规划》进一步明确了数字档案馆（室）建设的发展目标和建设内容，力求实现科研和管理电子文件从生成到归档的自动流转及共享服务，逐步实现全院档案“增量电子化、存量数字化、管理信息化”，整体提升以信息化为核心的档案管理现代化水平。中国科学院档案馆按照“广泛咨询、突出特色、试点先行、逐步推广”的整体思路，以科研档案资源为核心，从中国科学院层面推进数字档案馆建设，从研究所层面推进数字档案室建设。

1．数字档案馆（室）建设顶层设计和规划

为了推进全院档案信息化建设与全院信息化建设同规划、同部署，中国科

学院档案馆通过调查研究，梳理了全院档案应用系统建设、数字档案资源建设和长期保存等方面的问题，形成了《关于加强档案信息化建设的建议方案》。在《中国科学院“十三五”信息化发展规划》征求意见工作中，中国科学院档案馆结合《关于加强档案信息化建设的建议方案》，提出了切实落实国家要求、加强中国科学院档案信息化建设顶层规划和设计、明确档案信息化工作相关部门的职责等建议，得到了谭铁牛副院长（时任）的批示。

2017 年 1 月，中国科学院印发的《中国科学院“十三五”信息化发展规划》明确了“加强与数字档案馆的衔接，加强新一代中科院 ARP 与数字档案馆的对接，推进各业务系统电子文件归档工作，促进建立数字档案资源安全备份和长期保存体系，实现档案信息化与新一代中科院 ARP 的衔接和融合”的内容。

为了科学合理地制定符合中国科学院档案工作实际的数字档案馆（室）建设方案，促进中国科学院档案工作与信息化建设的深度融合，2016 年 5 月，中国科学院档案馆启动了中国科学院档案信息化建设咨询项目，以不同学科领域重大项目为重点，调查研究了院属单位科研和管理业务系统及电子文件管理情况，对院属单位科研项目管理、科研档案工作制度和规范体系建设情况进行了梳理，明确了院属单位档案管理工作流程和系统功能需求。在深入分析院属单位档案工作制度体系、业务规范、档案信息化建设、科研档案管理等方面问题的基础上，结合国外科研文件管理案例和国家标准规范，提出了加强档案信息化总体规划、加强业务规范针对性和可操作性、完善档案信息化工作标准的数字档案馆（室）建设意见，初步形成了实现与中科院 ARP 系统对接、固化档案业务规范和流程、规范科研数据归档管理、促进档案资源开发利用、实现电子文件全生命周期管理等数字档案馆（室）系统建设功能的需求。

2. 推进院属单位数字档案室建设试点工作

中国科学院档案馆根据院属单位学科领域布局、重大项目承担情况和档案工作基础等方面情况，部署了两批共 45 个院属单位开展数字档案室建设试点工作，探索中国科学院数字档案室建设思路，明确建设内容和技术路线。通过试点工作的示范、突破、带动作用，为建成以各院属单位为主体的数字档案室奠定基础。

案例 1　中国科学院长春光学精密机械与物理研究所将数字档案管理系统建设纳入研究所信息化“十三五”规划。依托研究所信息化基础设施，将档案信息化嵌入管理和科研信息化管理平台统一设计，制定了实现科研过程电子文件全生命周期管理的数字档案室建设方案。数字档案管理系统建设以规范过程控制、加

强质量管理、提高工作效率和安全灵活便捷为目标，分期推进，现已完成了系统详细设计，进入接口开发和系统部署的系统实施阶段，初步实现了本单位图纸文件及中科院 ARP 公文文件的在线归档、图文档案管理、权限设置等功能。

案例 2　中国科学院深圳先进技术研究院以“科研 + 管理”方式协同创新，重点从领导组织、规划布局、项目管理、制度完善和宣传推广等方面进行了探索。领导高度重视数字档案室建设试点项目，根据需求匹配项目经费，按照任务书要求制定年度工作任务分解表，形成责任到人的任务进度表。中国科学院深圳先进技术研究院目前已经修订并完善了《纵向科研项目文件归档与管理细则》等 6 项与档案相关的制度规范，完成了 3 302 件文书档案，6 000 件科研、设备和基建档案的数字化工作，采购并部署了档案管理系统，自行完成了档案数据统计可视化工具开发，并已将档案工作需求纳入本单位“一体化科研管理与服务平台”建设内容，未来将逐步实现文档一体化。

案例 3　中国科学院计算机网络信息中心利用负责全院中科院 ARP 系统开发与维护工作的优势，结合试点工作内容与中科院 ARP 部门多次研究讨论，对当前中科院 ARP 系统档案模块功能进行了详细梳理和分析，形成了数字档案室系统建设的设想和建议。

8.6　院士增选信息系统信息化

根据《中国科学院院士章程》的规定，在科学技术领域做出系统的、创造性的成就和重大贡献，热爱祖国，学风正派，具有中国国籍的研究员、教授或同等职称的学者、专家，可以被推荐并当选为中国科学院院士。1992 年 4 月，第六次学部委员大会制定并通过《中国科学院学部委员章程（试行）》，经过国务院同意后由中国科学院发布，明确学部委员和外籍学部委员的标准及选举程序，院士增选工作步入规范化轨道。院士增选和外籍院士选举每两年进行一次。为了规范工作、提升效率，学部工作局于 2010 年启动了院士增选信息系统建设。

系统建设历经了初始阶段、发展阶段、优化阶段，已经发展到了今天的提升阶段，应用效益逐步显现。

1. 初始阶段

2011 年，院士增选工作首次使用院士增选信息系统进行了支撑，院士用户采用 VBA 离线填报模式填报院士候选人信息。

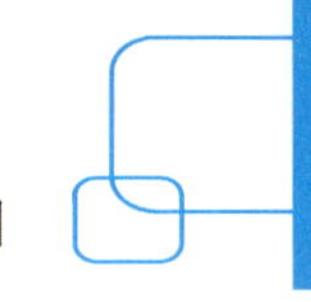

2. 发展阶段

在 2013 年的院士增选支撑工作中，系统采用全新架构实现线上线下的工作无缝整合，支撑增选填报工作顺利、有序完成，提高了工作效率，并增加了电话回访等手段提高用户体验。

3. 优化阶段

2015 年，系统又一次完成了院士增选支撑工作，其中，会议评审功能大大提升了终选工作的效率，得到了院士用户的一致好评。

4. 提升阶段

由于硬件设备老化，性能下降，2016 年，院士增选信息系统完成迁移，在现有条件下加强现有平台的安全加固。按照调整后的院士增选规则，中国科学院对系统进行改造，完成 2017 年的院士增选支撑工作。

院士增选信息系统根据服务用户的特点进行系统设计，院士用户通过互联网登录系统可以下载推荐书离线模板并可以查询与院士候选人相关的材料，学部局用户使用通过 VPN 内网登录系统，按照院士增选的工作流程进行系统操作。

为了便于推荐材料的编写，系统设计综合了用户习惯和用户体验两方面的因素，采用基于 MS Word 的离线填报方式来进行信息的采集。利用 Word 中内嵌的编程语言 Visual Basic for Applications（VBA）制作数据模板。院士用户使用模板编辑推荐书和附件材料时，无须联网即可随时保存，并可以复制到其他计算机上继续补充编辑。编辑完成后，院士用户通过互联网即可上报，无须再将电子版推荐材料发送学部工作局。简单地说，就是在 Word 中编写数据校验逻辑和数据提交按钮，用户点击提交按钮时，数据将被传送到管理端的服务器中，从而实现在数据采集过程中离线填、在线报的目标。

院士增选信息系统的系统流程按照《中国科学院院士增选工作实施细则》定制，实现了基于工作流的过程控制。系统应用效果非常显著，解决了填报方式复杂、过程烦琐及人工数据统计汇总效率低、错误率高等问题。在用户数据填报的体验上，受到了院士用户的一致认可和广泛好评。系统按照业务需求提供基础数据统计服务，极大地提高了管理人员的工作效率。

院士增选信息系统从 2010 年启动系统开发建设，目前系统在候选人推荐阶段、通信评审阶段、会议评审暨选阶段均实现了线上线下无缝整合。为了更好地满足管理需要，应对院士增选制度改革，系统不断地进行升级改造，至 2017 年已经顺利支持了 4 次院士增选工作。通过系统的深入应用，持续优化，功能更加完备，运行更加稳定。

如图 8-17 所示为院士增选系统的功能。

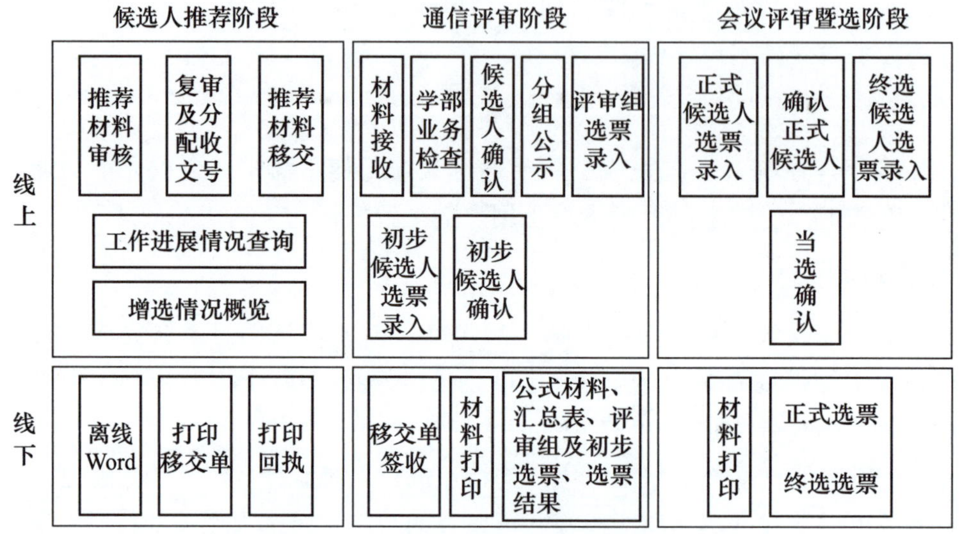

图 8-17　院士增选系统的功能

学部工作局用户在虚拟专网区内使用院士增选系统，系统根据《中国科学院院士章程》和《中国科学院院士增选工作实施细则》的规定，实现了所有流程的工作流控制。